普通高等教育"十三五"规划教材

信息技术应用（慕课版）

刘伟 江波◎主编

人 民 邮 电 出 版 社

北 京

图书在版编目（CIP）数据

信息技术应用：慕课版 / 刘伟，江波主编. -- 北京：人民邮电出版社，2019.1（2020.1重印）
普通高等教育"十三五"规划教材
ISBN 978-7-115-50273-5

Ⅰ. ①信… Ⅱ. ①刘… ②江… Ⅲ. ①电子计算机－高等学校－教材 Ⅳ. ①TP3

中国版本图书馆CIP数据核字(2018)第273656号

内 容 提 要

  本书以微型计算机为基础，全面系统地介绍了计算机的基础知识和基本操作。全书共 10 章，主要内容包括计算机信息技术基础、计算机系统运行及构成基础、操作系统基础、文档编辑软件 Word 2010、电子表格软件 Excel 2010、演示文稿软件 PowerPoint 2010、常用工具软件、计算机网络及其应用、计算机信息安全与维护、计算机新技术及其应用。本书内容翔实、结构清晰、图文并茂，密切结合大学信息技术类课程的教学要求，并且参考了全国计算机等级考试二级 MS Office 考试大纲要求，重在训练学生的计算机操作能力和培养学生的文化素养。另外，本书每章章末设置了习题，以供学生对所学知识进行实践练习和巩固。

  本书可作为高等学校各专业信息技术应用类课程的教材，也可作为计算机培训班或全国计算机等级考试二级 MS Office 的参考用书。

◆ 主　编　刘 伟 江 波
　责任编辑　王亚娜
　责任印制　焦志炜
◆ 人民邮电出版社出版发行　　北京市丰台区成寿寺路 11 号
　邮编　100164　电子邮件　315@ptpress.com.cn
　网址　http://www.ptpress.com.cn
　天津翔远印刷有限公司印刷
◆ 开本：787×1092　1/16
　印张：14.5　　　　　　　　　2019 年 1 月第 1 版
　字数：416 千字　　　　　　2020 年 1 月天津第 2 次印刷

定价：43.00 元
读者服务热线：(010)81055256　印装质量热线：(010)81055316
反盗版热线：(010)81055315
广告经营许可证：京东工商广登字 20170147 号

前　　言

随着经济和科技的发展，计算机在人们工作和生活中的应用范围越来越广。当今计算机技术在信息社会中的应用是全方位的，其在军事、科研、经济和文化等各个领域都发挥着巨大的作用。能够运用计算机进行信息处理已成为每位大学生必须具备的基本能力。

"信息技术应用"作为一门普通高校的公共基础必修课程，其学习的用途和意义是重大的。从目前大多数学校这门课程的教学情况来看，由于信息技术应用类课程理论知识较多，因此学生学习起来感觉枯燥。本书在写作过程中综合考虑了目前大学计算机基础教育的实际情况和计算机技术的发展状况，并结合全国计算机等级考试二级 MS Office 的操作要求，采用案例式的讲解方式，希望通过案例式讲解来调动学生学习计算机知识的兴趣。

内容安排

知识点	章节安排	主要内容
计算机基础知识	第1~3章	该部分主要讲解计算机的基本概念、计算机的发展、计算机系统的组成、计算机硬件系统、计算机软件系统、Windows 7操作系统、Windows 7程序的启动与窗口操作、中文输入、文件管理、系统管理等知识
Word文档编辑	第4章	该部分主要讲解Word 2010入门知识、Word 2010的文本编辑、Word 2010文档排版、Word 2010的表格应用、Word 2010的图文混排、Word 2010的页面格式设置等知识，并通过Word 2010应用综合案例对相关知识进行巩固和总结
Excel 电子表格制作	第5章	该部分主要讲解Excel 2010入门知识、Excel 2010的数据与编辑、Excel 2010的单元格格式设置、Excel 2010的公式与函数、Excel 2010的数据管理、Excel 2010的图表、打印等知识，并通过Excel 2010应用综合案例对相关知识进行巩固和总结
PowerPoint演示文稿制作	第6章	该部分主要讲解PowerPoint 2010入门知识、演示文稿的编辑与设置、PowerPoint 2010幻灯片动态效果的设置、PowerPoint 2010幻灯片的放映与打印等知识，并通过PowerPoint 2010应用综合案例对相关知识进行巩固和总结
常用工具软件	第7章	该部分主要讲解系统备份工具Symantec Ghost、数据恢复工具FinalData、文件压缩与解压工具WinRAR、网络下载工具迅雷、屏幕捕捉工具Snagit、邮件收发工具Foxmail等的相关知识
网络应用	第8章	该部分主要讲解计算机网络基础知识、计算机网络中的硬件和软件、局域网及其应用、互联网及其应用等知识
计算机信息安全与维护	第9章	该部分主要讲解信息安全基础知识、计算机中的信息安全、计算机操作系统及应用软件维护、计算机硬盘维护等知识
计算机新技术	第10章	该部分主要讲解云计算、大数据、区块链、互联网+、AI、3D打印、VR和AR等知识

内容特点

- 结构鲜明，内容翔实。本书每章均按照知识点来讲解，并通过小案例将知识点应用到实际操作中，便于学生了解实际工作需求，明确学习目的。此外，在 Office 部分，每章最后均设计了一个综合案例，便于学生巩固所学知识。

- 讲解深入浅出，实用性强。本书在注重系统性和科学性的基础上，突出了实用性及可操作性，对重点概念和操作技能进行详细讲解，语言流畅、内容丰富、深入浅出，符合计算机基础教学的规律，并满足社会人才培养的要求；在讲解过程中，通过各种"提示"和"注意"为学生提供更多的解决问题的方法，并引导学生去寻求更好、更快掌握所学知识的方法。

- 配微课视频，提供上机指导与习题集。本书重点和难点操作讲解内容均已录制成微课视频，读者扫描书中对应位置的二维码即可观看操作视频，轻松掌握相关知识。

本书由西南政法大学的刘伟、江波主编，印辉、贾晅、徐群、郭美华任副主编。具体编写分工如下：第1～3章、第8章由刘伟编写，第4章由徐群编写，第5章由贾晅编写，第6章由郭美华编写，第7章、第9章由印辉编写，第10章由江波编写。

本书在编写过程中参考了大量文献资料，在此对其作者表示致谢。由于时间仓促、作者水平有限，真诚希望读者对书中存在的疏漏和不妥之处批评指正。

作 者

2018 年 12 月

目　　录

第1章

计算机信息技术基础

计算机（Computer），俗称电脑，是20世纪人类伟大的发明之一，它的出现使人类迅速进入了信息社会。计算机是一门科学，同时也是一种能够按照指令对各种数据和信息进行自动加工和处理的电子设备。因此，掌握以计算机为核心的信息技术的一般应用已成为各行业对从业人员的基本素质要求之一。本章将介绍计算机的基础知识，包括计算机的基本概念、计算机的诞生与发展、计算机的信息表示及计算思维等，为后面章节的学习打下基础。

课堂学习目标
- 了解计算机的基本概念
- 了解计算机的诞生与发展
- 熟悉数制及不同数制之间的转换
- 熟悉计算思维

1.1 计算机的基本概念

计算机作为现代生活和工作必不可少的工具，要想正确使用它，必须先了解其基础知识。下面对计算机的定义、特点、分类和应用领域等进行讲解。

1.1.1 计算机的定义和特点

随着科学技术的发展，计算机已被广泛应用于各个领域，在人们的生活和工作中起着重要的作用，那么什么是计算机？计算机有哪些特点呢？

1. 计算机的定义

计算机是一种利用电子学原理，根据一系列指令来对数据进行处理的设备。计算机既可以进行数值计算，又可以进行逻辑计算，还具有存储记忆功能。它能够按照程序运行，自动、高速处理海量数据。

2. 计算机的特点

计算机主要有以下6个特点。

- 运算速度快：计算机的运算速度指单位时间内所能执行指令的条数，一般以每秒能执行多少条指令来描述。早期的计算机由于技术的原因，工作频率较低，而随着集成电路技术的发展，计算机的运算速度得到飞速提升，目前世界上已经有超过每秒亿亿次运算速度的计算机。

- 计算精度高：计算机的运算精度取决于其所采用机器码的字长（二进制码），即常说的8位、16位、32位和64位等，字长越长，有效位数就越多，精度就越高。如果将10位十进制数转换成机器码，便可以轻而易举地取得几百亿分之一的精度。

- 准确的逻辑判断能力：除了计算功能外，计算机还具备数据分析和逻辑判断能力，高级计算机还具有推理、诊断和联想等模拟人类思维的能力，因此计算机俗称"电脑"。具有准确、可靠的逻辑判断能力是计算机能够实现信息处理自动化的重要原因之一。

- 强大的存储能力：计算机具有许多存储记忆载体，可以将运行的数据、指令程序和运算的结果存储起来，供计算机本身或用户使用，还可即时输出为文字、图像、声音和视频等各种信息。例如，在一个大型图书馆使用人工查阅书目如同大海捞针，而采用计算机管理后，所有的图书目录及索引都存储在计算机中，这时查找一本图书只需要几秒。

- 自动化程度高：计算机内具有运算单元、控制单元、存储单元和输入输出单元，计算机可以按照编写的程序（一组指令）实现工作自动化，不需要人的干预，而且还可反复执行。例如，企业生产车间及流水线管理中的各种自动化生产设备，正是因为植入了计算机控制系统才使生产自动化成为可能。

- 具有网络与通信功能：通过计算机网络技术，可以将不同城市、不同国家的计算机连在一起形成一个计算机网，在网上的所有计算机用户可以共享资料和交流信息，从而改变了人类的交流方式和信息获取方式。

1.1.2 计算机的分类

计算机的种类非常多，划分的方法也有很多种。

按计算机的用途可将计算机分为专用计算机和通用计算机两种。其中，专用计算机指为适应某种特殊需要而设计的计算机，如计算导弹弹道的计算机等。因为这类计算机增强了某些特定功能，忽略了一些次要要求，所以其具有高速度、高效率、使用面窄和专机专用的特点。通用计算机广泛适用于一般科学运算、学术研究、工程设计和数据处理等领域，其具有功能多、配置全、用途广、通用性强等特点，目前市场上销售的计算机大多属于通用计算机。

按计算机的性能、规模和处理能力，可以将计算机分为巨型机、大型机、中型机、小型机和微型机5类，具体介绍如下。

- 巨型机：巨型机也称超级计算机或高性能计算机，是速度极快、处理能力极强的计算机，是为少数部门的特殊需要而设计的，如图1-1所示。通常，巨型机多用于国家高科技领域和尖端技术研究，是一个国家科研实力的体现，现有的超级计算机运算速度大多可以达到每秒一万亿次以上。2014年6月，在德国莱比锡市世界超级计算机大会上发布的世界超级计算机500强排行榜上，我国的超级计算机系统"天河二号"位居榜首，其浮点运算速度达到每秒33.86千万亿次。

- 大型机：大型机也称大型主机，其特点是运算速度快、存储量大、通用性强，如图1-2所示。大型机主要适用于计算量大、信息流通量多、通信能力要求高的用户，如政府部门、银行和大型企业等。

图1-1　巨型机

图1-2　大型机

- 中型机：中型机的性能低于大型机，其特点是处理能力强，常用于中小型企业和公司。

- 小型机：小型机指采用精简指令集处理器，性能和价格介于微型机和大型机之间的一种高性能64位计算机。小型机的特点是结构简单、可靠性高、维护费用低，常用于中小型企业。随着微型机的飞速发展，小型机被微型机取代的趋势已非常明显。

● 微型机：微型机简称微机，是应用十分普及的机型，占了计算机总数中的绝大部分，而且价格便宜、功能齐全，被广泛应用于学校、企事业单位和家庭中。微型机按结构和性能可以划分为单片机、单板机、个人计算机（Personal Computer，PC）、工作站和服务器等，其中个人计算机又可分为台式计算机和便携式计算机（如笔记本电脑）两类，分别如图 1-3 和图 1-4 所示。

图 1-3　台式计算机　　　　　　　　　　图 1-4　便携式计算机

提示

工作站是一种高端的通用微型机，具有比个人计算机更强大的性能，通常配有高分辨率的大屏、多屏显示器以及容量很大的内存储器和外存储器，具有极强的信息和图形、图像处理功能，主要用于图像处理和计算机辅助设计领域。服务器是提供计算服务的设备，服务器可以是大型机、小型机或高档微机。在网络环境下，根据提供的服务类型不同，服务器可分为文件服务器、数据库服务器、应用程序服务器和 Web 服务器等。

1.1.3　计算机的应用领域

在计算机诞生的初期，计算机主要应用于科研和军事等领域。随着社会的发展和科技的进步，计算机的性能不断提升，现在计算机在社会的各个领域都得到了广泛应用。计算机的应用领域可以概括为以下 7 个方面。

● 科学计算：科学计算即通常所说的数值计算，计算机可以完成科学研究和工程设计中提出的一系列复杂的数学问题的计算。计算机不仅能进行数值计算，还可以求解微分方程及不等式。由于计算机具有较高的运算速度，对于以往人工难以完成甚至无法完成的数值计算，计算机都可以完成，如气象资料分析和卫星轨道的测算等。目前，基于互联网的云计算，已具备每秒 10 万亿次的超强运算能力。

● 数据处理和信息管理：对大量的数据进行分析、加工和处理等工作人们早已开始使用计算机来完成。这些数据不仅包括"数"，还包括文字、图像和声音等形式的数据。由于现代计算机运算速度快、存储容量大，这使计算机在数据处理和信息加工方面的应用十分广泛，如企业的财务管理、资料和人事档案的文字处理等。利用计算机进行信息管理，为实现办公自动化和管理自动化创造了有利条件。

● 过程控制：过程控制也称为实时控制，是一种控制方式，计算机可对生产过程和其他过程自动监测以及自动控制设备的工作状态。计算机被广泛应用于各种工业环境中，可替代人在危险、有害的环境中作业，并可完成人所不能完成的有高精度和高速度要求的操作，节省了大量的人力和物力，并大大提高了经济效益。

● 人工智能：人工智能（Artificial Intelligence，AI）是研究、开发用于模拟、延伸和扩展人的智能的理论、方法、技术及应用系统的一门新的技术科学。人工智能是计算机科学的一个分支，它企图了解智能的实质，并生产出一种新的能以与人类智能相似的方式做出反应的智能机器，该领域的研究对象包括机器人、语言识别、图像识别、自然语言处理和专家系统等。人工智能自诞生以来，理论和技术日益成熟，应用领域不断扩大，可以设想，未来人工智能带来的科技产品，将会是人类智慧的"容器"，人工智能是对人的意识、思维的信息过程的模拟。人工智能不是人的智能，但能像人一样思考，也有可能超过人的智能。

- 计算机辅助：计算机辅助也称为计算机辅助工程应用，指利用计算机协助人们完成各种设计工作。计算机辅助是目前正在迅速发展并不断取得成果的重要的计算机应用领域，计算机辅助主要包括计算机辅助设计（Computer Aided Design, CAD）、计算机辅助制造（Computer Aided Manufacturing, CAM）、计算机辅助教学（Computer Assisted Instruction, CAI）和计算机辅助测试（Computer Aided Testing, CAT）等。

- 网络通信：网络通信是计算机技术与现代通信技术相结合的产物。网络通信指利用计算机网络实现信息传递的功能。随着 Internet 技术的快速发展，人们可以在不同地区进行数据的传递，并可通过计算机网络进行各种商务活动。

- 多媒体技术：多媒体技术指通过计算机对文字、数据、图形、图像、动画和声音等多种媒体信息进行综合处理和管理，使用户可以通过多种感官与计算机进行实时信息交互的技术。多媒体技术拓宽了计算机的应用领域，使计算机广泛应用于教育、广告宣传、视频会议、服务业和文化娱乐业等。

1.2 计算机的诞生与发展

计算机的发展十分迅速，从 1946 年第一台电子数字计算机诞生到如今，计算机已经渗入社会的各个领域，对人类社会的发展产生了深刻的影响。

1.2.1 计算机的诞生

17 世纪，德国数学家莱布尼茨发明了二进制，为计算机内部数据的表示方法创造了条件。20 世纪初，电子技术飞速发展，1904 年英国电气工程师弗莱明研制出真空二极管，1906 年美国科学家福雷斯特发明了真空三极管，这些都为计算机的诞生奠定了基础。

20 世纪 40 年代后期，西方国家的工业技术迅猛发展，相继出现了雷达和导弹等高科技产品，大量复杂的有关高科技产品的计算，原有的计算工具无能为力，在计算技术上迫切需要有所突破。1946 年 2 月，由美国宾夕法尼亚大学研制的世界上第一台计算机——电子数字积分计算机（Electronic Numerical Integrator And Computer, ENIAC）诞生了（见图 1-5）。

图 1-5　世界上第一台计算机 ENIAC

ENIAC 的主要元件是电子管，每秒可完成 5 000 次加法运算，300 多次乘法运算，比当时运算速度最快的计算工具要快 300 倍。ENIAC 的质量达 30 多吨，占地 170 m^2，采用了 18 000 多个电子管、1 500 多个继电器、70 000 多个电阻器和 10 000 多个电容器。虽然 ENIAC 体积庞大、性能不佳，但它的出现具有跨时代的意义，它开创了电子技术发展的新时代——计算机时代。

同一时期，ENIAC 项目组的美籍匈牙利研究人员冯·诺依曼开始研制他自己的离散变量自动电子计算机（Electronic Discrete Variable Automatic Computer, EDVAC），该计算机用了约 6 000 个电子管和约 12 000 个二极管，功率为 56 kW，占地面积为 45.5 m^2，质量为 7 850 kg，使用时需要 30 个技术人员同时操作，它是当时运算速度最快的计算机。其主要设计理论是采用二进制和"存储程序"方式，人们把该理论称为冯·诺依曼体系结构，并沿用至今。冯·诺依曼被誉为"现代电子计算机之父"。EDVAC 是计算机发展史上的一座里程碑，它标志电子计算机时代的到来。

ENIAC 虽然开创了电子计算机发展的新纪元，但它存在两个问题：第一，内部信息采用十进制表示，导致硬件线路复杂，工作状态不稳定；第二，通过开关连线方式控制计算机工作，十分麻烦。EDVAC 则针对这两个问题进行了重大改进：第一，数制由原来的十进制改为二进制；第二，采用"存储程序"方式控制计算机的运行过程。冯·诺依曼的设计思想奠定了现代计算机的体系结构。

1.2.2　现代计算机的发展

自从 ENIAC 诞生后，计算机技术成为发展最快的现代技术。计算机的蓬勃发展经历了 70 年左右的时间，共产生了 4 代计算机，如表 1-1 所示。

表 1-1　计算机发展的 4 个阶段

阶段	年代	采用的元器件	运算速度（每秒指令数）	主要特点	应用领域
第1代计算机	1946—1957年	电子管	几千条	主存储器采用磁鼓，体积庞大、耗电量大、运算速度慢、可靠性较差、内存容量小	国防及科学研究工作
第2代计算机	1958—1964年	晶体管	几万至几十万条	主存储器采用磁芯，开始使用高级程序及操作系统，运算速度提高、体积减小	工程设计、数据处理
第3代计算机	1965—1970年	中小规模集成电路	几十万至几百万条	主存储器采用半导体存储器，集成度高、功能增强、价格下降	工业控制、数据处理
第4代计算机	1971年至今	大规模、超大规模集成电路	上千万至上万亿条	计算机走向微型化，性能大幅度提高，软件也越来越丰富，为网络化创造了条件。同时，计算机逐渐走向人工智能化，并采用了多媒体技术，具有听、说、读、写等功能	工业、生活等各个方面

1.2.3　未来计算机的发展趋势

计算机作为现代社会工作中的必备工具，在日常工作和科研领域扮演越来越重要的角色。计算机从诞生到现在，不管是其硬件技术还是软件技术都没有停止发展的脚步，未来的计算机，不论是其计算能力还是其逻辑能力，甚至智能性，都会越来越强。下面主要通过计算机的发展方向和研制中的新型计算机两部分内容，来讲解计算机的发展趋势。

1. 计算机的发展方向

未来计算机的发展方向主要有 4 个，即巨型化、微型化、网络化和智能化。

- 巨型化：巨型化指计算机的运算速度更快、存储容量更大、功能更强大、可靠性更高。巨型化计算机的应用领域主要包括天文、天气预报、军事、生物仿真等，这些领域需进行大量的数据处理和运算，需要用性能强劲的计算机来完成。

- 微型化：随着超大规模集成电路的进一步发展，个人计算机将更加微型化。膝上型、书本型、笔记本型、掌上型等微型化计算机不断涌现，并受到越来越多的用户喜爱。

- 网络化：随着计算机的普及，计算机网络逐步深入人们工作和生活的各个部分。通过计算机网络可以连接地球上分散的计算机，实现共享各种分散的计算机资源。现在计算机网络是人们工作和生活中不可或缺的事物，计算机网络化让人们足不出户就能获得大量的信息、与世界各地的亲友通信、进行网上贸易等。

- 智能化：早期的计算机只能按照人的意愿和指令处理数据，而智能化的计算机能够代替人的脑力劳动，具有类似人的智能，如能听懂人类的语言，能看懂各种图形，可以自己学习等，

第 1 章　计算机信息技术基础

计算机可以自主进行知识的处理，从而代替人的部分工作。未来的智能型计算机将会代替甚至超越人类进行某些方面的脑力劳动。

2．研制中的新型计算机

新型计算机的"新"主要体现在新的原理、新的元器件上。目前，研制中的新型计算机有 3 种：DNA 生物计算机、光计算机、量子计算机。

- DNA 生物计算机：以 DNA 作为基本的运算单元，通过控制 DNA 分子间的生化反应来完成运算。DNA 计算机具有体积小、存储容量大、运算速度快、耗能低、并行性等优点。

- 光计算机：以光作为载体来进行信息处理的计算机。光计算机具有 3 个优点：光器件的带宽非常大，传输和处理的信息量极大；信息传输中畸变和失真小，信息运算速度高；光传输和转换时，能量消耗极低。

- 量子计算机：遵循物理学的量子规律进行多数计算和逻辑计算并进行信息处理的计算机。量子计算机具有运算速度快、存储容量大、功耗低的优点。

> **提示**
>
> 由于计算机最重要的核心部件是芯片，因此计算机芯片技术的不断发展也是推动计算机发展的动力。英特尔（Intel）公司的创始人之一戈登·摩尔在 1965 年预言了计算机集成技术的发展规律，那就是每 18 个月在同样面积的芯片中集成的晶体管数量将翻一番，而成本将下降一半。

1.3 计算机的信息表示

利用计算机技术可以采集、存储和处理各种用户信息，也可将这些用户信息转换成用户可以识别的文字、音频或视频进行输出，那么这些信息在计算机内部又是如何表示的呢？

1.3.1 计算机中数的表示

在计算机中，信息都是用二进制进行表示的。在二进制中进行数的编码时，数将分为定点数和浮点数。在计算机中，小数点位置固定的数叫定点数，小数点位置浮动的数叫浮点数。

定点数常用的编码方案有原码、反码、补码、移码 4 种。

- 原码：原码的编码，正数，符号位为 0，数据部分照抄；负数，符号位为 1，数据部分照抄；0 既可以看成正数，又可以看成负数。

- 反码：反码的编码，正数，符号位为 0，数据部分照抄；负数，符号位为 1，数据部分求反（0 变 1，1 变 0）；0 既可以看成正数，又可以看成负数。反码有两个特点：一是 0 有两种表示方法；二是在进行反码加法运算时，符号位可以作为数值参与运算，但运算后，某些情况下需要调整符号位。

- 补码：补码的编码，正数，符号位为 0，数据部分照抄；负数，符号位为 1，数据部分求反（0 变 1，1 变 0），再在最后一位上加 1。

- 移码：不管是什么数，都统一加上一个数（称偏移值），通常 n 位的移码，偏移值为 $2^{n-1}-1$。用移码表示浮点数的阶码，方便了浮点数中指数的比较，简化了浮点运算部件的设计。

一个浮点数用两个定点数表示。计算机中的浮点数普遍采用 IEEE754 标准，该标准定义了两种基本类型的浮点数：单精度浮点数，简称单精度数；双精度浮点数，简称双精度数。双精度数所表示的数的范围要比单精度数大，精度（有效位数）比单精度数高，但所占用的存储空间是单精度数的 2 倍。

单精度数和双精度数的阶码采用移码表示，尾数采用原码表示。单精度数共 32 位，包括 1 位符号位、8 位阶码、23 位尾数。双精度数共 64 位，包括 1 位符号位、11 位阶码、52 位尾数。

1.3.2　计算机中的数据单位

在计算机内存储和运算数据时，通常涉及的数据单位有以下 3 种。

- 位（bit）：计算机中的数据都是以二进制来表示的，二进制只有 "0" "1" 两个数码，采用多个数码（0 和 1 的组合）来表示一个数，其中的每一个数码称为一位，位是计算机中最小的数据单位。
- 字节（Byte，B）：在对二进制数据进行存储时，以 8 位二进制数码为一个单元进行存储，一个单元称为一个字节，即 1Byte=8bit。字节是计算机中信息组织和存储的基本单位，也是计算机体系结构的基本单位。在计算机中，通常用字节（B）、千字节（KB）、兆字节（MB）或吉字节（GB）为单位来表示存储器（如内存、硬盘和 U 盘等）的存储容量或文件的大小。所谓存储容量，指的是存储器中能够包含的字节数。存储单位 B、KB、MB、GB 和 TB 的换算关系如下。

$1 \text{KB} = 1\,024 \text{B} = 2^{10}\text{B}$

$1 \text{MB} = 1\,024 \text{KB} = 2^{20}\text{B}$

$1 \text{GB} = 1\,024 \text{MB} = 2^{30}\text{B}$

$1 \text{TB} = 1\,024 \text{GB} = 2^{40}\text{B}$

- 字长：人们将计算机一次能够并行处理的二进制数码的位数，称为字长。字长是衡量计算机性能的一个重要指标，字长越长，数据所包含的位数越多，计算机的数据处理速度越快。计算机的字长通常是字节的整数倍，如 8 位、16 位、32 位、64 位和 128 位等。

1.3.3　进位计数制

数制指用一组固定的符号和统一的规则来表示数值的方法。其中，按照进位方式计数的数制称为进位计数制。在日常生活中，人们习惯用的进位计数制是十进制，而计算机使用的是二进制。除此以外，还有八进制和十六进制等。顾名思义，二进制就是逢二进一的数字表示方法，以此类推，十进制就是逢十进一，八进制就是逢八进一等。

进位计数制中每个数码的数值大小不仅取决于数码本身，还取决于该数码在数中的位置，如十进制数 828.41，整数部分的第 1 个数码 "8" 处在百位，表示 800，第 2 个数码 "2" 处在十位，表示 20，第 3 个数码 "8" 处在个位，表示 8，小数点后第 1 个数码 "4" 处在十分位，表示 0.4，小数点后第 2 个数码 "1" 处在百分位，表示 0.01。也就是说，处在不同位置的数码所代表的数值不相同，分别具有不同的位权值。数制中数码的个数称为数制的基数，十进制有 0、1、2、3、4、5、6、7、8、9 共 10 个数码，其基数为 10。

不论是何种进位计数制，数都可写成按位权展开的形式，如十进制数 828.41 可写成如下形式。

$$828.41 = 8 \times 100 + 2 \times 10 + 8 \times 1 + 4 \times 0.1 + 1 \times 0.01$$

或写成以下形式。

$$828.41 = 8 \times 10^2 + 2 \times 10^1 + 8 \times 10^0 + 4 \times 10^{-1} + 1 \times 10^{-2}$$

上式称为数值的按位权展开式，其中 10^i 称为十进制数的位权，十进制的基数为 10。使用不同的基数，便可得到不同的进位计数制。设 R 为基数，则得到 R 进制，R 进制使用 R 个基本的数码，R^i 就是位权，R 进制的加法运算规则是 "逢 R 进一"，任意一个 R 进制数 D 均可以按位权展开表示如下。

$$(D)_R = \sum_{i=-1}^{n-1} K_i \times R^i$$

上式中的 K_i 为第 i 位的系数，可以为 0，1，2，…，$R-1$ 中的任何一个数，R^i 表示第 i 位的位权。表 1-2 所示为计算机中常用的 4 种进位计数制。

表 1-2　计算机中常用的 4 种进位计数制

进位计数制	代表字母	基数	基本符号（采用的数码）	位权
二进制（Binary）	B	2	0, 1	2^i
八进制（Octal）	O	8	0, 1, 2, 3, 4, 5, 6, 7	8^i
十进制（Decimal）	D	10	0, 1, 2, 3, 4, 5, 6, 7, 8, 9	10^i
十六进制（Hexadecimal）	H	16	0, 1, 2, 3, 4, 5, 6, 7, 8, 9, A, B, C, D, E, F	16^i

通过表 1-2 可知，对于数据 4A9E，从使用的数码可以判断其为十六进制数，而对于数据 492 来说，如何判断其属于哪种数制的数呢？在计算机中，为了区分不同进制的数，可以用括号加数制基数下标的方式来表示不同数制的数，例如，$(492)_{10}$ 为十进制数，$(1001.1)_2$ 为二进制数，$(4A9E)_{16}$ 为十六进制数。还可以用带有字母的形式来表示不同数制的数，例如，以上 3 个数可分别表示为 $(492)_D$、$(1001.1)_B$ 和 $(4A9E)_H$。在程序设计中，为了区分不同进制的数，常在数字后直接加英文字母后缀来区别，如 492D、1001.1B 等。

表 1-3 为上述 4 种常用进位计数制之间的关系表。

表 1-3　4 种常用进位计数制之间的关系表

十进制数	二进制数	八进制数	十六进制数
0	0000	0	0
1	0001	1	1
2	0010	2	2
3	0011	3	3
4	0100	4	4
5	0101	5	5
6	0110	6	6
7	0111	7	7
8	1000	10	8
9	1001	11	9
10	1010	12	A
11	1011	13	B
12	1100	14	C
13	1101	15	D
14	1110	16	E
15	1111	17	F

1.3.4　不同进位计数制之间的相互转换

下面具体介绍 4 种常用进位计数制之间的转换方法。

1. 非十进制数转换为十进制数

二进制数、八进制数和十六进制数转换为十进制数时，只需用各位的数乘以各自的位权，然后将乘积相加，用按位权展开的方法即可得到对应的十进制数。

【例 1-1】将二进制数 10110 转换成十进制数。

先将二进制数 10110 按位权展开，再将各项乘积相加，转换过程如下。

$$(10110)_2 = (1\times2^4+0\times2^3+1\times2^2+1\times2^1+0\times2^0)_{10}$$
$$= (16+4+2)_{10}$$
$$= (22)_{10}$$

【例1-2】将八进制数232转换成十进制数。

先将八进制数232按位权展开，再将各项乘积相加，转换过程如下。

$$(232)_8 = (2 \times 8^2 + 3 \times 8^1 + 2 \times 8^0)_{10}$$
$$= (128 + 24 + 2)_{10}$$
$$= (154)_{10}$$

【例1-3】将十六进制数232转换成十进制数。

先将十六进制数232按位权展开，再将各项乘积相加，转换过程如下。

$$(232)_{16} = (2 \times 16^2 + 3 \times 16^1 + 2 \times 16^0)_{10}$$
$$= (512 + 48 + 2)_{10}$$
$$= (562)_{10}$$

2. 十进制数转换成其他进制数

将十进制数转换成二进制数、八进制数和十六进制数时，数字的整数部分和小数部分要分别转换，然后再拼接起来。

例如，将十进制数转换成二进制数时，整数部分采用"除2取余倒读"法，即将该十进制数的整数部分除以2，得到一个商和余数 K_0，再将商除以2，得到一个新的商和余数 K_1，如此反复，直到商是0时得到余数 K_{n-1}，然后将各次得到的余数，以最后的余数为最高位，最初的余数为最低位依次排列，即 $K_{n-1} \cdots K_1 K_0$，这就是该十进制数对应的二进制数的整数部分。

小数部分采用"乘2取整正读"法，即将该十进制数的小数部分乘2，取乘积中的整数部分 K_{-1} 作为相应二进制数小数点后最高位上的数，取乘积中的小数部分反复乘2，逐次得到 K_{-2}，K_{-3}，$\cdots$，K_{-m}，直到乘积的小数部分为0或位数达到所需的精确度要求为止，然后把每次乘积所得的整数部分由上而下（即从小数点起自左往右）依次排列起来（$K_{-1} K_{-2} \cdots K_{-m}$），即为所求的二进制数的小数部分。

同理，将十进制数转换成八进制数时，整数部分除8取余，小数部分乘8取整；将十进制数转换成十六进制数时，整数部分除16取余，小数部分乘16取整。

> **提示**
>
> 在进行小数部分的转换时，有些十进制小数不能转换为有限位的二进制小数，此时只能用近似值表示。例如，$(0.57)_{10}$ 不能用有限位二进制数表示，如果要求保留到小数点后5位，则得到 $(0.57)_{10} \approx (0.10010)_2$。

【例1-4】将十进制数225.625转换成二进制数。

先用"除2取余倒读"法进行整数部分的转换，再用"乘2取整正读"法进行小数部分的转换，具体转换过程如下。

得 $(225.625)_{10} = (11100001.101)_2$。

3．二进制数转换成八进制数、十六进制数

二进制数转换成八进制数所采用的转换原则是"3位分一组"，即以小数点为界，整数部分从右向左每 3 位为一组，若最后一组不足 3 位，则在最高位前面添 0 补足 3 位，然后将每组中的二进制数按位权展开并相加得到对应的八进制数；小数部分从左向右每 3 位分为一组，最后一组不足 3 位时，尾部用 0 补足 3 位，然后按照顺序写出每组二进制数对应的八进制数即可。

【例 1-5】将二进制数 1101001.101 转换为八进制数，转换过程如下。

| 二进制数 | 001 | 101 | 001 | . | 101 |
| 八进制数 | 1 | 5 | 1 | . | 5 |

得到的结果为（1101001.101）$_2$=（151.5）$_8$。

二进制数转换成十六进制数所采用的转换原则与上面类似，为"4 位分一组"，即以小数点为界，整数部分从右向左、小数部分从左向右每 4 位一组，不足 4 位用 0 补齐即可。

【例 1-6】将二进制数 101110011000111011 转换为十六进制数，转换过程如下。

| 二进制数 | 0010 | 1110 | 0110 | 0011 | 1011 |
| 十六进制数 | 2 | E | 6 | 3 | B |

得到的结果为（101110011000111011）$_2$=（2E63B）$_{16}$。

4．八进制数、十六进制数转换成二进制数

八进制数转换成二进制数的转换原则是"一分为三"，即从八进制数的低位开始，将每一位上的八进制数写成对应的 3 位二进制数。如有小数部分，则从小数点开始，分别向左右两边按上述方法进行转换即可。

【例 1-7】将八进制数 162.4 转换为二进制数，转换过程如下。

| 八进制数 | 1 | 6 | 2 | . | 4 |
| 二进制数 | 001 | 110 | 010 | . | 100 |

得到的结果为（162.4）$_8$=（001110010.100）$_2$。

十六进制数转换成二进制数的转换原则是"一分为四"，即把每一位上的十六进制数写成对应的 4 位二进制数。

【例 1-8】将十六进制数 3B7D 转换为二进制数，转换过程如下。

| 十六进制数 | 3 | B | 7 | D |
| 二进制数 | 0011 | 1011 | 0111 | 1101 |

得到的结果为（3B7D）$_{16}$=（0011101101111101）$_2$。

1.3.5　二进制数的算术运算

计算机内部采用二进制表示数据，其主要原因是电路容易实现、二进制运算法则简单、可以方便地利用逻辑代数分析和设计计算机的逻辑电路等。下面对二进制数的算术运算和逻辑运算进行介绍。

1．二进制数的算术运算

二进制数的算术运算也就是通常所说的四则运算，包括加、减、乘、除，运算比较简单，具体运算规则如下。

● 加法运算：按"逢二进一"法，向高位进位，运算规则为 0+0=0、0+1=1、1+0=1、1+1=10。例如，（10011.01）$_2$+（100011.11）$_2$=（110111.00）$_2$。

● 减法运算：减法实质上是加上一个负数，主要应用于补码运算，运算规则为 0-0=0、1-0=1、0-1=1（向高位借位，结果本位为 1）、1-1=0。例如，（110011）$_2$-（001101）$_2$=（100110）$_2$。

● 乘法运算：二进制数的乘法运算与我们常见的十进制数的乘法运算类似，二进制数的乘

法运算规则为 0×0=0、1×0=0、0×1=0、1×1=1。例如，$(1110)_2 \times (1101)_2 = (10110110)_2$。

- 除法运算：二进制数的除法运算与十进制数的除法运算类似，二进制数的除法运算规则为 0÷1=0、1÷1=1，而 0÷0 和 1÷0 是无意义的。例如，$(1101.1)_2 \div (110)_2 = (10.01)_2$。

2．二进制数的逻辑运算

计算机所采用的二进制数 1 和 0 可以代表逻辑运算中的"真"与"假"、"是"与"否"、"有"与"无"。二进制数的逻辑运算包括"与""或""非""异或"4 种。

- "与"运算："与"运算又称为逻辑乘，通常用符号"×""∧""·"来表示。"与"运算的运算法则为 0∧0=0、0∧1=0、1∧0=0、1∧1=1。由运算法则可以看出，当两个参与运算的数中有一个数为 0 时，运算结果也为 0，此时是没有意义的；只有当参与运算的两个数数值都为 1 时，运算结果才为 1，即只有当所有的条件都符合时，逻辑结果才为肯定值。例如，假定某一个公益组织规定加入成员的条件是女性与慈善家，那么只有既是女性又是慈善家的人才能加入该组织。

- "或"运算："或"运算又称为逻辑加，通常用符号"+"或"∨"来表示。"或"运算的运算法则为 0∨0=0、0∨1=1、1∨0=1、1∨1=1。运算法规表明，只要有一个数为 1，则结果就是 1，例如，假定某一个公益组织规定加入成员的条件是女性或慈善家，那么只要符合其中任意一个条件或两个条件都符合就可以加入该组织。

- "非"运算："非"运算又称为逻辑否运算，通常在逻辑变量上加上画线来表示，如变量为 A，则其非运算结果用 $\bar{A}$ 表示。"非"运算的运算法则为 $\bar{0}=1$、$\bar{1}=0$。例如，假定 A 变量表示男性，则 $\bar{A}$ 就表示非男性，即指女性。

- "异或"运算："异或"运算通常用符号"⊕"表示，其运算法则为 0⊕0=0、0⊕1=1、1⊕0=1、1⊕1=0。运算法则表明，当逻辑运算中变量的值不同时，结果为 1，当变量的值相同时，结果为 0。

1.3.6　计算机中非数值数据的表示

信息的一般形式为数据、图形、声音、文本和图像，而计算机只能识别二进制，因此需要对信息进行编码。对于西文与中文字符，由于形式的不同，使用的编码也不同。

1．西文字符的编码

计算机对字符进行编码，通常采用美国标准信息交换标准代码（American Standard Code for Information Interchange，ASCII）和 Unicode 两种编码。

- ASCII。ASCII 是基于拉丁字母的一套编码系统，主要用于显示现代英语和其他西欧语言，它被国际标准化组织指定为国际标准。标准 ASCII 使用 7 位二进制数来表示所有的大写字母、所有的小写字母、数字 0～9、标点符号以及在美式英语中使用的特殊控制字符，共有 2^7=128 个不同的编码值，可以表示 128 个不同字符的编码，如表 1-4 所示。其中，低 4 位 $b_3b_2b_1b_0$ 用作行编码，高 3 位 $b_6b_5b_4$ 用作列编码，有 95 个编码对应计算机键盘上的符号或其他可显示或打印的字符，另外 33 个编码被用作控制码，用于控制计算机某些外部设备的工作特性和某些计算机软件的运行情况。例如，字母 A 的编码为二进制数 1000001，对应十进制数 65 或十六进制数 41。

表 1-4　标准 7 位 ASCII

| 低4位 | 高3位 $b_6b_5b_4$ | | | | | | | |
$b_3b_2b_1b_0$	000	001	010	011	100	101	110	111
0000	NUL	DLE	SP	0	@	P	`	p
0001	SOH	DC1	!	1	A	Q	a	q
0010	STX	DC2	"	2	B	R	b	r
0011	ETX	DC3	#	3	C	S	c	s
0100	EOT	DC4	$	4	D	T	d	t

低4位 $b_3b_2b_1b_0$	高3位 $b_6b_5b_4$							
	000	001	010	011	100	101	110	111
0101	ENQ	NAK	%	5	E	U	e	u
0110	ACK	SYN	&	6	F	V	f	v
0111	BEL	ETB	'	7	G	W	g	w
1000	BS	CAN	(	8	H	X	h	x
1001	HT	EM	)	9	I	Y	i	y
1010	LF	SUB	*	:	J	Z	j	z
1011	VT	ESC	+	;	K	[	k	{
1100	FF	FS	,	<	L	\	l	|
1101	CR	GS	-	=	M	]	m	}
1110	SO	RS	.	>	N	^	n	~
1111	SI	US	/	?	O	_	o	DEL

● Unicode。Unicode 也是一种国际标准编码，它采用两个字节编码，能够表示世界上所有的书写语言中可能用于计算机通信的文字和其他符号。目前，Unicode 在网络、Windows 操作系统和大型软件中得到应用。

2. 汉字的编码

在计算机中，汉字信息的传播和交换必须有统一的编码才不会造成混乱和差错。因此，计算机中处理的汉字指包含在国家或国际组织制定的汉字字符集中的汉字，常用的汉字字符集包括 GB2312、GB18030、《汉字内码扩展规范》（Chinese Internal Code Specification，GBK）编码等。为了使每个汉字有一个全国统一的代码，我国颁布了汉字编码的国家标准，即 GB2312-80，这个字符集是目前国内所有汉字系统的统一标准。

汉字的编码方式主要有以下 4 种。

● 输入码。输入码也称外码，指为了将汉字输入计算机而设计的代码，包括音码、形码和音形码等。

● 区位码。将 GB2312 字符集放置在一个 94 行（每一行称为"区"）、94 列（每一列称为"位"）的方阵中，方阵中的每个汉字所对应的区号和位号组合起来就得到了该汉字的区位码。区位码用 4 位数字编码，前两位叫作区码，后两位叫作位码，如汉字"中"的区位码为 5448。

● 国标码。国标码采用两个字节表示一个汉字，将汉字区位码中的十进制区号和位号分别转换成十六进制数，再分别加上 20H，就可以得到该汉字的国标码。例如，"中"字的区位码为 5448，区号 54 对应的十六进制数为 36，加上 20H，即为 56H，而位号 48 对应的十六进制数为 30，加上 20H，即为 50H，所以"中"字的国标码为 5650H。

● 机内码。在计算机内部进行存储与处理所使用的代码，称为机内码。对汉字系统来说，规定汉字机内码在汉字国标码的基础上，每字节的最高位为 1，每字节的低 7 位为汉字信息。将国标码的两个字节编码分别加上 80H（即 10000000B），便可以得到机内码，如汉字"中"的机内码为 D6D0H。

1.4 计算思维

科学指运用范畴、定理、定律等思维形式反映现实世界各种现象的本质和规律的知识体系。它既能改变人的主观世界，又能改造人的客观世界，科学的发展对人类社会产生了广泛而深远的影响。科学一般包括自然科学、社会科学和思维科学。

科学思维也叫科学逻辑，即形成并运用于科学认识活动、对感性认识材料进行加工处理的方式与途径的理论体系。它是真理在认识的统一过程中，对各种科学的思维方法的有机整合，是人类实践活动的产物。

科学思维不仅是一切科学研究和技术发展的起点，而且始终贯穿于科学研究和技术发展的全过程，是创新的灵魂。科学思维主要分为理论思维、实验思维和计算思维 3 大类。

一般认为，理论、实验和计算是推动人类文明进步和科技发展的 3 大支柱。这种认知被科学文献广泛引用。

理论源于数学，理论思维支撑着所有的学科领域。正如数学一样，定义是理论思维的灵魂，定理和证明则是理论思维的精髓。公理化方法是最重要的理论思维方法，科学界一般认为，公理化方法是世界科学技术革命推动的源头，用公理化方法构建的理论体系，称为公理系统。

理论思维又叫推理思维，以推理和演绎为特征，理论思维以数学学科为代表。

实验思维的先驱是意大利科学家伽利略，他开创了以实验为基础，具有严密逻辑理论体系的近代科学，被人们誉为"近代科学之父"。一般来说，伽利略的实验思维方法，可以按以下 3 个步骤进行。

（1）先提取从现象中获得的直观认识的主要部分，用最简单的数字形式表示出来，以建立量的概念。

（2）再由此式用数学方法导出易于用实验证实的数量关系。

（3）然后通过实验证实这种数量关系。

与理论思维不同，实验思维往往需要借助某些特定的设备，并用它们来获取数据以供分析。以实验为基础的学科有物理学、化学、天文学、生物学、医学、农业科学、冶金、机械等众多学科。

实验思维又叫实证思维，以观察和总结自然规律为特征，实验思维以物理学科为代表。

计算思维又叫构造思维，以设计和构造为特征，计算思维以计算学科为代表。

1.4.1 计算思维的概念

2006 年 3 月，美国卡内基梅隆大学原计算机科学系主任周以真教授，在美国计算机权威杂志、世界计算机学会会刊《美国计算机学会通讯》（*Communications of the ACM*）杂志上给出了计算思维（Computational Thinking，CT）的定义，即计算思维是运用计算机科学的基础概念进行问题求解、系统设计以及理解人类行为等涵盖计算机科学研究之广度的一系列思维活动。

1．问题求解中的计算思维

利用计算手段进行问题求解的过程：首先把实际的应用问题转换为数学问题，然后建立模型、设计算法和编程实现，最后在实际的计算机中运行并求解。前两步是计算思维中的抽象，后两步是计算思维中的自动化。

2．系统设计中的计算思维

任何自然系统和社会系统都可视为一个动态演化系统，当动态演化系统抽象为离散符号系统后，就可以采用形式化的规范描述，建立模型、设计算法和开发软件来揭示演化的规律，实时控制系统的演化并自动执行。

3．理解人类行为中的计算思维

计算思维是基于可计算的手段，以定量化的方式进行的思维过程，是应对信息时代新的社会动力学和人类动力学所要求的思维。利用计算手段来研究人类的行为，即通过各种信息技术手段，设计、实施和评估人与环境之间的交互。

4．计算思维的本质

计算思维的本质是抽象和自动化。计算思维中的抽象完全超越物理的时空观，并完全用符号来表示，其中数字抽象只是一类特例。

计算思维中的抽象十分丰富，也十分复杂。例如，堆栈是计算学科中常见的一种抽象数据类型，算法也是一种抽象，程序也是一种抽象。计算思维中的抽象与其在现实世界中的最终实施有关。

抽象层次是计算思维中的一个重要概念，可以根据不同的抽象层次，有选择地忽视某些细节，最终控制系统的复杂性。在分析问题时，计算思维要求将注意力集中在感兴趣的抽象层次或其上下层，还要求了解各抽象层次之间的关系。

计算思维中的抽象，最终是要能够机械地一步步自动执行，为了确保机械的自动化，就需要在抽象的过程中进行精确和严格的符号标记和建模。

计算思维不仅仅属于计算机科学家，它应当是每个人的基本技能。在培养人们的解析能力时，不仅要求人们掌握基本的阅读、写作和算术能力，还要求人们学会基本的计算思维。

1.4.2 计算思维的特征

计算思维的特征如下。

（1）计算思维是概念化，不是程序化。计算机科学不只是计算机编程。像计算机科学家那样去思维意味着远远不只是能为计算机编程，还要求能够在抽象的多个层次上进行思维。计算机科学不仅仅跟计算机有关，就像音乐产业不仅仅跟麦克风有关一样。

（2）计算思维是根本的而不是刻板的技能。计算思维是一种根本技能，是每一个人为了在现代社会中发挥职能所必须掌握的。刻板的技能意味着简单的机械重复。

（3）计算思维是人的而不是计算机的思维。计算思维是人类求解问题的一条途径，但绝非要使人类像计算机那样去思考。计算机枯燥且沉闷，人类聪颖且富有想象力。人类赋予计算机激情，计算机赋予人类强大的计算能力，人类应该充分利用这种力量去解决各种需要大量计算的问题。

（4）计算思维是思想，不是人造品。它不只是将人类生产的软硬件等人造物到处呈现到人们的生活当中，更重要的是计算的概念，它被人们用来求解问题、日常生活管理以及与他人进行交流和互动。

（5）计算思维是数学和工程思维的互补与融合。计算机科学在本质上源自数学思维，它的形式化基础构建于数学之上，计算机科学从本质上又源自工程思维，因为人们建造的是能够与现实世界互动的系统。因此，计算思维是数学和工程思维的互补与融合。

（6）计算思维面向所有人、所有领域。当计算思维真正融入人类活动的整体时，它作为问题求解的有效工具，人人都应当掌握，处处都会被使用。

1.4.3 计算思维的体现

计算思维如同所有人具备的"读、写、算"能力一样，是人们必须具备的思维能力。

随着时代的发展、科技的进步，计算思维不仅仅是计算机专业学生所拥有的思维方式，它正慢慢地与学生的"读、写、算"能力一样，成为人类最基本的思维方式，成为每个人拥有的最基本的能力。将计算思维作为一种基本技能和普适思维方法提出，就要求人们不仅要会阅读、写作和算术，还要会计算思维。

当前各个行业中面临的大数据问题，都需要依赖算法来挖掘有效内容，这意味着计算机科学将从前沿变为基础和普及。计算思维对于今天乃至未来研究各种计算手段有重要影响，而"0"和"1"、程序和递归3大计算思维尤其重要。

1. "0"和"1"的思维

计算机本质上是以"0"和"1"为基础来实现的。"0"和"1"的思维体现了语义符号化→符号计算化→计算"0"和"1"化→"0"和"1"自动化→分层结构化→构造集成化的思维，体现了软件和硬件之间基本的连接纽带，体现了如何将社会或自然问题转变成计算问题，再将计算问题转变成自动计算问题的基本思维模式，是基本的抽象与自动化机制，是十分重要的一种计算思维。

2．程序的思维

复杂系统是如何实现的？系统可被认为是由基本动作以及基本动作的各种组合构成的。因此，实现一个系统，需要实现这些基本动作以及实现一个控制基本动作组与执行次序的机构。对基本动作的控制就指令，而指令的各种组合及其次序就是程序。系统可以按照"程序"控制"基本动作"的执行以实现复杂的功能。指令与程序的思维体现了基本的抽象、构造性表达与自动化思维。计算机（或计算机系统）就是能够执行各种程序的机器（或系统），程序思维是一种非常重要的计算思维。

3．递归的思维

递归是可以用自相似方式或自身调节自身方式不断重复的一种处理机制，是以有限的表达方式来表达无限对象实例的一种方法，是典型的构造性表达手段与重复执行手段，被广泛用于构造语言、构成过程、构造算法、构造程序。递归体现了计算技术的典型特征，是实现问题求解的一种重要的计算思维。

计算思维无处不在，并将渗透每个人的生活。

1.5 习题

（1）1946年诞生的世界上第一台电子计算机是（　　）。

    A．UNIVAC-I   B．EDVAC   C．ENIAC   D．IBM

（2）第二代计算机的划分年代是（　　）。

    A．1946—1957年   B．1958—1964年   C．1965—1970年   D．1971年至今

（3）关于进位计数制之间的转换，下列叙述正确的是（　　）。

    A．采用不同的进位计数制表示同一个数时，基数 R 越大，则转换后所得数的位数越少

    B．采用不同的进位计数制表示同一个数时，基数 R 越大，则转换后所得数的位数越多

    C．不同进位计数制采用的数码是各不相同的，没有一个数码是一样的

    D．进位计数制中每个数码的数值不仅取决于数码本身

（4）1KB的准确数值是（　　）。

    A．1 024 B   B．1 000 B   C．1 024 bit   D．1 024 MB

（5）十进制数55转换成二进制数等于（　　）。

    A．111111   B．110111   C．111001   D．111011

（6）与二进制数101101等值的十六进制数是（　　）。

    A．2D   B．2C   C．1D   D．B4

（7）二进制数111+1等于（　　）。

    A．10000   B．100   C．1111   D．1000

（8）人类应具备的三大思维能力是（　　）。

    A．抽象思维、逻辑思维和形象思维   B．实验思维、理论思维和计算思维

    C．逆向思维、演绎思维和发散思维   D．计算思维、理论思维和辩证思维

第 2 章

计算机系统运行及构成基础

计算机系统由硬件系统和软件系统组成，硬件是计算机赖以工作的实体，相当于人的躯体，软件是计算机的精髓，相当于人的思想和灵魂，它们共同协作运行应用程序并处理各种实际问题。本章将介绍计算机运行原理，以及让计算机运行必备的硬件系统和软件系统的相关知识。

课堂学习目标
- 了解计算机运行的基础知识
- 掌握计算机硬件系统的组成
- 掌握计算机软件系统的组成

2.1 计算机运行基础

计算机能够顺畅运行是计算机各硬件设备配合工作的结果。下面介绍计算机运行相关的基础知识，以为后面认识计算机硬件与软件打基础。

2.1.1 计算机的结构

计算机的结构就是计算机各功能部件之间的相互连接关系。计算机的结构经历了 3 个发展阶段：以运算器为核心的结构、以存储器为核心的结构、以总线为核心的结构。

- 以运算器为核心的结构：以运算器为核心的结构如图 2-1 所示，运算器是整个系统的核心，控制器、存储器、输入设备和输出设备都与运算器相连。这种结构的特点是，输入与输出都要经过运算器，运算器承载过多的负载，利用率低。
- 以存储器为核心的结构：以存储器为核心的结构如图 2-2 所示，存储器是整个系统的核心，运算器、控制器、输入设备和输出设备都与存储器相连。这种结构的特点是，输入与输出不经过运算器，各部件各司其职，CPU 利用率高。

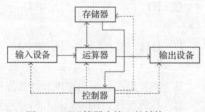

图 2-1　以运算器为核心的结构

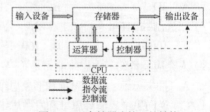

图 2-2　以存储器为核心的结构

- 以总线为核心的结构：总线是计算机各种功能部件之间传送信息的公共通信干线，它是由导线组成的传输线束。总线传送 4 类信息：数据、指令、地址和控制信息。计算机的总线有 3 种：数据总线、地址总线和控制总线。CPU 读写内存时，必须指定内存单元的地址，地址信息就是内存单元的地址。以总线为核心的结构有 4 个特点：①各部件都与总线相连接，或通过接口与总线相连接；②便于模块化结构设计，简化系统设计；③便于系统的扩充和升级；④便于故障的诊断和维修。

2.1.2 计算机的工作原理

计算机的工作原理是"存储程序"原理，是冯·诺依曼在 EDVAC 方案中提出的。计算机的工作原理包括两方面：①将编写好的程序和原始的数据存储在计算机的存储器中，即"存储程序"；②计算机按照存储的程序逐条取出指令加以分析，并执行指令所规定的操作，即"程序控制"。指令是由 CPU 中的控制器执行的，控制器执行一条指令包括取指令、分析指令、执行指令3 个步骤。

> **提示**
>
> 控制器根据程序计数器的内容（即指令在内存中的地址），把指令从内存中取出，保存到控制器的指令寄存器中。然后程序计数器的内容自动加"1"形成下一条指令的地址。控制器将指令寄存器中的指令送到指令译码器，指令译码器翻译出该指令对应的操作，把操作控制信号传输给操作控制器。

2.1.3 计算机的工作模式

计算机的工作模式也称为计算模式，指计算应用系统中数据和应用程序的分布方式。计算模式主要有单机模式和网络模式两种。

● 单机模式：以单台计算机构成的应用模式，在计算机网络出现前，计算机的工作模式都是单机模式。

● 网络模式：多台计算机连成计算机网络，多台计算机互相分工合作，完成应用系统的功能。网络模式有客户机/服务器模式和浏览器/服务器模式两种类型。客户机/服务器模式中，应用系统的数据存放在服务器（数据库服务器、文件服务器）中，应用系统的程序通常存放在每一台客户机上。客户机上的应用程序对数据进行采集和初次处理，再将数据传递到服务器端。用户必须使用客户端应用程序才能对数据进行操作。浏览器/服务器模式是在客户机/服务器模式的基础上发展而来的。由原来的两层结构（客户机/服务器）变成三层结构：浏览器/Web 服务器/数据库服务器。浏览器/服务器模式的系统以服务器为核心，程序处理和数据存储基本上都在服务器端完成，用户无须安装专门的客户端软件，只需要一个浏览器软件即可，大大方便了系统的部署。

> **提示**
>
> 在计算机网络中，计算机被分为两大类：一是向其他计算机提供各种服务（主要有数据库服务、打印服务等）的计算机，称为服务器；二是享受服务器提供服务的计算机，称为客户机。

2.1.4 计算机的性能指标

计算机的性能指标就是衡量一台计算机性能强弱的指标，通常有以下 5 个指标。

● 字长：计算机在同一时间内能处理的一组二进制数称为一个计算机的"字"，而这组二进制数的位数就是"字长"。字长的单位是"位"。字长直接体现了一台计算机的数的表示范围和计算精度，在其他指标相同时，字长越大，计算机处理数据的速度就越快。

● 运算速度：微型计算机的运算速度用每秒能执行的指令条数来衡量，单位为每秒百万条指令（Million Instructions Per Second，MIPS）。大型计算机的运算速度用每秒能执行的浮点运算次数来衡量，单位为 MFLOPS 每秒百万次浮点运算（Million Floating-point Operations Per Second，MFLOPS）。

- 存储容量：计算机的存储容量包括内存容量和外存容量。存储容量的单位是字节，1个字节是8个二进制位。内存容量指内存储器能够存储数据的总字节数，内存容量的大小体现了计算机工作时存储程序和数据能力的大小，内存容量越大，计算机性能越高。外存容量指外存储器所能存储数据的总字节数。外存容量的大小体现了计算机长期存储程序和数据能力的大小，外存容量越大，计算机性能越高。

- 外部设备的配置：计算机的外部设备指主机外的大部分硬件设备，简称外设。外部设备的主要功能是输入、输出数据。计算机所配置的外部设备的多少和好坏，也是衡量计算机综合性能的重要指标。

- 软件的配置：软件就是计算机所运行的程序及其相关的数据和文档，计算机所配置的软件的多少，决定了计算机能完成哪些工作，这也是衡量计算机综合性能的重要指标。

2.2 计算机硬件系统

计算机硬件系统指计算机中看得见、摸得着的一些实体设备，从计算机外观上看，主要由主机、显示器、鼠标和键盘等部分组成，主机背面有许多插孔和接口，用于接通电源、连接键盘和鼠标等外部设备，主机箱内有中央处理器、主板、内存、硬盘和光驱等硬件，图 2-3 所示为计算机的外观组成和主机内部硬件。

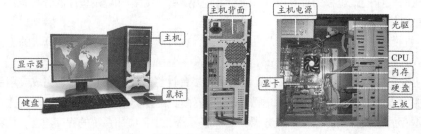

图 2-3　计算机的外观组成和主机内部硬件

2.2.1　中央处理器

中央处理器（Central Processing Unit，CPU）是由一片或少数几片大规模集成电路组成的微处理器，简称 CPU，这些电路执行控制部件和算术逻辑部件的功能。CPU 中不仅有运算器、控制器，还有寄存器与高速缓冲存储器。一个 CPU 可包含几个甚至几十个内部寄存器，包括数据寄存器、地址寄存器和状态寄存器等。进行算术逻辑运算的运算器以加法器为核心，它能根据二进制法则进行补码的加法运算，可传送、移位和比较数据。控制器由程序计数器、指令译码器、指令寄存器与定时控制逻辑电路组成，可进行分析和执行指令，统一指挥微机各部分按时序进行协调操作。新型处理器中集成了超高速缓冲存储器，它的工作速度和运算器的速度相同。CPU 既是计算机的指令中枢，又是系统的最高执行单位，如图 2-4 所示。CPU 主要负责指令的执行，作为计算机系统的核心组件，CPU 在计算机系统中占有举足轻重的地位，是影响计算机系统运算速度的重要因素。

图 2-4　CPU

目前，市场上销售的 CPU 产品主要有 Intel 和 AMD 两大类。奔腾双核、赛扬双核和闪龙系列属于比较低端的处理器，仅能满足上网、办公、看电影等需求。酷睿 i3、i5 和速龙系列属于中端的处理器，不仅能上网、办公、看电影等，还能承载大型网络游戏的运行。酷睿 i7 和羿龙系列属于高端处理器，常用的网络应用都能实现，还能以极好的效果运行大型游戏。

2.2.2 主板

主板也称为"母板"或"系统板"，它是机箱中最重要的电路板，如图 2-5 所示。主板上布满了各种电子元器件、插座、插槽和外部接口，它可以为计算机的所有部件提供插槽和接口，并通过其中的线路统一协调所有部件的工作。

主板上主要的芯片包括 BIOS 芯片和南北桥芯片，其中 BIOS 芯片是一块矩形的存储器，里面存有与主板搭配的基本输入/输出系统程序，能够让主板识别各种硬件，还可以设置引导系统的设备和调整 CPU 外频等，如图 2-6 所示。南北桥芯片通常由南桥芯片和北桥芯片组成，北桥芯片主要负责处理 CPU、内存和显卡三者间的数据交流，南桥芯片则负责硬盘等存储设备和 PCI 总线之间的数据流通。

图 2-5　主板

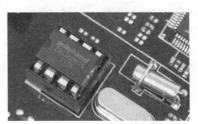

图 2-6　主板上的 BIOS 芯片

2.2.3 内存储器

计算机中的存储器包括内存储器和外存储器两种，其中，内存储器也叫主存储器，简称内存。内存是计算机中用来临时存放数据的地方，也是 CPU 处理数据的中转站，内存的容量和存取速度直接影响 CPU 处理数据的速度，图 2-7 所示为内存。内存主要由内存芯片、电路板和金手指等部分组成。

图 2-7　内存

从工作原理上说，内存一般采用半导体存储单元，包括随机存储器（Random Access Memory，RAM）、只读存储器（Read-Only Memory，ROM）和高速缓冲存储器（Cache）。平常所说的内存通常指随机存储器，它既可以从中读取数据，也可以写入数据，当计算机电源关闭时，存于其中的数据会丢失；只读存储器只能读出信息，一般不能写入信息，即使停电，这些数据也不会丢失，如 BIOS ROM；高速缓冲存储器在计算机中通常指 CPU 的缓存。

内存按工作性能分类，主要有 DDR SDRAM、DDR2 和 DDR3 3 种，目前市场上的主流内存为 DDR3，其数据传输能力比 DDR2 强，能够达到 2 000 MHz 的速度，其内存容量一般为 2GB 或 4GB。一般而言，内存容量越大越有利于系统的运行。

2.2.4 外存储器

外储存器指除内存储器、CPU 缓存以外的储存器，外存储器一般断电后仍然能保存数据。目前常见的外存储器有硬盘、光盘和 U 盘等。

1. 硬盘

硬盘是计算机中最大的存储设备，通常用于存放永久性的数据和程序，如图 2-8 所示。硬盘的内部结构比较复杂，主要由主轴电动机、盘片、磁头和传动臂等部件组成。在硬盘中通常将磁性物质附着在盘片上，并将盘片安装在主轴电动机上，当硬盘开始工作时，主轴电动机将带动盘片一起转动，盘片表面的磁头将在电路和传动臂的控制下进行

图 2-8　硬盘

移动，并将指定位置的数据读取出来，或将数据存储到指定的位置。硬盘容量是选购硬盘的主要性能指标之一，包括总容量、单碟容量和盘片数 3 个参数，其中，总容量是表示硬盘能够存储多少数据的一项重要指标，通常以 GB 为单位，目前主流的硬盘容量从 500 GB 到 4 TB 不等。此外，对于硬盘通常按照其接口的类型进行分类，主要有高级技术附件（Advanced Technology Attachment，ATA）和串行高级技术附件（Serial Advanced Technology Attachment，SATA）两种，分别介绍如下。

- ATA 接口：ATA 其实是一个关于电子集成驱动器（Integrated Device Electronics，IDE）的技术规范，包含了 ATA1～ATA7 多个标准，也被称为 IDE 接口，是过去硬盘的主要接口类型，它具有兼容性高、速度快和价格低廉的优点，现在已经很少使用了。

图 2-9　SATA 接口

- SATA 接口：SATA 是 Serial ATA 的缩写，即串行 ATA，现在市面上的硬盘几乎都为该接口类型。SATA 接口提高了数据传输的可靠性，还具有结构简单、支持热插拔的优点。SATA 包含 1.0、2.0 和 3.0 3 种标准接口，其中 SATA 1.0 标准接口的接口速率可达到 150 Mbit/s，SATA 2.0 标准接口的接口速率可达到 300 Mbit/s，SATA 3.0 标准接口的接口速率可达到 600 Mbit/s，图 2-9 所示为硬盘的 SATA 接口。

2. 光盘

光盘以光信息作为存储的载体，用来存储数据，其特点是容量大、成本低和保存时间长。光盘可分为不可擦写光盘（即只读型光盘，如 CD-ROM、DVD-ROM 等）和可擦写光盘（如 CD-RW、DVD-RAM 等）。目前，CD 光盘的容量约为 700 MB，DVD 光盘的容量约为 4.7 GB。要读写光盘里的内容必须借助光盘驱动器（简称光驱），如图 2-10 所示。

图 2-10　光驱

3. U 盘

U 盘即 USB 盘的简称，它的特点是小巧便于携带、存储容量大、价格便宜，如图 2-11 所示。U 盘是现代常见的移动存储设备之一，用于在不同计算机或电子设备之间进行数据交换。

图 2-11　U 盘

U 盘的工作原理是计算机把二进制数字信号转为复合二进制数字信号（加入分配、核对、堆栈等指令）读写到 U 盘芯片适配接口，通过芯片处理信号分配给 EPROM2 存储芯片的相应地址存储二进制数据，实现数据的存储。EPROM2 数据存储器，其控制原理是电压控制栅晶体管的电压高低值（高低电位），栅晶体管的结电容可长时间保存电压值，这就是 U 盘在断电后能保存数据的原因。

判断 U 盘好坏的标准有多个，一般可通过品牌、存储容量、接口类型等多方面进行考虑。目前 U 盘的存储容量都用 GB 为单位，如 64 GB、128 GB 等。U 盘的接口类型有 2.0 和 3.0 两种，它们的差别主要在于传输速度，2.0 的传输速率是 480 Mbit/s，而 3.0 的传输速率是 5Gbit/s。

作为计算机运行的硬件系统，一般来说外存储器中硬盘是必备的，现在随着文件传输越来越便利，光驱的作用越来越小，很多计算机都不再配置光驱。U 盘的使用范围也小了许多，但在安装操作系统时可能会用到。在 U 盘出现之前，还有一种移动存储器——软盘，其存储空间很小，现已基本消失。

2.2.5　输入设备

输入设备指向计算机输入数据和信息的设备，它是计算机与用户或其他设备通信的桥梁。常见的输入设备有鼠标、键盘、摄像头、扫描仪、手写输入板和麦克风等。下面主要讲解键盘和鼠标这两种常用的输入设备。

- 鼠标：鼠标因其外形与老鼠类似，所以被称为"鼠标"，如图 2-12 所示。根据鼠标按键来分，可以将鼠标分为三键鼠标和两键鼠标；根据鼠标的工作原理又可将其分为机械鼠标和光电鼠标。另外，还可分为无线鼠标和轨迹球鼠标。

- 键盘：键盘是用户和计算机进行交流的工具，可以直接向计算机输入各种字符和命令，简化计算机的操作。不同生产厂商所生产出的键盘型号各不相同，目前常用的键盘有 107 个键位，如图 2-13 所示。

图 2-12　鼠标

图 2-13　键盘

2.2.6　输出设备

输出设备是计算机硬件系统的终端设备，用于接收计算机数据的输出显示、打印、声音、控制外围设备操作等。它将计算机计算、处理的结果以数字、字符、图像、声音等形式表现出来。只要符合这些标准的硬件设备都可以称为输出设备，如显示器、打印机、绘图仪、影像输出系统、语音输出系统和磁记录设备等。其中显示器和打印机是较常见的两种设备，它们的使用频率很高，下面详细讲解。

1．显示器

显示器是计算机的主要输出设备，其作用是将显卡输出的信号（模拟信号或数字信号）以肉眼可见的形式表现出来。目前主要有两种显示器，一种是液晶显示器（Liquid Crystal Display，LCD），如图 2-14 所示；另一种是阴极射线管（Cathode Ray Tube，CRT）显示器，如图 2-15 所示。LCD 是现在市场上的主流显示器，具有无辐射危害、屏幕不会闪烁、工作电压低、功耗小、质量

图 2-14　液晶显示器

图 2-15　CRT 显示器

第 2 章　计算机系统运行及构成基础

轻和体积小等优点，但 LCD 的画面颜色逼真度不及 CRT 显示器。显示器的尺寸有 17 英寸（1 英寸=2.54 cm）、19 英寸、20 英寸、22 英寸、24 英寸和 26 英寸等类型。

在显示器显示图像内容除了显示器本身的功能，还有显卡的作用。显卡又称显示适配器，是计算机的基本配置，也是重要的配件之一。显卡作为计算机主机里的一个重要组成部分，是计算机进行数模信号转换的设备，承担输出显示图形的任务，显卡接在计算机主板上，它将计算机的数字信息转换成模拟信号让显示器显示出来，同时显卡还有图像处理功能，可协助 CPU 工作，提高计算机整体的运行速度。显卡和显示器一起构成了计算机系统的图像显示系统，图 2-16 所示为显卡的外观。

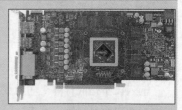

图 2-16　显卡

2. 打印机

打印机是一种常见的输出设备，其主要功能是将文字和图像进行打印输出。现在主要使用的打印机有激光打印机、点阵击打式打印机、喷墨打印机。点阵击打式打印机是通过电磁铁高速击打 24 根打印针，让色带上的墨汁转印到打印纸上，其特点是速度较慢且噪声大，如图 2-17 所示。激光打印机是通过激光产生静电吸附效应，利用硒鼓将碳粉转印到打印纸上，如图 2-18 所示，它具有速度快、噪声小、分辨率高的特点。喷墨打印机的各项指标在前两种打印机之间，如图 2-19 所示。

图 2-17　点阵击打式打印机　　　图 2-18　激光打印机　　　图 2-19　喷墨打印机

2.2.7　计算机硬件系统的安装与连接

单个的计算机硬件设备并不能发挥功效，只有将所有的计算机硬件设备组装在一起才能使各计算机硬件设备正常使用并发挥其应有的作用。

1. 主机内硬件的安装

计算机主机中包含了参与计算、控制、存储的主要硬件设备，主机内硬件的安装多为各硬件设备与主板的安装和连接。

【例 2-1】安装主机内的各硬件设备。

STEP 1　安装电源到机箱上。首先打开机箱侧面板，然后将电源安装到机箱的电源固定架上，如图 2-20 所示。

STEP 2　安装 CPU 到主板上。取出主板，推开主板上的 CPU 插座拉杆，拿出 CPU，将 CPU 缺口对准插座缺口，将其垂直放入 CPU 插座中，如图 2-21 所示。然后在 CPU 背面涂抹导热硅脂，安装 CPU 风扇。

STEP 3　安装内存到主板上。打开内存条卡扣，将内存条向下均匀用力插入插槽中，如图 2-22 所示。

STEP 4　安装显卡到主板上。打开 PCI-Express 显卡插槽的卡扣，将显卡向下均匀用力插入插槽中，如图 2-23 所示。

图 2-20　安装电源

图 2-21　安装 CPU

图 2-22　安装内存

图 2-23　安装显卡

> **提示**
>
> 　　如果计算机中还配备了声卡、网卡等其他板卡，它们的安装方法与内存、显卡是相同的。找到对应的卡槽位置，用力插入即可。在安装硬件设备时，可以先将所有板卡插入主板后，再安装主板；也可以插入部分板卡后再安装主板，然后插入剩余板卡。安装顺序可以进行一定变换，保证最后安装效果即可。

STEP 5　安装主板到机箱中。将主板放入机箱内，使其外部接口与机箱背面安装好的该主板专用挡板孔位对齐，用螺丝将主板固定在机箱侧面板上，如图 2-24 所示。

STEP 6　安装硬盘到机箱中。硬盘的螺丝孔位与支架上的相应孔位对齐，然后用对应的螺丝将硬盘固定在支架上，如图 2-25 所示。

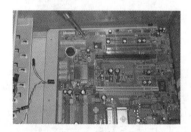

图 2-24　安装主板

图 2-25　安装硬盘

STEP 7　连接机箱内部线缆。计算机主机中各硬件之间用线缆进行连接，保证各硬件正常工作，包括将电源线连接到主板插座、连接硬盘的数据线和电源线、连接内部控制线和信号线等。

2．计算机各组件的连接

组装完计算机的主机后，就可将主机作为一个组件，将其与显示器、鼠标、键盘、打印机和音箱等其他计算机组件进行连接。

【例 2-2】连接计算机各组件。

STEP 1　将显示器与主机相连接。将显示器数据线的 VGA 接头两端分别插入主机显卡的VGA 接口以及显示器的 VGA 接口中，图 2-26 所示为 VGA 接头。

STEP 2　将鼠标和键盘与主机相连接。将鼠标和键盘的数据线插头插入主机后的对应接口中，一般鼠标和键盘的接口为 PS/2 接口或 USB 接口，通过颜色及接口形状即可快速找到，如图 2-27 所示。

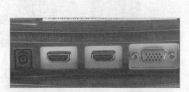

图 2-26　连接显示器

图 2-27　连接鼠标和键盘

STEP 3 将显示器电源线两端分别插入显示器背后的接口和电源插线板中。

STEP 4 检查主机中的各种连线，确认连接无误后，将主机电源线连接到主机后的电源接口，再将主机电源线插头插入电源插线板中，完成连接计算机各组件的操作，如图 2-28 所示。

图 2-28　接通电源

2.3　计算机软件系统

与硬件系统相对的是软件系统，硬件是实实在在的物体，看得见，摸得着，软件一般是由代码构成的，其拥有特殊的功能。

2.3.1　计算机软件系统的作用和分类

计算机之所以有如此强大的功能，除了硬件之外，软件的作用功不可没。软件是计算机硬件与用户之间的一条纽带，通过它实现了"人机对话"。用户主要是通过软件与计算机进行交流，软件是计算机系统设计的重要依据。计算机硬件、软件与用户之间的关系如图 2-29 所示。

每一台计算机中都会有多种软件存在，总体说来，软件分为系统软件和应用软件两大类别。

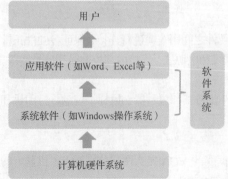

图 2-29　计算机硬软件与用户的关系

- 系统软件：系统软件用于负责管理和控制计算机中各种独立的硬件，使它们协调工作。一般来讲，系统软件由4类软件组成：一是操作系统和相应的硬件驱动程序，如 Windows、Linux、UNIX 等；二是各种服务性程序，如诊断程序、排错程序、练习程序等；三是各种服务性程序，如语言程序、汇编程序、编译程序、解释程序等；四是数据库管理系统。

- 应用软件：应用软件是为了某种特定的用途而开发的软件。我们日常工作和生活中使用计算机完成的具体事项都可以说是通过应用软件来完成的，比如通过 Word 进行文字处理，通过 Excel 进行数据计算，通过 Photoshop 进行图像处理等。

2.3.2 操作系统的基本功能

操作系统（Operating System，OS）是一种系统软件，它管理计算机系统的硬件与软件资源，控制程序的运行，改善人机操作界面，为其他应用软件提供支持等，从而使计算机系统所有资源最大限度地得到发挥应用，并为用户提供了方便、有效、友善的服务界面。操作系统是一个庞大的管理控制程序，它直接运行在计算机硬件上，是最基本的系统软件，也是计算机系统软件的核心，同时还是靠近计算机硬件的第一层软件。

操作系统作为计算机与用户之间的接口，它一般都必须为用户提供一个良好的用户界面。除此之外，操作系统还具有处理器管理、存储管理、设备管理、文件管理、网络管理等功能。

1. 处理器管理

处理器管理又称进程管理，通过操作系统处理器管理模块来确定对处理器的分配策略，实施对进程或线程的调度和管理，包括调度（作业调度、进程调度）、进程控制、进程同步和进程通信等。进程与程序的区别如下。

- 程序是"静止"的，是无生命的；而进程是动态的，它是系统进行资源调度与分配的动态行为，是有生命周期的。

- 不执行的程序仍然存在，而进程是正在执行的程序，若程序执行完毕，进程也将不存在。

- 程序没有并发特征，不占用 CPU、存储器、输入/输出设备等系统资源，所以不受其他程序的影响和制约；而进程具有并发性，由于执行时需使用 CPU、存储器等系统资源，所以受其他进程的影响与制约。

- 进程与程序并非一一对应。多次执行一个程序能产生多个不同的进程，一个进程也能对应多个程序。

进程一般包括就绪状态、运行状态和等待状态。就绪状态指进程已获取除 CPU 以外的其他必需的资源，一旦分配 CPU 将立即执行。运行状态是进程获得了 CPU 和其他所需的资源，正在运行的状态。等待状态指因为无法获取某种资源，进程运行受阻而处于暂停状态，等分配到所需资源后再执行。

> **提示**
>
> 操作系统对进程的管理主要体现在从"创建"到"消亡"的整个生存周期的所有活动，如创建进程、转变进程的状态、执行进程与撤销进程等。

2. 存储管理

存储管理的实质是对存储"空间"的管理，主要指对内存的管理。操作系统的存储管理负责将内存单元分配给需要内存的程序以便让它执行，在程序执行结束后再将程序占用的内存单元收回以便再使用。此外，还要保证各用户进程之间互不影响，保证用户进程不能破坏系统进程，提供内存保护。

3. 设备管理

外部设备是系统中最有多样性和变化性的部分，设备管理指对硬件设备的管理，包括对各种输入输出设备的分配、启动、完成和回收。常通过缓冲、中断、虚拟设备等方式尽可能使外部设备与主机共同工作，解决快速 CPU 和慢速外部设备的问题。

4. 文件管理

文件管理又称信息管理，指利用操作系统的文件管理子系统，为用户提供一个方便、快捷、可以共享同时又提供保护的文件使用环境，包括文件存储空间管理、文件操作、目录管理、读写管理及存取控制。

5. 网络管理

随着计算机网络功能的不断加强，网络应用不断深入人们生活的各个角落，因此操作系统必须提供计算机与网络进行数据传输和网络安全防护的功能。

2.3.3 操作系统的分类

经过多年的飞速发展，目前操作系统种类众多，不同的操作系统功能相差较大。根据不同的分类方法，可将操作系统分为不同的类型。

- 根据使用界面分类，可将操作系统分为命令行界面操作系统和图形界面操作系统。在命令行界面操作系统中，用户只可以在命令符（如 C：\>）后输入命令才可操作计算机，用户需要记住各种命令才能使用系统，如 DOS 系统。图形界面操作系统不需要记忆命令，可按界面的提示进行操作，如 Windows 系统。

- 根据用户数进行分类，可将操作系统分为单用户操作系统和多用户操作系统。单用户操作系统可分为单任务操作系统和多任务操作系统。多用户就是在一台计算机上可以建立多个用户，如果一台计算机只能建立一个用户，就称为单用户。如果用户在同一时间可以运行多个应用程序（每个应用程序被称作一个任务），则这样的操作系统被称为多任务操作系统；若在同一时间只能运行一个应用程序，则称为单任务操作系统。

- 根据能否运行多个任务进行分类，可将操作系统分为单任务操作系统和多任务操作系统。

- 根据使用环境进行分类，可将操作系统分为批处理操作系统、分时操作系统、实时操作系统。批处理操作系统指计算机根据一定的顺序自由地完成若干作业的系统。分时操作系统是一台主机包含若干台终端，CPU 根据预先分配给各终端的时间段，轮流为各个终端服务的系统。实时操作系统是在规定的时间内对外来的信息及时响应并进行处理的系统。

- 根据硬件结构进行分类，可将操作系统分为网络操作系统、分布式操作系统、多媒体操作系统。网络操作系统是管理连接在计算机网络上的若干独立的计算机系统，能实现多个计算机之间的数据交换、资源共享、相互操作等网络管理与网络应用的操作系统。分布式操作系统是通过通信网络将物理上分布存在、具有独立运算能力的计算机系统或数据处理系统相连接，实现信息交换、资源共享与协作完成任务的系统。多媒体操作系统指除具有一般操作系统的功能，还具有多媒体底层扩充模块，支持高层多媒体信息的采集，编辑、播放和传输等处理功能的系统。

2.3.4 操作系统的发展

计算机操作系统经历了磁盘操作系统（Disk Operating System，DOS）、Windows 操作系统和网络操作系统 3 个阶段。

1. DOS

DOS 是配置在个人计算机上的单用户命令行界面操作系统，曾广泛应用于 PC 上，其主要作用是进行文件管理与设备管理。

DOS 的每个文件都有文件名，按文件名对文件进行识别与管理。DOS 中文件的文件名包括主文件名与扩展名两部分，主文件名不能省略，扩展名可省略，之间用圆点"."隔开。主文件名表示不同的文件，可由 1~8 个字符组成，扩展名表示文件的类型，最多可包含 3 个字符。对文件进行操作时，在文件名中可使用"*"和"？"，"*"表示所在位置上连续合法的零个至多个字符，"？"表示所在位置上的任意一个合法字符。DOS 文件名中的字母不区分大小写，数字和字母均可作为文件名的首个字符。

注意

在文件名中可使用～、-、&、#、@、( )等特殊字符，但不能使用!、、和空格等字符。

DOS 采用树形结构的方式对所有文件进行组织与管理，即在目录下可存放文件，也可创建不同名称的子目录，在子目录中又可继续创建子目录进行文件的存放，上级目录与下级目录之间存在一种父子关系。路径表示文件所在的位置，包括文件所在的驱动器与目录名，通过路径能指定 1 个文件。

2. Windows 操作系统

微软自 1985 年推出 Windows 操作系统以来，其版本从最初运行在 DOS 下的 Windows 3.0 到现在风靡全球的 Windows XP、Windows 7、Windows 8 和最近发布的 Windows 10，Windows 操作系统的发展主要经历了以下 10 个阶段。

- Windows 是由微软在 1983 年 11 月宣布并在 1985 年 11 月发行的，标志着计算机开始进入了图形用户界面时代。1987 年 11 月微软正式推出 Windows 2.0。
- 1990 年 5 月微软发布了 Windows 3.0，它是第一个在家用和办公室市场上取得立足点的 Windows 操作系统。
- 1992 年 4 月微软发布了 Windows 3.1，它只能在保护模式下运行，并且要求至少配置了 1 MB 内存的 286 或 386 处理器的 PC。1993 年 7 月发布的 Windows NT 是第一个支持 Intel386、Intel486 和 Pentium CPU 的 32 位保护模式的 Windows 操作系统。
- 1995 年 8 月微软发布了 Windows 95，它具有需要较少硬件资源的优点，是一个完整的、集成化的 32 位操作系统。
- 1998 年 6 月微软发布了 Windows 98，相较于以往版本的 Windows 操作系统，它具有许多加强功能，包括执行效能的提高、更好的硬件支持以及扩大了网络功能。
- 2000 年 2 月发布的 Windows 2000 是由 Windows NT 发展而来的，同时从该版本开始，Windows 操作系统正式抛弃了 Windows 9X 的内核。
- 2001 年 10 月微软发布了 Windows XP，它在 Windows 2000 的基础上增强了安全特性，同时加大了验证盗版的技术，Windows XP 是较为易用的操作系统之一。此后，微软于 2006 年发布了 Windows Vista，它具有华丽的界面和炫目的特效。
- 2009 年 10 月微软发布了 Windows 7，该版本吸收了 Windows XP 的优点，已成为当前市场上的主流操作系统之一。
- 2012 年 10 月微软发布了 Windows 8，Windows 8 采用全新的用户界面，被应用于个人计算机和平板电脑上，且启动速度快、占用内存少，并兼容 Windows 7 所支持的软件和硬件。
- 2015 年 7 月微软发布了 Windows 10，该操作系统可完美兼容智能手机、个人计算机、平板电脑和其他各种办公设备，在各设备之间实现无缝操作。同时，它在易用性和安全性方面有了极大的提升。

3．网络操作系统

网络操作系统是实现网络通信的有关协议和为网络中各类用户提供网络服务的软件的合称。网络操作系统的主要目标是使用户能通过网络上的各个站点，高效地享用与管理网络上的数据与信息资源、软件与硬件资源。

Windows 系列网络操作系统包括 Windows NT/2000 以及 Windows Sever 2003/2008/2010/2012/2016 等。

> **注意**
>
> Windows 操作系统是现在微型计算机中的主流操作系统，属于图形用户界面。除此之外，MacOS 是苹果公司为 Mac 系列产品开发的专属操作系统，也拥有较高的市场地位和份额。

2.3.5 应用软件的作用及分类

应用软件是相对于系统软件而产生的，它是在操作系统之上、用于解决各种具体应用问题的软件。由于计算机的通用性和应用的广泛性，应用软件比系统软件更丰富多样。随着社会的不断发展以及对应用软件需求的不断变化，应用软件的数量和类型还在不停地发生变化。总体说来，应用软件可分成通用应用软件和定制应用软件两大类。

1．通用应用软件

通用应用软件指该软件适用于大多数生活和工作场景，不论用户从事何种职业、处于什么岗位，都需要进行阅读、书写、通信、娱乐和查找等操作，有些用户还需要完成绘图、计算、设计等工作，这些工作都有一定的普遍性。鉴于此，人们开发了可帮助用户完成相应工作和操作的软件，我们将这类软件称为通用应用软件。

根据通用应用软件的功能，又可将通用应用软件分为若干类，表 2-1 所示为通用应用软件的分类。这些软件设计得很精巧，除了大型软件之外，有一定软件和计算机操作基础的用户通过简单学习就可快速上手。在普及计算机应用的进程中，它们起到了很大的作用。

表 2-1　通用应用软件分类

类别	代表软件	作用
音视频播放软件	酷狗音乐、酷我音乐、暴风影音、乐视、爱奇艺	用于音乐、电视、电影等多媒体的播放，在播放过程中可进行快进、暂停等操作
通信软件	腾讯QQ、微信、阿里旺旺	用于网络中的两个或多个用户进行文字、语音沟通，还可以进行文件转输、图片发送等
浏览器软件	Internet Explorer、360安全浏览器、QQ浏览器	连接互联网后，用于浏览互联网中的网页信息
输入法软件	搜狗拼音输入法、万能五笔输入法	通过键盘使用拼音、五笔等编码输入文字
办公软件	Microsoft Office、WPS Office	用于处理日常办公中的各项工作，由多个组件组成，每个组件都有其固定的作用，如文字处理、电子表格处理、多媒体演示文稿制作等
图形图像查看与处理软件	美图秀秀、Adobe Photoshop	用于查看电脑中保存的图片，或将图片进行编辑处理
音视频编辑软件	Audition、Gold Wave、Camtasia Studio、会声会影	用于录音和编辑声音、视频等多媒体文件
系统安全软件	360安全卫士、360杀毒	用于维护系统安全，保护系统免遭网络病毒、黑客的攻击

2．定制应用软件

定制应用软件是按照不同领域用户的特定应用要求而专门设计开发的软件。如超市的销售管理和市场预测系统、大学教务管理系统、汽车制造厂的集成制造系统、医院挂号计费系统、酒店客房管理系统等都属于定制应用软件。

定制应用软件是针对特定的机构进行研发的，这类软件专用性强，但可以实现很多通用应用软件无法实现的功能，价格比通用应用软件贵。

2.4 习题

（1）计算机的硬件系统主要包括运算器、控制器、存储器、输出设备和（　　）。

  A. 键盘   B. 鼠标   C. 输入设备   D. 显示器

（2）计算机的操作系统是（　　）。

  A. 计算机中使用最多的应用软件   B. 计算机系统软件的核心

  C. 微机的专用软件   D. 微机的通用软件

（3）下列叙述中，错误的是（　　）。

  A. 内存储器一般由 ROM、RAM 和高速缓存组成

  B. RAM 中存储的数据一旦断电就全部丢失

  C. CPU 可以直接存取硬盘中的数据

  D. 存储在 ROM 中的数据断电后不会丢失

（4）能直接与 CPU 交换信息的存储器是（　　）。

  A. 硬盘存储器   B. 光盘驱动器   C. 内存储器   D. 软盘存储器

（5）下列设备组中，全部属于外部设备的一组是（　　）。

  A. 打印机、移动硬盘、鼠标   B. CPU、键盘、显示器

  C. SRAM 内存条、光盘驱动器、扫描仪   D. U 盘、内存储器、硬盘

（6）下列软件中，属于应用软件的是（　　）。

  A. Windows 7   B. Excel 2010   C. UNIX   D. Linux

第3章

操作系统基础

　　Windows 7 是由微软公司开发的一款具有革命性变化的操作系统，也是当前主流的微机操作系统之一，具有操作简单、启动速度快、安全和连接方便等特点，使计算机操作变得简单和快捷。本章主要介绍 Windows 7 操作系统的基本操作，包括启动与退出、窗口与菜单操作、对话框操作、中文输入、文件管理、系统管理等，最后还简单介绍了 Windows 10 操作系统和智能手机操作系统。

课堂学习目标
- 了解 Windows 7 操作系统
- 熟悉操作窗口、对话框与"开始"菜单的操作方法
- 掌握设置中文输入法的方法
- 掌握 Windows 7 文件管理
- 了解 Windows 7 系统管理
- 了解 Windows 10 操作系统
- 了解智能手机操作系统

3.1　Windows 7 入门

　　在计算机上安装 Windows 7 操作系统后，首先应该了解 Windows 7 操作系统的启动与退出方法，以及鼠标和键盘的使用方法。

3.1.1　Windows 7 的启动

　　开启计算机主机箱和显示器的电源开关，Windows 7 将载入内存，接着对计算机的主板和内存等进行检测，系统启动完成后将进入 Windows 7 欢迎界面。若只有一个用户且没有设置用户密码，可直接进入系统桌面；如果系统存在多个用户且设置了用户密码，则需要选择用户并输入正确的密码才能进入系统桌面。

3.1.2　Windows 7 的键盘使用

　　要使用键盘输入信息，则需要了解键盘的结构和操作，掌握各个按键的作用和指法。

1. 认识键盘的结构

　　以常用的 107 键键盘为例，按照各键功能的不同，可以将键盘分成主键盘区、编辑键区、小键盘区、状态指示灯和功能键区 5 个部分，如图 3-1 所示。

- 主键盘区：主键盘区用于输入文字和符号，包括字母键、数字键、符号键、控制键和 Windows 功能键，共 5 排 61 个键。其中，字母键 "A" ～ "Z" 用于输入 26 个英文字母；数字键 "0" ～ "9" 用于输入相应的数字和符号，每个键位由上下两种字符组成，又称为双字符键，单独敲这些键，将输入下档字符，即数字，如果按住 "Shift" 键不放再敲击这些键，将输入上档字符，即特殊符号；符

号键除了 ` 键位于主键盘区的左上角外，其余都位于主键盘区的右侧，与数字键一样，每个符号键也由上下两种不同的符号组成。各控制键与 Windows 功能键的作用如表 3-1 所示。

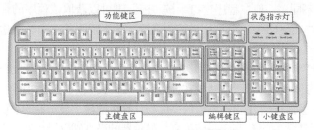

图 3-1　键盘的 5 个部分

表 3-1　各控制键和 Windows 功能键的作用

按键	作用
"Tab" 键	Tab 是英文 "Table" 的缩写，也称制表定位键。每按一次该键，鼠标指针向右移动8个字符，常用于文字处理中的对齐操作
"Caps Lock" 键	大写字母锁定键，系统默认状态下输入的英文字母为小写，按下该键后输入的字母为大写字母，再次按下该键可以取消大写锁定状态
"Shift" 键	主键盘区左右各一个，功能完全相同，主要用于上档字符和字母键的大写英文字符的输入。例如，按下 "Shift" 键不放再按 "A" 键，可以输入大写字母 "A"
"Ctrl" 键和 "Alt" 键	在主键盘区左下角和右下角各一个，常与其他键组合使用，在不同的应用软件中，其作用也不同
空格键	空格键位于主键盘区的下方，其上面无符号，每按一次该键，将在鼠标指针当前位置上产生一个空字符，同时鼠标指针向右移动一个位置
"Back Space" 键	每按一次该键，可使鼠标指针向左移动一个位置，若鼠标指针位置左边有字符，将删除字符
"Enter" 键	回车键。它有两个作用：一是确认并执行输入的命令；二是在输入文字时按此键，文本插入点移至下一行行首
Windows 功能键	主键盘区左右各有一个 键，键面上有 Windows 窗口图案，称为 "开始菜单" 键，在 Windows 操作系统中，按下该键后将打开 "开始" 菜单；主键盘区右下角的 键称为 "快捷菜单" 键，在 Windows 操作系统中，按该键后会打开相应的快捷菜单，其功能相当于单击鼠标右键

- 编辑键区：编辑键区主要用于编辑过程中的鼠标指针控制，各键的作用如图 3-2 所示。

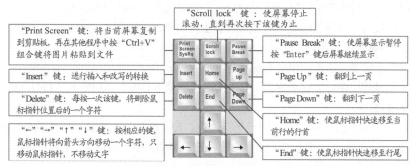

图 3-2　编辑键区各键的作用

- 小键盘区：小键盘区主要用于快速输入数字以及进行鼠标指针移动控制，银行、企事业单位等使用较多。当要使用小键盘区输入数字时，应先按下左上角的 "Num Lock" 键，此时状态指示灯的第 1 个指示灯亮，表示此时为数字状态，然后进行输入即可。
- 状态指示灯：主要用来提示小键盘工作状态、大小写状态以及滚屏锁定键的状态。

• 功能键区：功能键区位于键盘的顶端，其中，"Esc"键用于把已输入的命令或字符串取消，在一些应用软件中常起到退出的作用；"F1"～"F12"键称为功能键，在不同的软件中，各个键的功能有所不同，一般在程序窗口中按"F1"键可以获取该程序的帮助信息；"Power"键、"Sleep"键和"Wake Up"键分别用来控制电源、转入睡眠状态和唤醒睡眠状态。

2. 键盘的操作

首先，正确的打字姿势可以提高打字速度，减少疲劳程度，这点对于初学者而言非常重要。正确的打字姿势：身体坐正，双手自然放在键盘上，腰部挺直，上身微前倾；双脚的脚尖和脚跟自然地放在地面上，大腿自然平直；座椅的高度与计算机键盘、显示器的高度要适中，一般以双手自然垂放在键盘上时肘关节略高于手腕为宜，显示器的高度则以操作者坐下后，其目光水平线处于屏幕上的2/3处为宜，如图3-3所示。

准备打字时，将左手的食指放在"F"键上，右手的食指放在"J"键上，这两个键下方各有一个突起的小横杠，用于左右手的定位，其他的手指（除大拇指外）按顺序分别放在相邻的6个基准键位上，双手的大拇指放在空格键上。基准键位指主键盘区第2排字母键中的"A""S""D""F""J""K""L"";"8个键，如图3-4所示。

图3-3　打字姿势

图3-4　准备打字时手指在键盘上的位置

打字时键盘的指法分区：除大拇指外，其余8个手指各有一定的活动范围，把字符键划分成8个区域，每个手指负责对应区域字符的输入，如图3-5所示。击键的要点及注意事项包括以下6点。

• 手腕要平直，胳膊应尽可能保持不动。

• 要严格按照手指的键位分工进行击键，不能随意击键。

图3-5　键盘的指法分区

• 击键时以手指指尖垂直向键使用冲力，并立即反弹，不可用力太大。

• 左手击键时，右手手指应放在基准键位上保持不动；右手击键时，左手手指也应放在基准键位上保持不动。

• 击键后手指要迅速返回相应的基准键位。

• 不要长时间按住一个键不放，同时击键时应尽量不看键盘，以养成"盲打"的习惯。

3. 指法练习

将手指轻放在键盘基准键位上，固定手指位置。为了提高录入速度，一般要求不看键盘，集中视线于文稿，养成科学合理的"盲打"习惯。在练习键位时可以一边打字一边默念，便于快速记忆各个键位。

【例3-1】练习输入各组字符。

STEP 01　基准键位练习。将左手的食指放在"F"键上，右手的食指放在"J"键上，其余手指分别放在相应的基准键位上，然后以"原地踏步"的方式练习各组字母键。在练习时要注意培养击键的感觉，如要输入字母a，先将双手放在8个基准键位上，两手大拇指放在空格键上，准备好后先用左手小指敲一下键盘上的"A"键，此时"A"键被按下又迅速弹回，击键完成后，字母 a 将显示在屏幕上。

STEP 2 左手食指键的指法练习。左手食指主要控制 "R" "T" "G" "F" "V" "B" 键，每击完一次都回到 "F" 键上。

STEP 3 右手食指键的指法练习。右手食指主要控制 "Y" "U" "H" "J" "N" "M" 键。

STEP 4 左、右手中指键的指法练习。左手中指主要控制 "E" "D" "C" 键，右手中指控制 "I" "K" "," 键。

STEP 5 左、右手无名指的指法练习。左手无名指主要控制 "W" "S" "X" 键，右手无名指控制 "O" "L" "。" 键。

STEP 6 左、右手小指的指法。左手小指主要控制 "Q" "A" "Z" 键，右手小指控制 "P" "，" "/" 键。

STEP 7 数字键的指法练习。键入方法与字母键相似，只是其移动距离比字母键长，且比字母的输入难度大。输入数字时左手控制 "1" "2" "3" "4" "5"，右手控制 "6" "7" "8" "9" "0"。例如，若要输入 1 234，应先将双手放置在基准键位上，然后将左手抬离键盘而右手不动，再用左手小指迅速按一下数字键 "1" 后左手手指迅速回到基准键位上，用同样的方法输入 2、3、4 即可。数字的输入较困难，应认真练习，始终要坚持手指击键完毕后就返回基准键位上。

STEP 8 指法综合练习。如果是大小写字母混合输入的情况，当大写字母在右手控制区时，左手小指按住 "Shift" 键不放，右手按字母键，然后同时松开并返回基准键位；当输入的大写字母在左手控制区时，用右手小指按住 "Shift" 键，左手按字母键，然后回到基准键位即可。

3.1.3 Windows 7 的鼠标使用

操作系统进入图形化时代后，鼠标就成为计算机必不可少的输入设备。启动计算机后，首先使用的便是鼠标操作，因此鼠标操作是初学者必须掌握的基本技能。

1. 手握鼠标的方法

鼠标左边的按键称为鼠标左键，右边的按键称为鼠标右键，中间可以滚动的按键称为鼠标中键或鼠标滚轮。手握鼠标的正确方法：食指和中指分别自然放置在鼠标的左键和右键上，大拇指横向放于鼠标左侧，无名指和小指放在鼠标的右侧，大拇指与无名指及小指轻轻握住鼠标，手掌心轻轻贴住鼠标后部，手腕自然垂放在桌面上，用食指控制鼠标左键，用中指控制鼠标右键和滚轮，如图 3-6 所示。当需要使用鼠标滚动页面时，用中指滚动鼠标的滚轮即可。

图 3-6　手握鼠标的方法

2. 鼠标的 5 种基本操作

鼠标的基本操作包括移动定位、单击、拖曳、右击和双击 5 种，具体操作如下。

- 移动定位：移动定位鼠标的方法是握住鼠标，在光滑的桌面或鼠标垫上随意移动，此时，显示屏上的鼠标指针会同步移动，将鼠标指针移到桌面上的某一对象上停留片刻，这就是定位操作，被定位的对象通常会出现相应的提示信息。

- 单击：单击的方法是先移动鼠标，让鼠标指针指向某个对象，然后用食指按下鼠标左键后快速松开按键，鼠标左键将自动弹起还原。单击操作常用于选择对象，被选择的对象呈高亮显示。

- 拖曳：指将鼠标指向某个对象后按住鼠标左键不放，然后移动鼠标把对象从屏幕的一个位置挪动到另一个位置，最后释放鼠标左键即可。拖曳操作常用于移动对象。

- 右击：右击即单击鼠标右键，方法是用中指按一下鼠标右键，松开按键后鼠标右键将自动弹起还原。右击操作常用于打开右击对象的相关快捷菜单。

- 双击：双击指用食指快速、连续地单击鼠标左键两次，常用于启动某个程序、执行任务和打开某个窗口或文件夹。

　　在双击鼠标的过程中，不能移动鼠标。另外，在移动鼠标时，鼠标指针可能不会一次性移至指定位置，当手臂感觉伸展不方便时，可提起鼠标使其离开桌面，再把鼠标放到易于移动的位置上继续移动，这个过程中鼠标实际上经历了"移动、提起、回位、放下、再移动"的过程，屏幕上鼠标指针的移动路线便是依靠这种动作序列完成的。

3.1.4 Windows 7 的桌面组成

启动 Windows 7 后，在屏幕上即可看到 Windows 7 桌面。默认情况下，Windows 7 的桌面由桌面图标、鼠标指针、任务栏和语言栏 4 部分组成，如图 3-7 所示。下面分别对这 4 部分进行讲解。

- 桌面图标：桌面图标一般是程序或文件的快捷方式图标，程序或文件的快捷方式图标左下角有一个小箭头。默认情况下，桌面图标包括"计算机"图标、"网络"图标、"回收站"图标和"个人文件夹"图标等系统图标。双击桌面上的某个图标可以打开该图标对应的窗口或程序。

图 3-7　Windows 7 的桌面

- 鼠标指针：在 Windows 7 操作系统中，鼠标指针在不同的状态下有不同的形状，这样可直观地告诉用户当前可进行的操作或系统状态。常用鼠标指针形状及其表示的状态如表 3-2 所示。

表 3-2　鼠标指针形状及其表示的状态

鼠标指针形状	表示的状态	鼠标指针形状	表示的状态	鼠标指针形状	表示的状态
↖	准备状态	↕	调整对象垂直大小	+	精确调整对象
↖?	帮助选择	↔	调整对象水平大小	I	文本输入状态
↖°	后台处理	↘	等比例调整对象	⊘	禁用状态
○	忙碌状态	↗	等比例调整对象	✎	手写状态
✦	移动对象	↑	候选	👆	超链接选择

- 任务栏：任务栏默认情况下位于桌面的最下方，由"开始"按钮、任务区、通知区域和"显示桌面"按钮（单击可快速显示桌面）4 部分组成，如图 3-8 所示。

图 3-8　任务栏

- 语言栏：在 Windows 7 中，语言栏一般浮动在桌面上，用于选择系统所用的语言和输入法。单击语言栏右上角的"最小化"按钮，可将语言栏最小化到任务栏上，且该按钮变为"还原"按钮。

3.1.5 Windows 7 的退出

计算机操作结束后需要退出 Windows 7，退出方法是先保存文件或数据，然后关闭所有打开的应用程序，单击"开始"按钮 ，在打开的"开始"菜单中单击 按钮即可，如图 3-9 所示，最后关闭显示器的电源。

图 3-9　Windows 7 的退出

3.2 Windows 7 程序的启动与窗口操作

对于普通用户而言，计算机的功能主要是通过各种程序来实现的，那么在开始使用计算机之前，用户有必要先了解 Windows 7 程序启动的知识以及在窗口中的各种操作。

3.2.1 Windows 7 程序的启动

启动应用程序有多种方法，比较常用的是在桌面上双击应用程序的快捷方式图标和在"开始"菜单中选择要启动的程序。单击桌面任务栏左下角的"开始"按钮 ，即可打开"开始"菜单，计算机中几乎所有的应用都可通过"开始"菜单启动。"开始"菜单是操作计算机的重要门户，即使是桌面上没有显示的文件或程序，通过"开始"菜单也能轻松找到相应的程序。"开始"菜单的主要组成部分如图 3-10 所示。

"开始"菜单各个部分的作用介绍如下。

- 高频使用区：根据用户使用程序的频率，Windows 7 会自动将使用频率较高的程序显示在该区域中，以便用户能快速地启动所需程序。
- 所有程序区：选择"所有程序"命令，高频使用区将显示计算机中已安装的所有程序的启动图标或程序文件夹，选择某个选项可启动相应的程序，此时"所有程序"命令也会变为"返回"命令。
- 搜索区：在"搜索"区的文本框中输入关键字后，系统将搜索计算机中所有与关键字相关的文件和程序等信息，搜索结果将显示在上方的区域中，单击即可打开相应的文件或程序。
- 用户信息区：显示当前用户的图标和用户名，单击图标可以打开"用户账户"窗口，通过该窗口可更改用户账户信息，单击用户名将打开当前用户的用户文件夹。
- 系统控制区：显示了"计算机""网络""控制面板"等系统选项，选择相应的选项可以快速打开或运行程序，便于用户管理计算机中的资源。
- 关闭注销区：用于关闭、重启和注销计算机，或进行用户切换、锁定计算机以及使计算机进入睡眠状态等操作，单击 按钮时将直接关闭计算机，单击右侧的 按钮，在打开的下拉列表中选择所需选项，即可执行对应操作。

下面介绍启动应用程序的各种方法。

- 单击"开始"按钮 ，打开"开始"菜单，此时可以先在"开始"菜单左侧的高频使用区查看是否有需要打开的程序选项，如果有则选择该程序选项启动。如果高频使用区中没有要启动的程序，则选择"所有程序"选项，在显示的列表中依次单击展开程序所在的文件夹，选择所需程序选项启动程序，如图 3-11 所示。
- 在"计算机"中找到需要打开的应用程序文件，用鼠标双击，也可在其上单击鼠标右键，在弹出的快捷菜单中选择"打开"命令。
- 双击应用程序对应的快捷方式图标。
- 单击"开始"按钮 ，打开"开始"菜单，在"搜索程序和文件"文本框中输入程序的名称，选择后按"Enter"键打开程序，如图 3-12 所示。

图 3-10　认识"开始"菜单　　　　图 3-11　通过"开始"菜单启动程序　　　图 3-12　通过搜索框打开

3.2.2　Windows 7 的窗口操作

在 Windows 7 中，几乎所有的操作都要在窗口中完成，在窗口中的相关操作一般是通过鼠标和键盘来进行的，因此我们有必要了解窗口的组成并掌握窗口的有关操作。

1．Windows 7 "计算机"窗口的组成

双击桌面上的"计算机"图标 ，将打开"计算机"窗口，如图 3-13 所示，这是一个典型的 Windows 7 窗口，各个组成部分的作用介绍如下。

图 3-13　"计算机"窗口

- 标题栏：位于窗口顶部，右侧有控制窗口大小和关闭窗口的按钮。

图 3-14　Windows 7 中常用的菜单类型

- 菜单栏：菜单栏中存放了各种操作命令，要执行菜单栏上的操作命令，只需单击对应的菜单名称，然后在打开的菜单中选择某个命令即可。在 Windows 7 中，常用的菜单类型主要有子菜单、菜单和快捷菜单（单击鼠标右键弹出的菜单），如图 3-14 所示。

- 地址栏：显示当前窗口文件在系统中的位置。其左侧包括"返回"按钮 和"前进"按钮 ，用于打开最近浏览过的窗口。
- 搜索栏：用于快速搜索计算机中的文件。
- 工具栏：该栏会根据窗口中显示或选择的对象同步进行变化，以便用户进行快速操作。其中，单击 组织 按钮，可以在打开的下拉列表中选择各种文件管理操作，如复制、删除等操作。
- 导航窗格：单击可快速切换或打开其他窗口。

- 窗口工作区：用于显示当前窗口中存放的文件和文件夹内容。
- 状态栏：用于显示计算机的配置信息或当前窗口中选择对象的信息。

提示

在菜单中有一些常见的符号标记，其中，字母标记表示该命令的快捷键；✓标记表示已将该命令选中并应用了效果，并且其他相关的命令也可以同时应用；■标记表示已将该命令选中并应用，其他相关的命令将不再起作用；···标记表示执行该命令后，将打开一个对话框，可以进行相关的参数设置。

2. 打开窗口及窗口中的对象

在 Windows 7 中，每当用户启动一个程序、打开一个文件或文件夹时都将打开一个窗口，而一个窗口中包括多个对象，打开某个对象可能又打开相应的窗口，该窗口中可能又包括其他不同的对象。

扫一扫

打开窗口及窗口中的对象

【例3-2】打开"计算机"窗口中"本地磁盘（C:）"下的 Windows 目录。

STEP 1 双击桌面上的"计算机"图标，或在"计算机"图标上单击鼠标右键，在弹出的快捷菜单中选择"打开"命令，打开"计算机"窗口。

STEP 2 双击"计算机"窗口中的"本地磁盘（C:）"图标，或选择"本地磁盘（C:）"图标后按"Enter"键，打开"本地磁盘（C"）"窗口，如图 3-15 所示。

图3-15 打开窗口及窗口中的对象

STEP 3 双击"本地磁盘（C:）"窗口中的"Windows"文件夹图标，即可进入 Windows 目录查看。

STEP 4 单击地址栏左侧的"返回"按钮，将返回上一级"本地磁盘（C:）"窗口。

提示

在左侧的导航窗格中单击"本地磁盘（C:）"目录，也可以打开"本地磁盘（C:）"下的 Windows 目录。

3. 最大化或最小化窗口

最大化窗口可以将当前窗口放大到整个屏幕显示，这样可以显示更多的窗口内容，而最小化后的窗口将以标题按钮形式缩放到任务栏的程序按钮区。

打开任意窗口，单击窗口标题栏右侧的"最大化"按钮，此时窗口将铺满整个屏幕，同时"最大化"按钮变成"还原"按钮，单击"还原"按钮即可将最大化窗口还原成原始大小；单击窗口右上角的"最小化"按钮，此时该窗口将隐藏显示，并在任务栏的程序区域中显示一个图标，单击该图标，窗口将还原到原屏幕显示状态。

4. 移动和调整窗口大小

打开窗口后，有些窗口会遮盖屏幕上的其他窗口内容，为了查看被遮盖的部分，需要适当移动窗口的位置或调整窗口大小。

【例3-3】将桌面上的当前窗口移至桌面的左侧位置，呈半屏显示，再调整窗口的宽度。

STEP 1 在窗口标题栏上按住鼠标左键不放，拖曳窗口，当拖曳到桌面左侧后释放鼠标即可移动窗口位置，向屏幕最左侧拖曳时，窗口会以半屏状态显示在桌面左侧。图3-16所示为将窗口拖至桌面左侧变成半屏显示的效果。

图3-16　将窗口移至桌面左侧变成半屏显示

提示

将窗口向上拖曳到屏幕顶部时，窗口会最大化显示；向屏幕最右侧拖曳时，窗口会半屏显示在桌面右侧。

STEP 2 将鼠标指针移至窗口的外边框上，当鼠标指针变为⟷或⇕形状时，按住鼠标左键不放拖曳到所需大小时释放鼠标，即可调整窗口大小。

注意

将鼠标指针移至窗口的4个角上，当其变为⬉或⬈形状时，按住鼠标左键不放拖曳到所需大小时释放鼠标，可对窗口的大小进行调整。

5. 排列窗口

在使用计算机的过程中常常需要打开多个窗口，如既要用 Word 编辑文档，又要打开 IE 浏览器查询资料等。打开多个窗口后，为了使桌面整洁，可以对打开的窗口进行层叠、堆叠和并排等操作。

【例3-4】将打开的所有窗口进行层叠排列显示，然后撤销层叠排列。

STEP 1 在任务栏空白处单击鼠标右键，在弹出的快捷菜单中选择"层叠窗口"命令，即可以层叠的方式排列窗口，层叠的效果如图3-17所示。

STEP 2 在任务栏空白处单击鼠标右键，在弹出的快捷菜单中选择"撤销层叠"命令，即可恢复原来的显示状态。

图3-17　层叠窗口

6. 切换窗口

无论打开多少个窗口，当前窗口只有一个，且所有的操作都是针对当前窗口进行。如果要将某个窗口切换成当前窗口，除了可以通过单击窗口进行切换外，Windows 7 还提供了以下3种切换方法。

- 通过任务栏中的按钮切换：将鼠标指针移至任务栏左侧按钮区中的某个任务图标上，此时将展开所有打开的该类型文件的缩略图，单击某个缩略图即可切换到其对应的窗口，在切换时其他同时打开的窗口将自动变为透明效果，如图3-18所示。

- 按"Alt+Tab"组合键切换：按"Alt+Tab"组合键后，屏幕上将出现任务切换栏，系统将当前打开的所有窗口都以缩略图的形式在任务切换栏中排列出来，此时按住"Alt"键不放，再反复按"Tab"键，将显示一个蓝色方框，并在所有图标之间轮流切换，当方框移至需要的窗口图标上时释放"Alt"键，即可切换到该窗口。

- 按"Win+Tab"组合键切换：按"Win+Tab"组合键后，按住"Win"键不放，再反复按"Tab"键，可利用Windows 7特有的3D切换界面切换打开的窗口，如图3-19所示。

图3-18　通过任务栏中的按钮切换

图3-19　按"Win+Tab"组合键切换

7. 关闭窗口

对窗口的操作结束后应关闭窗口，关闭窗口有以下5种方法。

- 单击窗口标题栏右上角的"关闭"按钮　。
- 在窗口的标题栏上单击鼠标右键，在弹出的快捷菜单中选择"关闭"命令。
- 将鼠标指针指向某个任务缩略图后单击右上角按钮。
- 将鼠标指针移至任务栏中需要关闭窗口的任务图标上，单击鼠标右键，在弹出的快捷菜单中选择"关闭窗口"命令或"关闭所有窗口"命令。
- 按"Alt+F4"组合键。

3.3　Windows 7 的中文输入

在计算机中输入中文时，需要使用中文输入法。常用的中文输入法有微软拼音输入法、搜狗拼音输入法等。在选择了输入法后，即可进行中文的输入。

3.3.1　中文输入法的选择

在 Windows 7 操作系统中，一般通过语言栏　　　管理输入法。在语言栏中可以进行以下4种操作。

- 将鼠标指针移至语言栏最左侧的　图标上，当鼠标指针变成✥形状时可以在桌面上任意移动语言栏。
- 单击语言栏中的"输入法"按钮　，可以选择需切换的输入法，选择相应的输入法后，该图标将变成所选输入法的徽标。
- 单击语言栏中的"帮助"按钮　，可打开语言栏帮助信息。
- 单击语言栏右下角的"选项"按钮　，在打开的"选项"下拉列表中可以对语言栏进行设置。

Windows 7 操作系统默认安装了微软拼音与 ABC 等多种输入法，用户也可根据使用习惯，下载和安装其他输入法，如 QQ 拼音输入法、搜狗拼音输入法等。选择输入法的方法有以下两种。

- 按 "Ctrl+Shift" 组合键可在英文和各种中文输入法之间进行轮流切换，同时任务栏右侧的 "语音栏" 将跟随其变化，以显示当前所选择的输入法，按 "Ctrl+Shift" 组合键，能打开或关闭中文输入法。

- 单击语音栏中的 "输入法" 按钮，在打开的下拉列表中选择需要的输入法，如图 3-20 所示。

图 3-20 选择输入法

3.3.2 搜狗拼音输入法状态栏的操作

切换至某一种中文输入法后，将打开其对应的中文输入法状态栏。图 3-21 所示为搜狗拼音输入法的状态栏，各图标的作用介绍如下。

- 输入法图标：用来显示当前输入法徽标，单击可以切换至其他输入法。

- 中/英文切换图标：单击该图标，可以在中文输入与英文输入之间进行切换。当图标为中时表示当前为中文输入状态，当图标为英时表示当前为英文输入状态。按 "Ctrl+Space" 组合键也可在中文输入和英文输入之间快速切换。

- 全/半角切换图标：单击该图标可以在全角●和半角⌒之间进行切换，在全角状态下输入的字母、字符和数字均占一个汉字（两个字节）的位置，而在半角状态下输入的字母、字符和数字只占半个汉字（一个字节）的位置。图 3-22 所示为全角和半角状态下输入效果的对比情况。

图 3-21 输入法状态栏　　　　　　　　　　图 3-22 全角和半角输入效果对比

- 中/英文标点切换图标：默认状态下的 ʼ 图标用于输入中文标点符号，单击该图标后变为 ʼ 图标，此时可输入英文标点符号。

- 输入方式图标：通过输入方式可以输入特殊符号、标点符号和数字序号等多种字符，还可进行语音或手写输入，输入方法：单击输入方式图标，在打开的列表中选择一种符号的类型，如图 3-23 所示，或在输入方式图标上单击鼠标右键，在弹出的快捷菜单中选择相应的命令。图 3-24 所示为打开软键盘的效果，直接单击软键盘中相应的按钮或按键盘上对应的按键，都可以输入对应的特殊符号。需要注意的是，当要输入的特殊符号是上档字符时，只需按住 "Shift" 键不放，在键盘的相应键位处按键即可输入该特殊符号。输入完成后，单击右上角的×按钮或单击输入方式图标，即可退出软键盘输入状态。

图 3-23 单击选择　　　　　　　　　　图 3-24 右击选择

- 工具箱图标：不同的输入法自带了不同的输入选项设置功能，单击🔧图标，便可对该输入法的输入选项、皮肤、常用诗词、在线翻译等功能进行相应设置。

3.3.3 用搜狗拼音输入法输入中文

选择好输入法后，即可进行中文的输入，这里以搜狗拼音输入法为例，对中文输入方法进行介绍。

【例 3-5】启动记事本程序，创建一个"备忘录"文档，并使用搜狗拼音输入法输入阿拉伯数字与中文内容。

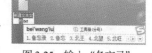
扫一扫

用搜狗拼音输入法
输入中文

STEP 1 在桌面上的空白区域单击鼠标右键，在弹出的快捷菜单中选择【新建】/【文本文件】命令，在桌面上新建一个名为"新建文本文档.txt"的文件，且文件名呈可编辑状态。

STEP 2 单击语言栏中的"输入法"按钮，选择"中文（简体）-搜狗拼音输入法"选项，然后输入拼音"beiwanglu"，此时在状态条中将显示所需的"备忘录"词组，如图 3-25 所示。

STEP 3 单击状态条中的"备忘录"或直接按"Space"键输入词组，按"Enter"键完成输入。

图 3-25 输入"备忘录"

STEP 4 双击桌面上新建的"备忘录"记事本文件，启动记事本程序，在编辑区单击鼠标左键定位文本插入点，按数字键"3"输入数字"3"，按"Ctrl+Shift"组合键切换至"中文（简体）-搜狗拼音输入法"，输入拼音"yue"，单击状态条中的"月"或按"Space"键输入汉字"月"。

STEP 5 继续输入数字"15"，再输入编码"ri"，按"Space"键输入"日"字，再输入简拼编码"shwu"，单击状态条中的"上午"或按"Space"键输入词组"上午"，如图 3-26 所示。

STEP 6 连续按多次"Space"键，输入空字符串，接着继续使用搜狗拼音输入法输入后面的内容，输入过程中按"Enter"键可分段换行，如图 3-27 所示。

图 3-26 输入词组"上午"

图 3-27 输入其他内容

3.3.4 用搜狗拼音输入法输入特殊字符

扫一扫

用搜狗拼音输入法
输入特殊字符

通过搜狗拼音输入法的软键盘，还可输入特殊字符。

【例 3-6】在例 3-5 的文档中输入"三角形"特殊字符。

STEP 1 在"备忘录"文档的"资料"文本右侧单击定位文本插入点，单击搜狗拼音输入法状态栏上的输入方式图标，在打开的列表中选择"特殊符号"选项。

STEP 2 在打开的对话框中选择"三角形"选项，如图 3-28 所示。

STEP 3 单击软键盘右上角的 × 按钮关闭软键盘，在记事本程序中选择【文件】/【保存】命令，保存文档内容，如图 3-29 所示。关闭记事本程序，完成操作。

图 3-28 输入特殊符号

图 3-29 保存文档

3.4 Windows 7 的文件管理

在进行文件管理前，需要先了解文件管理的相关概念。

第 3 章 操作系统基础

3.4.1 文件系统的概念

文件管理是在"资源管理器"中进行操作，在此之前，需要先了解硬盘分区与盘符、文件、文件夹、文件路径等的含义。

- 硬盘分区与盘符：硬盘分区指将硬盘划分为几个独立的区域，这样可以方便地存储和管理数据，一般在安装系统时对硬盘进行分区。盘符是 Windows 7 对硬盘存储设备的标识符，一般使用英文字符加冒号 "："来标识，如"本地磁盘（C：）"，"C"就是该硬盘的盘符。

- 文件：文件指保存在计算机中的各种信息和数据，计算机中的文件类型很多，如文档、表格、图片、音乐和应用程序等。默认情况下，文件在计算机中是以图标形式显示的，它由文件图标、文件名称和文件扩展名 3 部分组成，如 📄作息时间表.docx 代表一个 Word 文件，其扩展名为 "docx"。

- 文件夹：用于保存和管理计算机中的文件，其本身没有任何内容，但可放置多个文件和子文件夹，让用户能够快速找到需要的文件。文件夹一般由文件夹图标和文件夹名称两部分组成。

- 文件路径：在对文件进行操作时，除了要知道文件名外，还需要指出文件所在的盘符和文件夹，即文件在计算机中的位置，称为文件路径。文件路径包括相对路径和绝对路径两种。其中，相对路径以"."（表示当前文件夹）、".."（表示上级文件夹）或文件夹名称（表示当前文件夹中的子文件名）开头；绝对路径指文件或目录在硬盘上存放的绝对位置，如"D:\图片\标志.jpg"表示"标志 .jpg"文件在 D 盘的"图片"文件夹中。在 Windows 7 的窗口中单击地址栏的空白处，即可查看打开的文件夹的路径。

3.4.2 文件管理窗口

文件管理主要是在资源管理器窗口中实现的。资源管理器指"计算机"窗口左侧的导航窗格，它将计算机资源分为收藏夹、库、家庭组、计算机和网络等类别，可方便用户组织、管理及应用资源。打开资源管理器的方法：双击桌面上的"计算机"图标 🖥 或单击任务栏上的"Windows 资源管理器"按钮 📁。打开"资源管理器"对话框，单击导航窗格中各类别图标左侧的 ◢ 图标，可依次按层级展开文件夹，选择某个需要的文件夹后，其右侧将显示相应的文件内容，如图 3-30 所示。

图 3-30　资源管理器

提示

为了便于查看和管理文件，用户可根据当前窗口中文件和文件夹的多少以及文件的类型来更改当前窗口中文件和文件夹的视图方式。操作方法：在打开的文件夹窗口中单击工具栏右侧的 🔽 按钮，在打开的下拉列表中可选择大图标、中等图标、小图标和列表等显示方式。

3.4.3 文件 / 文件夹操作

文件/文件夹操作包括选择、新建、移动、复制、重命名、删除、还原和搜索等。

1. 选择文件和文件夹

对文件或文件夹进行复制和移动等操作前，要先选择文件或文件夹，选择的方法主要有以下 5 种。

- 选择单个文件或文件夹：使用鼠标直接单击文件或文件夹图标即可将其选择，被选择的文件或文件夹的周围将呈蓝色透明状。

- 选择多个相邻的文件和文件夹：在窗口空白处按住鼠标左键不放，并拖曳鼠标框选需要选择的多个对象，再释放鼠标即可。
- 选择多个连续的文件和文件夹：用鼠标选择第一个选择对象，按住"Shift"键不放，再单击最后一个选择对象，即可将两个对象中间的所有对象一同选中。
- 选择多个不连续的文件和文件夹：按住"Ctrl"键不放，再依次单击所要选择的文件和文件夹，可选择多个不连续的文件和文件夹。
- 选择所有文件和文件夹：直接按"Ctrl+A"组合键，或选择【编辑】/【全选】命令，可以选择当前窗口中的所有文件和文件夹。

2．新建文件和文件夹

新建文件指根据计算机中已安装的程序类别，新建一个相应类型的空白文件，新建后可以双击打开该文件并编辑文件内容。如果需要将一些文件分类整理在一个文件夹中以便日后管理，就需要新建文件夹。

扫一扫
新建文件和文件夹

【例3-7】新建文本文档、Excel文档与文件夹。

STEP 1 双击桌面上的"计算机"图标 ，打开"计算机"窗口，双击"本地磁盘（G：）"图标，打开"G:\"目录窗口。

STEP 2 选择【文件】/【新建】/【文本文档】命令，或在窗口的空白处单击鼠标右键，在弹出的快捷菜单中选择【新建】/【文本文档】命令，如图3-31所示。

STEP 3 系统将在文件夹中默认新建一个名为"新建文本文档"的文件，且文件名呈可编辑状态，切换到中文输入法输入"公司简介"，然后单击空白处或按"Enter"键，新建的文档如图3-32所示。

图3-31 选择【新建】/【文本文档】命令

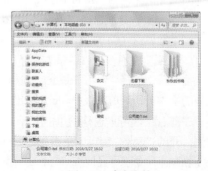

图3-32 命名文件

STEP 4 选择【文件】/【新建】/【新建Microsoft Excel工作表】命令，或在窗口的空白处单击鼠标右键，在弹出的快捷菜单中选择【新建】/【新建Microsoft Excel工作表】命令，此时将新建一个Excel文档，输入文件名"公司员工名单"，按"Enter"键，效果如图3-33所示。

STEP 5 选择【文件】/【新建】/【文件夹】命令，或在右侧文件显示区中的空白处单击鼠标右键，在弹出的快捷菜单中选择【新建】/【文件夹】命令，或直接单击工具栏中的 新建文件夹 按钮，双击文件夹名称使其呈可编辑状态，并在文本框中输入文件夹名称"办公"，然后按

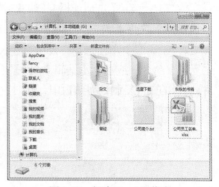

图3-33 新建Excel工作表

"Enter"键，完成新文件夹的创建，如图 3-34 所示。

STEP **6** 双击新建的"办公"文件夹，在打开的目录窗口中单击工具栏中的 新建文件夹 按钮，输入子文件夹名称"表格"后按"Enter"键，然后再新建一个名为"文档"的子文件夹，如图 3-35 所示。

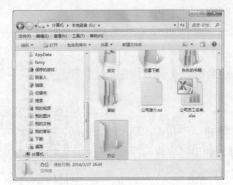

图 3-34 新建文件夹

图 3-35 新建子文件夹

STEP **7** 单击地址栏左侧的 按钮，返回上一级窗口。

3. 移动、复制、重命名文件和文件夹

移动文件是将文件或文件夹从原文件夹移至另一个文件夹中；复制文件相当于为文件做一个备份，原文件夹下的文件或文件夹仍然存在；重命名文件即为文件更换一个新的名称。

扫一扫

移动、复制、重命名文件和文件夹

【例 3-8】移动"公司员工名单 .xlsx"文件，复制"公司简介 .txt"文件，并重命名复制的文件为"招聘信息"。

STEP **1** 在导航窗格中单击展开"计算机"图标 ，然后在右侧窗口中选择"本地磁盘（G：）"图标。

STEP **2** 在右侧窗口中单击选择"公司员工名单.xlsx"文件，在其上单击鼠标右键，在弹出的快捷菜单中选择"剪切"命令，或选择【编辑】/【剪切】命令（可直接按"Ctrl+X"组合键），将选择的文件剪切到剪贴板中，此时文件呈灰色透明显示效果。

STEP **3** 在导航窗格中单击展开"办公"文件夹，再选择下面的"表格"子文件夹选项，在右侧打开的"表格"窗口中单击鼠标右键，在弹出的快捷菜单中选择"粘贴"命令，或选择【编辑】/【粘贴】命令（可直接按"Ctrl+V"组合键），即可将剪切到剪贴板中的"公司员工名单.xlsx"文件粘贴到"表格"窗口中，完成文件的移动，效果如图 3-36 所示。

STEP **4** 单击地址栏左侧的 按钮，返回上一级窗口，即可看到窗口中已没有"公司员工名单.xlsx"文件了。

STEP **5** 单击选择"公司简介.txt"文件，在其上单击鼠标右键，在弹出的快捷菜单中选择"复制"命令，或选择【编辑】/【复制】命令（可直接按"Ctrl+C"组合键），如图 3-37 所示，将选择的文件复制到剪贴板中，此时窗口中的文件不会发生任何变化。

图 3-36 移动文件后的效果

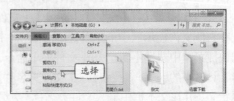

图 3-37 选择"复制"命令

将选择的文件或文件夹用鼠标直接拖曳到同一硬盘分区下的其他文件夹中或拖曳到左侧导航窗格中的某个文件夹选项上，可以移动文件或文件夹；在拖曳过程中按住"Ctrl"键不放，则可实现复制文件或文件夹。

STEP 6 在导航窗格中选择"文档"文件夹选项，在右侧打开的"文档"窗口中单击鼠标右键，在弹出的快捷菜单中选择"粘贴"命令，或选择【编辑】/【粘贴】命令（可直接按"Ctrl+V"组合键），即可将所复制的"公司简介.txt"文件粘贴到该窗口中，完成文件夹的复制，效果如图3-38所示。

图3-38　复制文件后的效果

STEP 7 选择复制后的"公司简介.txt"文件，在其上单击鼠标右键，在弹出的快捷菜单中选择"重命名"命令，此时文件名称呈可编辑状态，在其中输入新的名称"招聘信息"后按"Enter"键即可。

STEP 8 在导航窗格中选择"本地磁盘（G:）"选项，可看到G盘根目录下的"公司简介.txt"文件仍然存在。

重命名文件时不要修改文件的扩展名部分，一旦修改将导致无法正常打开该文件，误修改后可将扩展名重新修改为正确格式便可打开。此外，文件名可以包含字母、数字和空格等，但不能有?、*、/、\、<、>、:等。

4．删除与还原文件和文件夹

删除一些没有用的文件和文件夹，可以减少硬盘上的多余文件，释放硬盘空间，同时也便于管理。删除的文件和文件夹实际上是移到了"回收站"中，若误删除文件，还可以通过还原操作将其还原。

【例3-9】先删除"公司简介.txt"文件，然后将其还原。

STEP 1 在导航窗格中选择"本地磁盘（G:）"选项，然后在右侧窗口中选择"公司简介.txt"文件。

扫一扫

删除与还原文件和文件夹

STEP 2 在选择的文件图标上单击鼠标右键，在弹出的快捷菜单中选择"删除"命令，或按"Delete"键，此时系统会打开图3-39所示的提示对话框，提示用户是否确定要把该文件放入回收站。

STEP 3 单击 是(Y) 按钮，即可删除选择的"公司简介.txt"文件。

STEP 4 单击任务栏最右侧的"显示桌面"区域，切换至桌面，双击"回收站"图标，在打开的窗口中可查看最近删除的文件和文件夹等对象。

STEP 5 在要还原的"公司简介.txt"文件上单击鼠标右键，在弹出的快捷菜单中选择"还原"命令，如图3-40所示，即可将其还原到被删除前的位置。

选择文件后，若按"Shift+Delete"组合键，文件将不会被移到回收站中，而是直接从计算机中删除。回收站中的文件仍然占用硬盘空间，在"回收站"窗口中单击工具栏中的 清空回收站 按钮可彻底删除文件。

第3章　操作系统基础

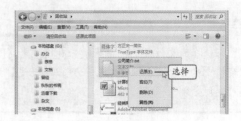

图 3-39 "删除文件"对话框　　　　图 3-40 还原被删除的文件

5. 搜索文件和文件夹

当用户不知道文件和文件夹在硬盘中的位置时，可以使用 Windows 7 的搜索功能来查找。

【例 3-10】搜索 E 盘中的 JPG 图片。

STEP 1 在资源管理器中打开 E 盘的窗口。

STEP 2 在窗口地址栏后面的搜索框中输入要搜索的文件信息，如这里输入"*.jpg"，Windows 7 会自动在搜索范围内搜索所有符合文件信息的对象，并在文件显示区中显示搜索结果，如图 3-41 所示。

STEP 3 根据需要，可以在"添加搜索筛选器"中选择"修改日期"或"大小"选项来设置搜索条件，以缩小搜索范围。

图 3-41 搜索 E 盘中的 JPG 格式文件

提示

搜索时如果不记得文件的名称，可以使用模糊搜索功能，使用模糊搜索的方法：用通配符"*"来代替任意数量的任意字符，使用"？"来代表某一位置上的任一个字母或数字，如输入"*.mp3"表示搜索当前位置下所有类型为 MP3 格式的文件，输入"pin?.mp3"则表示搜索当前位置下前 3 个字母为"pin"、第 4 位是任意字符的 MP3 格式的文件。

3.4.4 库的使用

库是 Windows 7 的一个新概念，其功能类似于文件夹，但它只提供管理文件的索引，即用户可以通过库来直接访问文件，而不需要通过文件的保存位置去查找文件，因此文件并没有真正地被存放在库中。Windows 7 中自带了视频、图片、音乐和文档 4 个库，用户可将这 4 类常用文件添加到库中，也可根据需要新建库文件夹。

扫一扫

库的使用

【例 3-11】新建"办公"库，将"表格"文件夹添加到库中。

STEP 1 打开"计算机"窗口，在导航窗格中单击"库"图标，打开库文件夹，此时在右侧窗口中将显示所有库，双击各个库文件夹便可打开进行查看。

STEP 2 单击工具栏中的 新建库 按钮或选择【文件】/【新建】/【库】命令，输入库的名称"办公"，然后按"Enter"键，即可新建一个库，如图 3-42 所示。

STEP 3 在导航窗格中选择"G:\办公"文件夹，选择要添加到库中的"表格"文件夹，然后选择【文件】/【包含到库中】/【办公】命令，即可将选择的文件夹中的文件添加到前面新建的"办公"库中。

STEP 4 添加成功后就可以通过"办公"库来查看文件，效果如图 3-43 所示。用同样的方法还可将计算机中其他位置的相关文件分别添加到库中。

图 3-42　新建库　　　　　　　　　图 3-43　将"表格"文件夹添加到"办公"库后的效果

3.4.5　创建快捷方式

桌面快捷方式即某程序的快速启动图标，用于帮助用户快速启动对应程序。为某个程序或应用创建快捷方式后，并没有改变程序原有的位置，因此，若删除该桌面快捷方式，将不会删除原程序文件。

【例 3-12】为系统自带的计算器应用程序"calc.exe"创建桌面快捷方式。

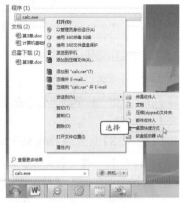

STEP 1 单击"开始"按钮 ，打开"开始"菜单，在"搜索程序和文件"文本框中输入"calc.exe"。

STEP 2 在搜索结果中的"calc.exe"程序选项上单击鼠标右键，在弹出的快捷菜单中选择【发送到】/【桌面快捷方式】命令，如图 3-44 所示。

STEP 3 在桌面上创建的 图标上单击鼠标右键，在弹出的快捷菜单中选择"重命名"命令，输入"My 计算器"，按"Enter"键，完成创建。

图 3-44　选择"桌面快捷方式"命令

3.5　Windows 7 的系统管理

在 Windows 7 中可对系统进行管理，如设置系统的日期和时间、安装和卸载应用程序、对硬盘进行管理等。

3.5.1　设置日期和时间

若系统的日期和时间不是当前的日期和时间，可将其设置为当前的日期和时间，还可对日期的格式进行设置。

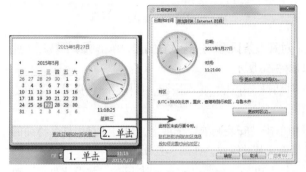

图 3-45　"日期和时间"对话框

1．设置日期和时间

设置日期和时间的方法：单击任务栏上的数字时钟，打开"日期和时间"显示界面，单击"更改日期和时间设置"超链接，打开"日期和时间"对话框，如图 3-45 所示。单击 更改日期和时间(D)... 按钮，打开"日期和时间设置"对话框，如图 3-46 所示，在该对话框中按需要进行日期和时间的设置后，单击 确定 按钮，完成日期和时间的设置。

2. 设置日期格式

首先打开"日期和时间设置"对话框，单击"更改日历设置"超链接，可打开"自定义格式"对话框，如图 3-47 所示。在该对话框中，单击"日期"选项卡，在"日期格式"栏的"短日期"和"长日期"下拉列表中可选择日期格式，在"日历"栏中可设置日历格式。

图 3-46　"日期和时间设置"对话框

图 3-47　"自定义格式"对话框

3.5.2 安装和卸载应用程序

获取或准备好软件的安装程序后便可以开始安装软件，安装后的软件将会显示在"开始"菜单的"所有程序"列表中，部分软件还会自动在桌面上创建快速启动图标。

扫一扫

安装和卸载应用程序

【例 3-13】先安装 Office 2010 软件，然后卸载 Office 2010 软件。

STEP 1 将安装光盘放入光驱中，在光盘成功被读取后打开光盘，找到并双击"setup.exe"文件，如图 3-48 所示。

STEP 2 打开"输入您的产品密匙"对话框，在光盘包装盒中找到由 25 位字符组成的产品密匙（产品密匙也称安装序列号，免费或试用软件不需要输入），并将密匙输入到文本框中，单击 继续(C) 按钮，如图 3-49 所示。

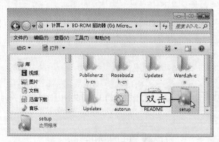
图 3-48　双击安装文件

图 3-49　输入产品密匙

STEP 3 打开"许可条款"对话框，对其中条款内容进行认真阅读，单击选中"我接受此协议的条款"复选框，单击 继续(C) 按钮，如图 3-50 所示。

STEP 4 打开"选择所需的安装"对话框，单击 自定义(U) 按钮，如图 3-51 所示。若单击 立即安装(I) 按钮，可按默认设置快速安装软件。

STEP 5 在打开的安装向导对话框中单击"安装选项"选项卡，单击任意组件名称前的 ▼ 按钮，在打开的下拉列表中可以选择是否安装此组件，如图 3-52 所示。

STEP 6 单击"文件位置"选项卡，然后单击 浏览(B)… 按钮，在打开的"浏览文件夹"对话框中选择安装 Office 2010 的目标位置，单击 确定 按钮，如图 3-53 所示。

图 3-50 "许可条款"对话框

图 3-51 选择安装模式

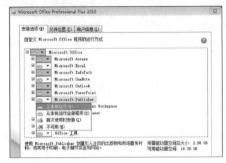

图 3-52 选择安装组件

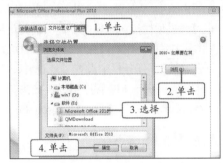

图 3-53 选择安装路径

STEP 7 返回对话框，单击"用户信息"选项卡，在文本框中输入用户名和公司名称等信息，最后单击 立即安装(I) 按钮进入"安装进度"界面，静待数分钟后便会提示已安装完成。

STEP 8 打开"控制面板"窗口，在分类视图下单击"程序"超链接，在打开的"程序"窗口中单击"程序和功能"超链接，在打开窗口的"卸载或更改程序"列表框中即可查看当前计算机中已安装的所有程序。

STEP 9 选择"Microsoft Office Professional Plus 2010"程序选项，然后单击工具栏中的 卸载 按钮，将打开确认是否卸载程序的提示对话框，单击 是(Y) 按钮确认并开始卸载程序，如图 3-54 所示。

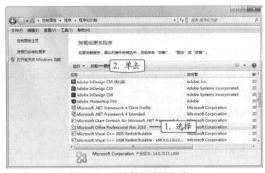

图 3-54 "程序和功能"窗口

提示

　　如果软件自身提供了卸载功能，则可以通过"开始"菜单完成卸载操作，操作方法：选择【开始】/【所有程序】命令，在"所有程序"列表中展开程序文件夹，然后选择"卸载"等相关命令（若没有类似命令，则通过控制面板进行卸载），再根据提示进行操作便可完成软件的卸载，有些软件在卸载后还会要求重启计算机以彻底删除该软件的安装文件。

3.6 Windows 10 简介

Windows 10 是由微软公司研发的新一代跨平台及设备应用的操作系统。所有符合版本要求的 Windows 7、Windows 8.1 和 Windows Phone 8.1 的用户，可以直接通过 Windows Update 获取补丁升级为 Windows 10。Windows 10 包括以下特点。

- 开始菜单：新增加了 Modern 风格的区域，将传统风格与新的现代风格结合在一起。
- 虚拟桌面：新增了 Multiple Desktops 功能。可让用户在同一个操作系统下根据自己的需要，在不同桌面环境之间进行切换。不同的窗口会以某种推荐的方式排版显示在桌面环境中，单击右侧的加号可添加一个新的虚拟桌面。
- 应用商店：Windows 10 应用商店中的应用可以和桌面程序一样可以随意移动位置，拉伸大小，也可通过顶栏按钮实现最小化、最大化和关闭应用的操作。
- 分屏多窗口：用户可在屏幕中同时摆放 4 个窗口。
- 任务管理：任务栏中设置了"查看任务（Task View）"按钮。
- 命令提示符：CMD 程序可以直接按"Ctrl+V"组合键粘贴。
- Microsoft Edge 浏览器：Microsoft Edge 浏览器已开放使用，采用全新排版引擎。

3.7 智能手机操作系统

智能手机操作系统是在嵌入式操作系统的基础上发展而来的专为手机设计的操作系统，除了具备嵌入式操作系统的功能（如进程管理、文件系统、网络协议栈等）外，还具备针对电池供电系统的电源管理部分、与用户交互的输入输出部分、对上层应用提供调用接口的嵌入式图形用户界面服务、针对多媒体应用提供的底层编解码服务、Java 运行环境、针对移动通信服务的无线通信核心功能以及智能手机的上层应用等。

目前流行的智能手机操作系统有 iOS、Android、Windows Phone 等。

1．iOS

iOS 是由苹果公司开发的移动操作系统，苹果公司最早于 2007 年 1 月 9 日在 Macworld 大会上公布了这个系统，最初是设计给 iPhone 使用的，后来陆续套用到 iPod touch、iPad 及 Apple TV 等产品上。iOS 与苹果的 Mac OS X 操作系统一样，属于类 UNIX 的商业操作系统。原本这个系统名为 iPhone OS，因为 iPad、iPhone、iPod touch 都使用 iPhone OS，所以在 2010 年的苹果全球开发者大会上苹果公司宣布将 iPhone OS 改名为 iOS。

2017 年 6 月 6 日，在 2017 年的苹果全球开发者大会上，iOS 11 正式登台亮相。2018 年 6 月 5 日，苹果公司发布新版 iOS 12，在性能、AR、照片、Siri、5 大原生 App 等方面进行了更新。

iOS 产品有如下特点。

（1）优雅直观的界面。iOS 创新的多点触控（Multi-Touch）界面专为手指而设计。

（2）软硬件搭配的优化组合。iOS 以及不断丰富的功能和内置 App 让 iPhone、iPad 和 iPod touch 比以往更强大、更具创新精神，使用起来其乐无穷。高度整合使 App 得以充分利用视网膜（Retina）屏幕的显示技术、Multi-Touch 界面、加速感应器、三轴陀螺仪、加速图形功能以及其他硬件功能。视频通话软件 FaceTime 就是一个绝佳典范，它使用前后两个摄像头、显示屏、麦克风和无线局域网，使得 iOS 是优化程度最好、运行速度最快的移动操作系统。

（3）安全可靠的设计。设计有低层级的硬件和固件功能，用以防止恶意软件和病毒；还设计有高层级的操作系统（Operating System，OS）功能，有助于在访问个人信息和企业数据时确保安全性。

（4）支持多种语言。iOS 设备支持 30 多种语言，可以在各种语言之间切换。内置词典支持

50 多种语言，语音辅助程序 VoiceOver 可阅读超过 35 种语言的屏幕内容，语音控制功能可读懂 20 多种语言。

（5）新用户界面（User Interface，UI）的优点是视觉轻盈，色彩丰富，带有时尚气息。控制中心（Control Center）的引入让操控更为简便，扁平化的设计能在某种程度上减轻跨平台的应用设计压力。

2. Android

Android 是一种基于 Linux 的自由及开放源代码的操作系统，主要应用于移动设备，如智能手机和平板电脑。Android 操作系统最初由安迪·鲁宾（Andy Rubin）开发，主要支持手机。2005 年 8 月由 Google 收购注资。2007 年 11 月，Google 与 84 家硬件制造商、软件开发商及电信运营商组建开放手机联盟，共同研发改良的 Android 操作系统。随后 Google 以 Apache 开源许可证的授权方式，发布了 Android 的源代码。第一部 Android 智能手机发布于 2008 年 10 月。后来 Android 操作系统逐渐扩展到平板电脑及其他领域上，如电视、数码相机、游戏机等。

Android 操作系统的优势如下。

（1）开放性。Android 操作系统的首要优势就是其开放性，显著的开放性使其拥有较多的开发者，如 Smartisan OS 是由罗永浩带领的锤子科技团队基于 Android 深度定制的手机操作系统，MIUI 是小米公司旗下基于 Android 深度优化、定制、开发的第三方手机操作系统。

开放性对于 Android 的发展而言，有利于积累人气，这里的人气包括消费者和厂商。对于消费者来讲，最大的受益是丰富的软件资源。开放的操作系统会带来较大的竞争，如此一来，消费者可以用较低的价格购买到心仪的手机。

（2）丰富的硬件选择。这一点还是与 Android 操作系统的开放性相关，由于 Android 操作系统的开放性，众多的厂商会推出千奇百怪、功能各异的产品。功能上的差异和特色，却不会影响数据同步以及软件的兼容。

（3）不受任何限制的开发商。Android 操作系统提供给第三方开发商一个十分宽泛、自由的环境，使其不会受到各种条条框框的阻挠，从而诞生了许多新颖别致的软件。

（4）无缝结合的 Google 应用。从 1998 年成立至今，叱咤互联网的 Google 公司已经走过 20 年历史，从搜索巨人到全面的互联网渗透，Google 服务如地图、邮件、搜索等已经成为连接用户和互联网的重要纽带，而 Android 手机已无缝结合这些优秀的 Google 服务。

3. Windows Phone

2010 年 10 月，微软公司正式发布了智能手机操作系统 Windows Phone。

2011 年 2 月，诺基亚公司与微软公司达成全球战略同盟并深度合作共同研发 Windows Phone。

2012 年 6 月，微软公司在美国旧金山召开发布会，正式发布智能手机操作系统 Windows Phone 8，该系统放弃了 WinCE 内核，改用与 Windows 8 相同的 NT 内核。该系统也是第一个支持双核 CPU 的 Windows Phone 版本，标志 Windows Phone 进入双核时代。Windows Phone 的后续系统是 Windows 10 Mobile。

Windows Phone 具有桌面定制、图标拖曳、滑动控制等一系列前卫的操作。Windows Phone 8 旗舰机 Nokia Lumia 920 主屏幕通过提供类似仪表盘的体验来显示新的电子邮件、短信、未接电话等，让人们不遗漏任何重要信息。它还提供了增强的触摸屏界面和最新版本的 IE Mobile 浏览器。应用 Windows Phone 的公司主要有诺基亚、三星、HTC 和华为等。

Windows Phone 有以下特点。

（1）增强的 Windows Live，包括最新源订阅以及横跨各大社交网站的 Windows Live 照片分享等。

（2）良好的电子邮件体验，在手机上通过 Outlook Mobile 可直接管理多个账号，并可使用

Exchange Sever 进行同步。

（3）含有 Office Mobile 办公套装，包括 Word、Excel、PowerPoint 等组件。

（4）Windows Phone 的短信功能集成了 Live Messenger（俗称 MSN）。

（5）可在手机上使用 Windows Live Media Manager 同步文件，可使用 Windows Media Player 播放媒体文件。

（6）不支持后台操作及第三方中文输入法。

3.8 习题

1. 选择题

（1）在 Windows 7 中，将打开的窗口拖曳到屏幕顶端，窗口会（　　）。

    A. 关闭   B. 消失   C. 最大化   D. 最小化

（2）在 Windows 7 中，下列叙述错误的是（　　）。

    A. 可支持鼠标操作   B. 可同时运行多个程序

    C. 不支持即插即用   D. 桌面上可同时容纳多个窗口

（3）在 Windows 7 中，选择多个连续的文件和文件夹，应首先选择第一个文件或文件夹，然后按（　　）键不放，再单击最后一个文件或文件夹。

    A. Tab   B. Alt   C. Shift   D. Ctrl

2. 操作题

（1）管理文件和文件夹，具体要求如下。

- 在计算机 D 盘中新建 FENG、WARM 和 SEED 3 个文件夹，再在 FENG 文件夹中新建 WANG 子文件夹，在该子文件夹中新建一个 JIM.txt 文件。

- 将 WANG 子文件夹中的 JIM.txt 文件复制到 WARM 文件夹中。

- 将 WARM 文件夹中的"JIM.txt"文件删除。

（2）从网上下载搜狗拼音输入法的安装程序，然后安装到计算机中。

第 4 章

文档编辑软件 Word 2010

Word 2010 是微软公司推出的 Office 2010 办公软件的核心组件之一，它是一款功能强大的文字处理软件，使用它不仅可以进行简单的文字处理，还能制作图文并茂的文档，甚至可以进行长文档的排版和特殊版式编排。本章将介绍 Word 2010 的启动与退出、工作窗口、基本操作、格式设置、图文混排、邮件合并以及 Word 2010 应用综合案例等内容。

 课堂学习目标

- 了解 Word 2010 入门知识
- 熟悉 Word 2010 的文本编辑操作
- 熟悉 Word 2010 的文档排版操作
- 熟悉 Word 2010 的表格应用
- 熟悉 Word 2010 的图文混排
- 熟悉 Word 2010 的页面格式设置
- 了解 Word 2010 的邮件合并功能

4.1 Word 2010 入门

Word 是一款应用十分广泛的文字处理软件，它提供了非常出色的文字处理功能。下面将讲解 Word 2010 的相关知识。

4.1.1 Word 2010 简介

Microsoft Word 2010 简称 Word 2010，主要用于文本处理工作。用 Word 2010 可创建和制作具有专业水准的文档，可轻松、高效地组织和编写文档。Word 2010 的主要功能包括强大的文本输入与编辑功能、各种类型的多媒体图文混排功能、精确的文本校对审阅功能及文档打印功能等。Word 2010 在拥有旧版本功能的基础上，增加了导航窗格、背景移除、文字视觉效果、屏幕截图等新功能。

4.1.2 Word 2010 的启动

启动 Word 2010 的方法有很多，下面对常用的 3 种方法进行介绍。

- 通过"开始"菜单启动：单击桌面左下角的"开始"按钮，在打开的"开始"菜单中选择【所有程序】/【Microsoft Office】/【Microsoft Word 2010】命令，如图 4-1 所示。
- 通过桌面快捷启动图标启动：双击桌面上 Word 2010 的快捷启动图标可启动 Word 2010。创建 Word 2010 桌面快捷启动图标的方法：在"开始"菜单中的【所有程序】/【Microsoft Office】/【Microsoft Word 2010】命令上单击鼠标右键，在弹出的快捷菜单中选择【发送到】/【桌面快捷方式】命令，如图 4-2 所示。

- 双击文档启动：若计算机中保存有 Word 2010 文档，双击文档即可启动 Word 2010 并打开该文档。

图 4-1　通过"开始"菜单启动 Word 2010　　图 4-2　创建 Word 2010 桌面快捷启动图标

4.1.3　Word 2010 的窗口组成

启动 Word 2010 后将进入其工作窗口，如图 4-3 所示，下面主要对 Word 2010 工作窗口中的主要组成部分进行介绍。

- 标题栏：标题栏位于 Word 2010 工作窗口的最顶端，包含程序名称、文档名称和右侧的"窗口控制"按钮组（包含"最小化"按钮 ▬、"最大化"按钮 ▢ 和"关闭"按钮 ✕，可最小化、最大化和关闭窗口）。

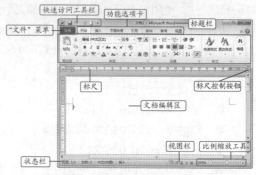

图 4-3　Word 2010 工作窗口

- 快速访问工具栏：快速访问工具栏中显示了一些常用的工具按钮，默认按钮有"保存"按钮 🖫、"撤销键入"按钮 ↶、"恢复键入"按钮 ↷。用户还可自定义按钮，只需单击该工具栏右侧的"自定义快速访问工具栏"按钮 ▾，在打开的下拉列表中选择相应选项即可。
- "文件"菜单：该菜单中的内容与 Office 其他版本中的"文件"菜单类似，主要用于执行 Word 2010 文档的新建、打开、保存等基本命令，菜单右侧列出了用户经常使用的文档名称，菜单最下方的"选项"命令可打开"选项"对话框，在其中可对 Word 2010 组件进行常规、显示、校对等多项设置。
- 功能选项卡：Word 2010 默认包含了 7 个功能选项卡，单击任一选项卡可打开对应的功能区，单击其他选项卡可分别切换到相应的选项卡，每个选项卡中都包含了相应的功能。
- 标尺：标尺主要用于对文档内容进行定位，可通过【视图】/【显示】勾选"标尺"或单击垂直滚动条上方标尺控制按钮 ▭ 进行显示与隐藏。位于文档编辑区上方的为水平标尺，左侧的为垂直标尺。水平标尺上有缩进按钮 ▭，用它可快速调节段落的缩进。直接拖曳水平或垂直标尺的页面边界线，还能直观地调整文档的页面边距。
- 文档编辑区：文档编辑区又称为正文编辑区，指输入与编辑文本的区域，对文本进行的各种操作都显示在该区域中。新建一个空白文档后，在文档编辑区的左上角将显示一个闪烁的鼠标指针，称为文本插入点，该鼠标指针所在位置便是文本的输入位置。
- 状态栏：状态栏位于操作界面的最底端，主要用于显示当前文档的工作状态，包括当前页数、字数、输入状态等，右侧依次显示视图切换按钮和显示比例调节滑块。

4.1.4　Word 2010 的视图方式

Word 2010 有 5 种视图方式，分别为页面视图、阅读版式视图、Web 版式视图、大纲视图、草稿视图，可在"视图"选项卡中选择所需的视图方式，也可在状态栏右侧的视图区中选择。

- 页面视图：页面视图 ▭ 是默认的视图模式，在该视图中文档的显示效果与实际打印效果一致。

- 阅读版式视图：单击"阅读版式视图"按钮可切换至阅读版式视图，在该视图中，文档的内容会根据屏幕的大小以适合阅读的方式进行显示，单击×关闭按钮，可返回页面视图。
- Web 版式视图：单击"Web 版式视图"按钮可切换至 Web 版式视图，在该视图中，文本与图形的显示效果与在 Web 浏览器中的显示效果一致。
- 大纲视图：单击"大纲视图"按钮可切换至大纲视图，在该视图中，Word 2010 会根据文档的标题级别显示文档的框架结构，单击"关闭大纲视图"按钮，可关闭大纲视图并返回页面视图。
- 草稿视图：单击"草稿"按钮可切换至草稿视图，该视图方式简化了页面的布局，主要显示文本及其格式，适合对文档进行输入和编辑。

4.1.5 Word 2010 的文档操作

Word 2010 中的文档操作主要包括新建文档、保存文档、打开文档、关闭文档等。

1. 新建文档

新建文档主要可分为新建空白文档和根据模板新建文档两种方式，下面分别进行介绍。

（1）新建空白文档

启动 Word 2010 后，Word 2010 会自动新建一个名为"文档 1"的空白文档。除此之外，新建空白文档还有以下 3 种方法。

- 通过"新建"命令新建空白文档：选择【文件】/【新建】命令，在界面右侧选择"空白文档"选项，然后单击"创建"按钮，或直接双击"空白文档"选项新建空白文档，如图 4-4 所示。

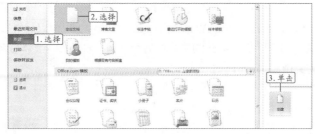

图 4-4　新建空白文档

- 通过快速访问工具栏新建空白文档：单击快速访问工具栏中的"新建"按钮新建空白文档。
- 通过快捷键新建空白文档：直接按"Ctrl+N"组合键新建空白文档。

（2）根据模板新建文档

根据模板新建文档指利用 Word 2010 提供的某种模板来创建具有一定内容和样式的文档。

【例 4-1】根据 Word 2010 提供的"基本信函"模板创建文档。

STEP 1 选择【文件】/【新建】命令，在界面右侧选择"样本模板"选项，如图 4-5 所示。

扫一扫

根据模板新建文档

图 4-5　选择样本模板

STEP 2 在下方的列表框中选择"基本信函"，单击选中"文档"单选项，然后单击"创建"按钮 ，如图 4-6 所示。

STEP 3 此时将根据所需模板创建文档，且模板中包含了已设置好的内容和样式，如图 4-7 所示。

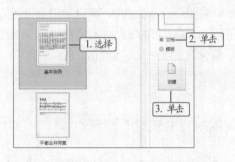

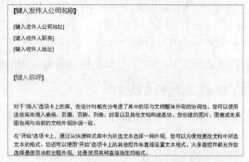

图 4-6 选择模板   图 4-7 根据模板创建的文档的效果

注意

如果计算机连接了互联网，则在选择【文件】/【新建】命令后，可在右侧界面的列表框中选择网络中提供的各种 Word 模板来新建文档。

---

2. 保存文档

保存文档指将新建的文档、编辑过的文档保存到计算机中，以便以后继续查看和使用。Word 2010 中保存文档的方法可分为保存新建的文档、另存文档、自动保存文档 3 种。

（1）保存新建的文档

保存新建文档的方法主要有以下 3 种。

- 通过"保存"命令保存：选择【文件】/【保存】命令。
- 通过快速访问工具栏保存：单击快速访问工具栏中的"保存"按钮 。
- 通过快捷键保存：按"Ctrl+S"组合键。

新建文档没有确定的文件名信息，执行以上任意操作后，将打开"另存为"对话框，在对话框右侧列表框中的地址栏中可选择和设置文档的保存位置，在"文件名"下拉列表框中可设置文档保存的名称，完成后单击 保存(S) 按钮，如图 4-8 所示。

图 4-8 保存文档

注意

如果文档已经保存过，则执行保存操作时不会打开"另存为"对话框，而是直接将所做修改保存到当前文档中。

（2）另存文档

如果需要对已保存的文档进行备份，则可以选择另存文档。另存文档的操作方法：选择【文件】/【另存为】命令，在打开的"另存为"对话框中按保存文档的方法操作即可。利用"另存为"命令可以更改文件的保存位置、名称及类型。

（3）自动保存文档

设置自动保存后，Word 2010 将按设置的时间间隔自动保存文档，以避免遇到死机或突然断电等意外情况时丢失文档数据。设置自动保存文档的操作方法：选择【文件】/【选项】命令，打开"Word 选项"对话框，选择左侧列表框中的"保存"选项，单击选中"保存自动恢复信息时间间隔"复选框，并在右侧的数值框中设置自动保存的时间间隔，例如"10 分钟"，如图 4-9 所示，完成后单击 确定 按钮即可。

图 4-9　设置自动保存文档的时间间隔

3．打开文档

打开文档有以下 3 种常用方法。

● 通过"打开"命令打开文档：选择【文件】/【打开】命令。

● 通过快速访问工具栏打开文档：单击快速访问工具栏中的"打开"按钮🖿。

● 通过快捷键打开文档：按"Ctrl+O"组合键。

执行以上任意操作后，将打开"打开"对话框，在列表框中找到需打开的 Word 文档（也可利用上方的地址栏选择文档所在的位置），选择文档并单击 打开(Q) 按钮，如图 4-10 所示，可选择多个文件同时打开。

图 4-10　选择需打开的 Word 文档

4．关闭文档

关闭文档指在不退出 Word 2010 的前提下，关闭当前正在编辑的文档。选择【文件】/【关闭】命令即可关闭文档。

提示

关闭未保存的文档时，Word 2010 会自动打开提示对话框，询问关闭前是否保存文档。其中，单击 保存(S) 按钮可保存后关闭文档，单击 不保存(N) 按钮可不保存直接关闭文档，单击 取消 按钮可取消关闭操作。

4.1.6　Word 2010 的退出

退出 Word 2010 的方法主要有以下 4 种。

● 在 Word 2010 工作窗口中选择【文件】/【退出】命令。

● 单击标题栏右侧的"关闭"按钮 ✕ 。

● 确认 Word 2010 工作窗口为当前活动窗口，然后按"Alt+F4"组合键。

● 单击标题栏左端的控制菜单图标Ⓦ，在打开的下拉列表中选择"关闭"命令，或直接双击控制菜单图标。

4.2　Word 2010 的文本编辑

创建文档或打开一个文档后，可在其中对文档内容进行编辑，如输入文本、选择文本、插入与删除文本、更改文本、复制与移动文本、查找与替换文本、撤销与恢复操作等。

4.2.1　输入文本

创建文档后就可以在文档中输入文本，Word 2010 的"即点即输"功能可帮助用户轻松在文档中的不同位置输入需要的文本。

【例 4-2】在 Word 2010 中输入"学习计划"文本。

STEP 1　将鼠标指针移至文档上方的中间位置，当鼠标指针变成 I 形状时，双击鼠标，将文本插入点定位到此处。

STEP 2　将输入法切换为中文输入法，输入文档标题"学习计划"文本。

STEP 3　将鼠标指针移至文档标题下方左侧需要输入文本的位置，此时鼠标指针变成 I 形状，双击鼠标将文本插入点定位到此处，如图 4-11 所示。

扫一扫

输入文本

STEP 4　输入正文文本，按"Enter"键换行，使用相同的方法输入其他文本，完成文档的输入，效果如图 4-12 所示。

图 4-11　定位文本插入点　　　　图 4-12　输入正文部分

4.2.2　选择文本

当需要对文档内容进行修改、删除、移动与复制等编辑操作时，必须先选择要编辑的文本。选择文本包括选择任意文本、选择一行文本、选择一段文本、选择整篇文档等方式，具体选择方法如下。

- 选择任意文本：在想要选择的文本的开始位置单击鼠标后按住鼠标左键不放并拖曳到文本结束处，然后释放鼠标，选择后的文本呈蓝底黑字的形式，如图 4-13 所示。

- 选择一行文本：除了用选择任意文本的方法拖曳选择一行文本外，还可将鼠标指针移到该行左边的空白位置（选定栏），当鼠标指针变为 形状时，单击鼠标左键，即可选择整行文本，如图 4-14 所示。如果此时拖曳鼠标，则可以选择多行文字。

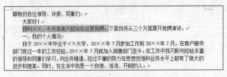 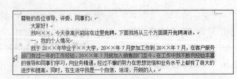

图 4-13　选择任意文本　　　　　　图 4-14　选择一行文本

- 选择一段文本：除了用选择任意文本的方法拖曳选择一段文本，还可将鼠标指针移到段落左边的空白位置（选定栏），当鼠标指针变为 形状时，双击鼠标，或在该段文本中任意一点连续单击鼠标 3 次，即可选择该段文本，如图 4-15 所示。

- 选择整篇文档：将鼠标指针移到文档左边的空白位置，当鼠标指针变成 形状时，连续单击鼠标 3 次；或将鼠标指针定位到文本的起始位置，按住"Shift"键不放，单击文本末尾位置；或直接按"Ctrl+A"组合键，可选择整篇文档，如图 4-16 所示。

图 4-15　选择一段文本　　　　　　　　　图 4-16　选择整篇文档

选择部分文本后，按住"Ctrl"键不放，继续选择操作，可以选择不连续的文本区域。另外，若要取消选择操作，可用鼠标在已选择对象以外的任意位置单击即可。

4.2.3　插入与删除文本

默认状态下，在状态栏中可看到 插入 按钮，表示当前文档处于插入状态，直接在文本插入点处输入文本，该处文本后面的内容将随鼠标指针自动向后移动，如图 4-17 所示。

图 4-17　插入文本

如果文档中输入了多余或重复的文本，可使用删除操作将不需要的文本从文档中删除。删除文本主要有以下两种方法。

- 选择需要删除的文本，按"BackSpace"键可删除选择的文本；定位文本插入点后，按"BackSpace"键可删除文本插入点前面的字符。
- 选择需要删除的文本，按"Delete"键可删除选择的文本；定位文本插入点后，按"Delete"键可删除文本插入点后面的字符。

4.2.4　更改文本

在状态栏中单击 插入 按钮切换至改写状态，将文本插入点定位到需修改的文本前，输入修改后的文本，此时原来的文本自动被输入的新文本替换，如图 4-18 所示。

图 4-18　改写文本

单击 改写 按钮或按"Insert"键切换至插入状态，可避免在输入文本时自动改写文本。

4.2.5　复制与移动文本

若要输入与文档中已有内容相同的文本，可使用复制操作；若要将所需文本内容从一个位置移至另一个位置，可使用移动操作。下面进行具体介绍。

第 4 章　文档编辑软件 Word 2010

1. 复制文本

复制文本指在目标位置为原位置的文本创建一个副本，复制文本后，原位置和目标位置都将存在该文本。复制文本的方法主要有以下 4 种。

- 选择所需文本后，在【开始】/【剪贴板】组中单击"复制"按钮🖺复制文本，将文本插入点定位到目标位置后，在【开始】/【剪贴板】组中单击"粘贴"按钮🖺粘贴文本。
- 选择所需文本后，在其上单击鼠标右键，在弹出的快捷菜单中选择"复制"命令，将文本插入点定位到目标位置后，单击鼠标右键，在弹出的快捷菜单中选择"粘贴"命令粘贴文本。
- 选择所需文本后，按"Ctrl+C"组合键复制文本，将文本插入点定位到目标位置后，按"Ctrl+V"组合键粘贴文本。
- 选择所需文本后，按住"Ctrl"键不放，将其拖曳到目标位置即可。

2. 移动文本

移动文本指将选择的文本移至另一个位置，原位置将不再保留该文本。移动文本的方法主要有以下 4 种。

- 通过右键快捷菜单移动文本：选择文本后单击鼠标右键，在弹出的快捷菜单中选择"剪切"命令，定位到目标位置后单击鼠标右键，在弹出的快捷菜单中选择"粘贴"命令粘贴文本。
- 通过按钮移动文本：在【开始】/【剪贴板】组中单击"剪切"按钮✂，定位文本插入点，在"开始"选项卡的"剪贴板"组中单击"粘贴"按钮🖺，即可发现原位置的文本在粘贴处显示，如图 4-19 所示。

图 4-19　剪切并粘贴文本

- 通过快捷键移动文本：选择要移动的文本，按"Ctrl+X"组合键，将文本插入点定位到目标位置，按"Ctrl+V"组合键粘贴文本即可。
- 通过拖曳移动文本：选择文本后，将鼠标指针移至选择的文本上，按住鼠标左键不放，将选择的文本拖曳到目标位置后释放鼠标即可。

> **注意**
>
> 执行移动或复制命令后，均会在新位置出现粘贴选项，可选择是否保留源格式。

4.2.6　查找与替换文本

当文档中出现某个多次使用的文字或短句错误时，可使用查找与替换功能来检查和修改错误，以节省时间并避免遗漏。

【例4-3】将文档中的"自已"替换为"自己"。

STEP **1** 将文本插入点定位到文档开始处，在【开始】/【编辑】组中单击🔍替换按钮，或按"Ctrl+H"组合键，如图 4-20 所示。

STEP **2** 打开"查找和替换"对话框，在"查找内容"和"替换为"文本框中分别输入"自已"和"自己"。

STEP **3** 单击 查找下一处(F) 按钮，可看到文档中所查找到的第一个"自

扫一扫

查找与替换文本

已"文本呈选中状态显示，如图 4-21 所示。

STEP 4 继续单击 查找下一处(F) 按钮，直至出现对话框提示已完成对文档的搜索，单击 确定 按钮，返回"查找和替换"对话框，单击 全部替换(A) 按钮，如图 4-22 所示。

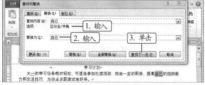

图 4-20　单击"替换"按钮　　　　图 4-21　"查找与替换"对话框　　　图 4-22　提示已完成对文档的搜索

STEP 5 弹出提示对话框，提示完成替换的次数，直接单击 确定 按钮即可完成替换，如图 4-23 所示。

STEP 6 单击 关闭 按钮，关闭"查找和替换"对话框，如图 4-24 所示，此时在文档中可看到"自己"已全部替换为"自己"，如图 4-25 所示。

图 4-23　提示完成替换

图 4-24　关闭对话框　　　　　　　　图 4-25　查看替换文本效果

使用 Word 2010 的查找与替换功能不仅可以做简单的内容查找与替换，还能通过单击 更多(M) >> 按钮，打开查找与替换的高级对话框，对查找与替换对象进行详细设置，比如应用通配符、设置格式、对特殊符号进行查找与替换等。

4.2.7　撤销与恢复操作

Word 2010 有自动记录功能，在编辑文档过程中执行了错误操作时可进行撤销，也可恢复被撤销的操作。

【例 4-4】将文档中的"学习计划"修改为"计划"，然后撤销操作。

STEP 1 将文档标题"学习计划"修改为"计划"。

STEP 2 单击快速访问工具栏中的"撤销键入"按钮 ，如图 4-26 所示，即可恢复将"学习计划"修改为"计划"前的文档效果。

扫一扫

撤销与恢复操作

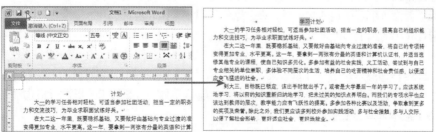

图 4-26　撤销操作

STEP 3 单击"恢复"按钮 ，或按"Ctrl+Y"组合键，如图 4-27 所示，便可以恢复"撤销"操作前的文档效果。

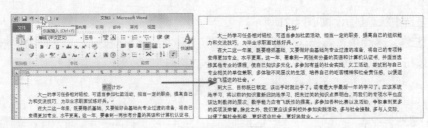

图 4-27　恢复操作

4.3　Word 2010 文档排版

对 Word 2010 文档进行排版主要是设置的文档格式，包括设置字符和段落格式、设置项目符号和编号等。

4.3.1　字符格式设置

Word 2010 文档中的文本内容包括汉字、字母、数字、符号等，设置字体格式即更改文本的字体、字号、颜色等，通过这些设置可以使文字效果突出、文档美观。在 Word 2010 中设置字符格式可通过以下方法完成。

1．通过浮动工具栏进行设置

选择一段文本后，将鼠标指针移到被选择文本的右上角，将出现浮动工具栏，该浮动工具栏最初以半透明状态显示，将鼠标指针指向该浮动工具栏时它会清晰地完全显示。浮动工具栏中包含常用的设置选项，单击相应的按钮或进行相应选择即可对文本的字符格式进行设置，如图 4-28 所示。

字体、字号选项的含义如下。

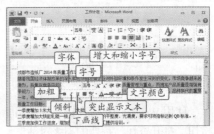

图 4-28　浮动工具栏

- 字体：指文字的用笔风格，如黑体、楷体等字体，不同的字体，其外观也不同。Word 2010 默认的中文字体为"宋体"，英文字体为"Calibri"。

- 字号：指文字的大小，默认为五号。字号的度量单位有"字号"和"磅"两种。用字号作度量单位时，字号越大文字越小，最大的字号为"初号"，最小的字号为"八号"；用"磅"作度量单位时，磅值越大文字越大。

2．通过功能区进行设置

在 Word 2010 默认功能区的【开始】/【字体】组中可直接设置文本的字符格式，包括字体、字号、颜色、字形等，如图 4-29 所示。

选择需要设置字符格式的文本后，在"字体"组中单击相应的按钮或选择相应的选项即可进行相应设置。【字体】组中还包括以下设置选项。

图 4-29　【字体】组

- 文本效果 A：单击"文本效果"按钮 A 右侧的下拉按钮，在打开的下拉列表中选择需要的文本效果，如阴影、发光、映像等效果。此功能是让文字可类似于图形进行格式修饰，Word 2010 及以上版本才有，低于此版本无法使用。

- 下标 x₂ 与上标 x²：单击下标按钮 x 可将选择的字符设置为下标效果；单击上标按钮 x 可将选择的字符设置为上标效果。

- 更改大小写 Aa：在编辑英文文档时，可能需要转换字母的大小写，单击"字体"组中的 Aa 按钮，在打开的下拉列表中提供了全部大写、全部小写、句首字母大写等转换选项。

- 清除格式 ：单击 按钮将清除所选字符的所有格式，使其恢复默认的字符格式。

3. 通过"字体"对话框进行设置

在【开始】/【字体】组中单击右下角的 按钮或按"Ctrl+D"组合键，打开"字体"对话框。在"字体"选项卡中可设置字体格式，如字体、字形、字号、字体颜色、下画线等，还可即时预览设置字体后的效果，如图 4-30 所示。

在"字体"对话框中单击"高级"选项卡，可以设置字符间距、缩放、字符位置等，如图 4-31 所示。

图 4-30 "字体"选项卡 　　　　　　　　图 4-31 "高级"选项卡

"高级"选项卡中，"缩放""间距""位置"3 个设置选项的功能如下。

- 缩放：默认字符缩放是 100%，表示正常大小，比例大于 100%时得到的字符趋于宽扁，小于 100%时得到的字符趋于瘦高。
- 间距：Word 2010 文档中字符间距可"加宽"或"紧缩"，可设置加宽或紧缩的具体值。当末行文字只有一两个字符时可通过紧缩方法将其调到上一行。用这种方法进行设置是非常精确的，但并不直观，建议使用一个专门的功能进行字符间距的局部调整，也即选择文本后，在【开始】/【段落】组中单击 按钮，在打开的下拉列表中选择"调整宽度" 选项，在打开的"调整宽度"对话框中可以直观地设置选择的字符占据的宽度。比如，标题文字只有 4 个字符，我们可以调整宽度到 6 个字符，这比使用"间距"选项进行设置更加形象。
- 位置：指字符在文本行的垂直位置，包括"提升"和"降低"两种。

提示

　　在 Word 2010 中，浮动工具栏主要用于快捷设置所选文本的字符格式及段落格式，【字体】组主要用于对所选文本进行字体格式的设置，其选项比浮动工具栏多，但不能对段落进行设置，"字体"对话框则拥有较浮动工具栏和【字体】组更多的设置功能。

4.3.2 设置段落格式

通过设置段落格式，如设置段落对齐方式、缩进、行距、段落间距等，可以使文档的结构清晰、层次分明。

1. 设置段落对齐方式

段落对齐方式主要包括左对齐、居中对齐、右对齐、两端对齐、分散对齐等。设置段落对齐方式的方法有以下 3 种。

- 选择要设置的段落，在【开始】/【段落】组中单击相应的对齐按钮，即可设置文档段落的对齐方式，如图 4-32 所示。
- 选择要设置的段落，在浮动工具栏中单击相应的对齐按钮，即可设置段落对齐方式。

- 选择要设置的段落，单击【段落】组右下方的 ▣ 按钮，打开"段落"对话框，在该对话框的"对齐方式"下拉列表中设置段落对齐方式。

2. 设置段落缩进

段落缩进包括左缩进、右缩进、首行缩进、悬挂缩进 4 种，一般利用标尺和"段落"对话框来设置，设置方法分别如下。

- 利用标尺设置段落缩进：先单击滚动条上方的"标尺"按钮使窗口显示标尺，然后拖曳水平标尺中的各个缩进滑块，可以直观地调整段落缩进。其中，▽ 表示首行缩进，△ 表示悬挂缩进，□ 表示右缩进，如图 4-33 所示。

图 4-32 设置段落对齐方式

图 4-33 利用标尺设置段落缩进

- 利用"段落"对话框设置段落缩进：选择要设置的段落，单击【段落】组右下方的 ▣ 按钮，打开"段落"对话框，在该对话框的"缩进"栏中进行设置。

3. 设置行距和段落间距

合适的行距和段落间距可使文档美观，设置行距和段落前后间距的方法如下。

- 选择段落，在【开始】/【段落】组中单击"行和段落间距"按钮 ≣▾，在打开的下拉列表中可选择"1.5 倍行距"等选项。

- 选择段落，打开"段落"对话框，在"间距"栏的"段前"和"段后"数值框中输入值，在"行距"下拉列表框中选择相应的选项，即可设置行间距，如图 4-34 所示。

- 通过【页面布局】/【段落】组进行段前与段后间距设置。

图 4-34 "段落"对话框

4.3.3 设置边框与底纹

在 Word 2010 文档中不仅可以为字符设置默认的边框和底纹，还可以为段落设置漂亮的边框与底纹。

1. 为字符设置边框与底纹

在【字体】组中单击"字符边框"按钮 Ⓐ，即可为选择的文本设置字符边框，在【字体】组中单击"字符底纹"按钮 Ⓐ，即可为选择的文本设置字符底纹。

2. 为段落设置边框与底纹

若输入的文本都是一种样式，则会使文档看起来很单一，为段落设置边框与底纹可使文档更加美观。

【例 4-5】为文档的标题行添加深红色的底纹，为"岗位职责："和"职位要求："之间的内容设置"白色，背景 1，深色 15%"底纹。

STEP ◤◢1 选择标题行，在【段落】组中单击"底纹"按钮 ▨·右侧的下拉按钮 ▾，在打开的下拉列表中选择"深红"选项，如图 4-35 所示。

STEP ◤◢2 选择第一个"岗位职责："与"职位要求："文本之间的段落，在【段落】组中单击"下框线"按钮 ⊞·右侧的下拉按钮 ▾，在打开的下拉列表中选择"边框和底纹"选项，如图 4-36 所示。

扫一扫

为段落设置边框与
底纹

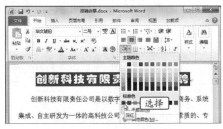

图 4-35　在【段落】组中设置底纹

图 4-36　选择"边框和底纹"选项

STEP 3 在打开的"边框和底纹"对话框中单击"边框"选项卡,在"设置"栏中选择"方框"选项,在"样式"列表框中选择 ▭▭▭▭ 选项。

STEP 4 单击"底纹"选项卡,在"填充"下拉列表框中选择"白色,背景 1,深色 15%"选项,单击 确定 按钮,在文档中设置边框与底纹后的效果如图 4-37 所示,完成后用相同的方法为其他段落设置边框与底纹样式。

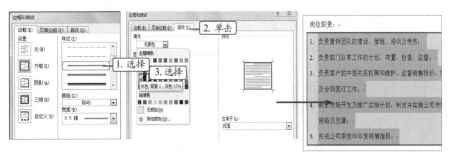

图 4-37　通过对话框设置边框与底纹

4.3.4　项目符号和编号

使用项目符号与编号功能,可为属于并列关系的段落添加●、★、◆等项目符号,也可添加"1.、2.、3.…"或"A.、B.、C.…"等编号,还可组成多级列表,使文档层次分明、条理清晰。一个段落可看作一个项目,项目符号与编号是针对段落添加的。

1.　添加项目符号

选择需要添加项目符号的段落,在【开始】/【段落】组中单击"项目符号"按钮 ☰ 右侧的下拉按钮 ,在打开的下拉列表中选择一种项目符号样式即可。

2.　自定义项目符号

Word 2010 中默认的项目符号样式共 7 种,根据需要还可自定义项目符号。

【例 4-6】在"产品说明书"文档中自定义"菱形◆"项目符号。

STEP 1 选择需要添加自定义项目符号的段落,在【开始】/【段落】组中单击"项目符号"按钮 ☰ 右侧的下拉按钮 ,在打开的下拉列表中选择"定义新项目符号"选项,如图 4-38 所示,打开"定义新项目符号"对话框。

扫一扫

自定义项目符号

STEP 2 在"项目符号字符"栏中单击 图片(P)... 按钮,打开"图片项目符号"对话框,在该对话框的下拉列表框中选择项目符号样式后,单击 确定 按钮,如图 4-39 所示,返回"定义新项目符号"对话框。

STEP 3 在"对齐方式"下拉列表中选择项目符号的对齐方式,此时可以在下面的预览窗口中预览设置效果,如图 4-40 所示,最后单击 确定 按钮即可。

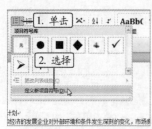  

图 4-38 选择"定义新项目符号"选项　　图 4-39 自定义项目符号　　图 4-40 预览设置效果

3. 添加编号

在制作文档时，对于按一定顺序或层次结构排列的项目，可以为其添加编号。添加编号的操作方法：选择要添加编号的文本，在【开始】/【段落】组中单击"编号"按钮 ≣ 右侧的下拉按钮，即可在打开的"编号库"下拉列表中选择需要添加的编号，如图 4-41 所示。另外，在"编号库"下拉列表中还可选择"定义新编号格式"选项来自定义编号格式，自定义编号格式的操作方法与自定义项目符号相似。

图 4-41 添加编号

4. 设置多级列表

多级列表主要用于规章制度等需要各种级别的编号的文档，列表的级别是根据段落的缩进确认的，相同缩进为同一级别，可以通过【开始】/【段落】组中的缩进按钮 ≇≇（或"Tab"键）进行段落的各级别设置。设置多级列表的具体方法：选择需要设置的各级别段落，在【开始】/【段落】组中单击"多级列表"按钮 ≣·，在打开的下拉列表中选择一种编号的样式即可，也可以选择"定义新的多级列表"选项，自行定义各级列表的符号和编号。

4.3.5 格式刷

使用格式刷能快速地将文本中的某种格式应用到其他文本上。选择设置好样式的文本，在【开始】/【剪贴板】组中单击 格式刷 按钮，将鼠标指针移至文本编辑区，当鼠标指针变为 ▲Ι 形状时，按住鼠标左键并拖曳便可对选择的文本应用样式，如图 4-42

图 4-42 使用格式刷

所示。或单击 格式刷 按钮，将鼠标指针移至某一行文本前，当鼠标呈 ⌀ 形状时，便可为该行文本应用文本样式。单击 格式刷 按钮，使用一次格式刷后，格式刷功能将自动关闭。双击 格式刷 按钮，可多次重复进行格式复制操作，再次单击 格式刷 按钮或按"Esc"键可关闭格式刷功能。

> **注意**
>
> 如果选择的对象只是字符，则仅复制字符格式；而如果选择的是段落对象，刷向的对象是字符即复制字符格式，刷向的对象是段落，则进行段落格式复制。

4.3.6 样式与模板

样式与模板是 Word 2010 中常用的排版工具，下面介绍样式与模板的相关知识。

1. 样式

样式指一组已经命名的字符和段落格式，包括样式名和样式格式。使用样式可以快速对文档中的各级标题、题注及正文等文本元素设置格式。下面讲解应用样式、修改样式、新建样式的方法。

● 应用样式：将文本插入点定位到要设置样式的段落中，或选择要设置样式的字符或词组，在【开始】/【样式】组中直接单击需要应用的样式，如果样式未显示出来，可以单击"样式"列表框右侧的下拉按钮 ▾，在打开的"快速样式"下拉列表中选择需要应用的样式即可。为选择的对象应用样式，可将样式中事先定义好的字符和段落格式快速应用到指定对象。

● 修改样式：在【开始】/【样式】组，在"快速样式"下拉列表中需进行修改的样式上单击鼠标右键，在弹出的快捷菜单中选择"修改"命令，此时将打开"修改样式"对话框，如图 4-43 所示，在其中可重新设置样式的名称以及修改后的样式欲包含的格式。

另外，还可以选定已设置格式的字符或段落，直接在"快速样式"下拉列表中需要修改格式的样式名上单击鼠标右键，在弹出的快捷菜单中选择"更新××以匹配所选内容（P）"命令，也可以将已选对象的格式赋予指定的样式，从而快速修改样式的格式。

图 4-43　修改样式

样式修改后，凡是应用此样式的对象均会做同步更改。因此，修改样式可以达到批量更改格式的目的。

● 新建样式：Word 2010 允许用户自定义样式。新建样式的具体方法：在文档中为文本或段落设置需要的格式，在【开始】/【样式】组中单击"样式"下拉列表框右侧的下拉按钮 ▾，在打开的下拉列表中选择"将所选内容保存为新快速样式"选项，此时将打开"根据格式设置创建新样式"对话框，在"名称"文本框中输入样式的名称，单击 确定 按钮，如图 4-44 所示。新建样式的样式类型默认为"链接段落与字符"，如果需要修改，只能在创建时使用 修改(M) 按钮进行，单击该按钮，打开的对话框类似于图 4-43。用户新建的样式的使用方法同 Word 内置样式一样，并且样式名及样式的格式可以修改。

图 4-44　创建样式的过程

2. 模板

模板是一种预先设定好的特殊文档，已经包含了文档的基本结构和文档设置，如页面设置、字体格式、段落格式等，方便以后重复使用。下面分别介绍新建模板和套用模板的方法。

● 新建模板：选择【文件】/【新建】命令，在中间的"可用模板"栏中选择"我的模板"选项，打开"新建"对话框，在"新建"栏单击选中"模板"单选项，如图 4-45 所示，单击 确定 按钮即可新建一个名称为"模板 1"的空白文档，保存文档后其格式为".dotx"。

● 套用模板：选择【文件】/【选项】命令，打开"Word 选项"对话框，选择左侧的"加载项"选项，在右侧的"管理"下拉列表中选择"模板"选项，单击 转到(G)... 按钮，打开"模板和加载项"对话框，如图 4-46 所示，在其中单击 选用(A)... 按钮，在打开的对话框中选择需要的模板，然后返回"模板和加载项"对话框，单击选中"自动更新文档样式"复选框，单击 确定 按钮即可在已存在的文档中套用模板。

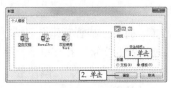

图 4-45　新建模板　　　　　图 4-46　套用模板

4.3.7 创建目录

对于设置了多级标题样式的文档，可通过索引和目录功能提取标题生成目录。

【例4-7】在打开的文档中通过目录功能创建目录。

STEP 1 打开"毕业论文"文档，将文本插入点定位于第二行左侧，在【引用】/【目录】组中单击"目录"按钮🗎，在打开的下拉列表中选择"插入目录"选项，打开"目录"对话框，单击"目录"选项卡，在"制表符前导符"下拉列表框中选择第一个选项，在"格式"下拉列表框中选择"正式"选项，在"显示级别"数值框中输入"2"，撤销选中"使用超链接而不使用页码"复选框，单击 确定 按钮，如图4-47所示。

扫一扫

创建目录

STEP 2 返回文档编辑区即可查看插入的目录，效果如图4-48所示。

图4-47 "目录"对话框

图4-48 插入目录效果

4.3.8 特殊格式设置

特殊格式包括首字下沉、带圈字符、双行合一、给中文加拼音等，主要用于制作一些有特殊要求的文档。

• 首字下沉：首字下沉即设置段落中的第一个字突出显示，这种格式通常用于报刊和杂志中。选择要设置首字下沉的段落，在【插入】/【文本】组中单击"首字下沉"按钮▲，在打开的列表中选择所需的样式即可，如图4-49所示。单击"首字下沉选项…"选项可打开对话框作更多设置。

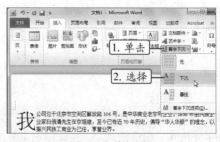

图4-49 首字下沉

• 带圈字符：带圈字符是中文字符的一种特殊形式，用于表示强调，如已注册商标符号®、数字符号①等，都可使用带圈字符来制作。选择要设置带圈字符的单个文字，在"字体"组中单击⊕按钮，在打开的"带圈字符"对话框中设置字符的样式、圈号等参数即可，如图4-50所示。

• 双行合一：双行合一指在正常的一行中通过缩小文字显示两行文字。选择文本后，在【开始】/【段落】组中单击╳按钮，在打开的下拉列表中选择"双行合一"选项，在打开的"双行合一"对话框中进行相应设置，单击 确定 按钮即可，如图4-51所示。

• 给中文加拼音：在制作文档时若需要给中文添加拼音，可先选择需要添加拼音的文字，在【开始】/【字体】组中单击"拼音指南"按钮💬，打开"拼音指南"对话框，如图4-52所示。在"基准文字"下方的文本框中显示选择的要添加拼音的文字，在"拼音文字"下方的文本框中显示"基准文字"下方文本框中文字对应的拼音，在"对齐方式""偏移量""字体""字号"列表框中可调整拼音，在"预览"框中可显示设置后的效果。

图 4-50 设置带圈字符　　图 4-51 设置双行合一　　图 4-52 "拼音指南"对话框

4.4 Word 2010 的表格应用

表格是文本编辑过程中非常有效的工具，用表格可以将杂乱无章的信息管理得井井有条，从而提高文档内容的可读性。表格由单元格构成，水平方向的一排单元格称为行，垂直方向的一排单元格称为列。下面讲解在 Word 2010 中使用表格的方法。

4.4.1 创建表格

在 Word 2010 文档中将文本插入点定位到需要插入表格的位置，可利用多种方法插入所需的表格。

1. 插入表格

根据插入表格的行数、列数和个人的操作习惯，可使用以下两种方法来实现表格的插入。

● 快速插入表格：在【插入】/【表格】中单击"表格"按钮▦，在打开的下拉列表中将鼠标指针移至"插入表格"栏的某个单元格上，此时呈黄色边框显示的单元格为将要插入的单元格，单击鼠标即可完成插入操作，如图 4-53 所示。

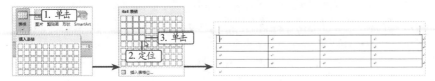

图 4-53 快速插入表格

● 通过对话框插入表格：在【插入】/【表格】组中单击"表格"▦下方的下拉按钮，在打开的下拉列表中选择"插入表格"选项，此时将打开"插入表格"对话框，在其中设置表格尺寸和单元格宽度后，单击 确定 按钮即可，如图 4-54 所示。

图 4-54 "插入表格"对话框

2. 绘制表格

对于一些结构不规则的表格，可以通过绘制表格的方法进行创建。

【例 4-8】使用鼠标绘制一个 2 行并且第 2 行包含 2 列的表格。

STEP ◤1 在【插入】/【表格】组中单击"表格"按钮▦，在打开的下拉列表中选择"绘制表格"选项。

STEP ◤2 此时鼠标指针将变为⌀形状，在文档编辑区拖曳鼠标即可绘制

扫一扫

绘制表格

表格外边框。

STEP 03 在外边框内拖曳鼠标即可绘制行线和列线。

STEP 04 表格绘制完成后，按"Esc"键退出绘制状态即可，整个过程如图 4-55 所示。

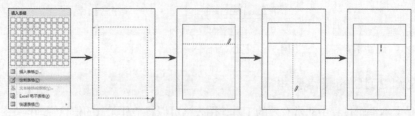

图 4-55　绘制表格的过程

> **提示**
>
> 　　在 Word 中绘制表格时，功能区会出现"表格工具 设计"选项卡，其中的"绘图边框"组提供了相应的参数，用于对绘制的表格进行相应设置，此方式并不方便，故不推荐使用。

4.4.2　编辑表格

　　表格创建后，可根据实际需要对其现有的结构进行调整，这其中将涉及表格的选择和布局等操作，下面分别进行介绍。

1. 选择表格

　　选择表格主要包括选择单个单元格、选择连续的多个单元格、选择不连续的多个单元格、选择行、选择列、选择整个表格等内容，具体方法如下。

- 选择单个单元格：将鼠标指针移至所选单元格的左边框偏右位置，当其变为 ➹ 形状时，单击鼠标左键，即可选择该单元格，如图 4-56 所示。
- 选择连续的多个单元格：在表格中拖曳鼠标即可选择从拖曳起始位置处到释放鼠标位置处的所有连续单元格。另外，选择起始单元格后，将鼠标指针移至目标单元格的左边框偏右位置，当其变为 ➹ 形状时，按住"Shift"键的同时单击鼠标左键，也可选择这两个单元格及其之间的所有连续单元格，如图 4-57 所示。
- 选择不连续的多个单元格：首先选择起始单元格，然后按住"Ctrl"键不放，依次选择其他单元格即可，如图 4-58 所示。

 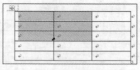 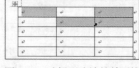

　　图 4-56　选择单个单元格　　　图 4-57　选择连续的单元格　　　图 4-58　选择不连续的单元格

- 选择行：用拖曳鼠标的方法可选择一行或连续的多行单元格。另外，将鼠标指针移至所选行左侧，当其变为 ➹ 形状时，单击鼠标左键可选择该行，如图 4-59 所示。利用"Shift"键和"Ctrl"键可实现连续多行和不连续多行的选择操作，操作方法与单元格的选择操作类似。
- 选择列：用拖曳鼠标的方法可选择一列或连续多列的单元格。另外，将鼠标指针移至所选列上方，当其变为 ↓ 形状时，单击鼠标可选择该列，如图 4-60 所示。利用"Shift"键和"Ctrl"键可实现连续多列和不连续多列的选择操作，操作方法与单元格的选择操作类似。
- 选择整个表格：选择所有单元格、行或列即可选择整个表格。另外，将鼠标指针移至表格区域，此时表格左上角将出现 ⊞ 图标，单击该图标也可选择整个表格，如图 4-61 所示。

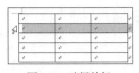
图 4-59　选择单行

图 4-60　选择单列

图 4-61　选择整个表格

2．布局表格

布局表格主要包括插入、删除、合并、拆分等内容。布局表格的方法：选择表格中的单元格、行或列，在"表格工具 布局"选项卡中利用"行和列"组与"合并"组中的相关按钮进行设置即可，如图 4-62 所示。各按钮的作用介绍如下。

图 4-62　布局表格的各种按钮

- "删除"按钮 ：单击该按钮，可在打开的下拉列表中执行删除单元格、行、列或表格的操作。当要删除单元格时，会弹出"删除单元格"对话框，要求设置单元格删除后剩余单元格的调整方式，如右侧单元格左移、下方单元格上移等。
- "在上方插入"按钮 ：单击该按钮，可在所选行的上方插入新行。
- "在下方插入"按钮 ：单击该按钮，可在所选行的下方插入新行。
- "在左侧插入"按钮 ：单击该按钮，可在所选列的左侧插入新列。
- "在右侧插入"按钮 ：单击该按钮，可在所选列的右侧插入新列。
- "合并单元格"按钮 ：单击该按钮，可将所选的多个连续的单元格合并为一个新的单元格。
- "拆分单元格"按钮 ：单击该按钮，将打开"拆分单元格"对话框，在其中可设置拆分后的列数和行数，单击 确定 按钮后即可将所选的单元格按设置的列数和行数拆分。
- "拆分表格"按钮 ：单击该按钮，可在所选单元格处将表格拆分为两个独立的表格。需要注意的是，Word 2010 只允许对表格进行上下拆分，而不能进行左右拆分。

4.4.3　设置表格

对于表格中的文本而言，可按设置文本和段落格式的方法对其格式进行设置。此外，还可对单元格对齐方式、行高和列宽、边框和底纹、对齐和环绕方式等进行设置。

1．设置单元格对齐方式

单元格对齐方式指单元格中文本的对齐方式。设置单元格对齐方式的操作方法：选择需设置对齐方式的单元格，在【表格工具 布局】/【对齐方式】组中单击相应按钮，如图 4-63 所示。或者选择单元格后，在其上单击鼠标右键，在弹出的快捷菜单中选择"单元格对齐方式"命令，在弹出的子菜单中单击相应的按钮也可设置单元格的对齐方式。

图 4-63　设置单元格对齐方式的过程

2．设置行高和列宽

设置表格行高和列宽的常用方法有以下两种。

- 拖曳鼠标设置行高和列宽：将鼠标指针移至行线或列线上，当其变为 形状或 形状时，拖曳鼠标即可调整行高或列宽。
- 精确设置行高和列宽：选择需调整行高或列宽的行或列，在【表格工具 布局】/【单元格

大小】组的"高度"数值框或"宽度"数值框中可设置精确的行高或
列宽值，如图 4-64 所示。

图 4-64　精确设置行高和列宽

3. 设置边框和底纹

设置单元格边框和底纹的方法分别如下。

- 设置单元格边框：选择需设置边框的单元格，在【表格工具 设计】/【表格样式】组中单
击 边框 按钮右侧的下拉按钮 ，在打开的下拉列表中选择相应的边框样式。

- 设置单元格底纹：选择需设置底纹的单元格，在【表格工具 设计】/【表格样式】组中单
击 底纹 按钮右侧的下拉按钮 ，在打开的下拉列表中选择所需的底纹颜色。

4. 设置对齐和环绕方式

环绕就是表格被文字包围。如果表格被文字环绕，则其对齐方式基于所环绕的文字。如果表
格未被文字环绕，则其对齐方式基于页面。通过"表格属性"对
话框，可设置表格的对齐和环绕方式。

- 设置对齐方式：选择表格，在【表格工具 布局】/【表】
组中单击"属性"按钮 ，打开"表格属性"对话框，在"对齐
方式"栏中可选择对齐的方式。

- 设置环绕方式：选择表格，在【表格工具 布局】/【表】
组中单击"属性"按钮 ，打开"表格属性"对话框，在"文字
环绕"栏中选择"环绕"选项，然后在"对齐方式"栏中选择环
绕的对齐方式，如图 4-65 所示。

图 4-65　设置对齐和环绕

4.4.4　将表格转换为文本

将表格转换为文本的具体操作：单击表格左上角的"全部选中"按
钮 选择整个表格，然后在【表格工具 布局】/【数据】组中单击"转
换为文本"按钮 ，此时将打开"表格转换成文本"对话框，如图 4-66
所示，在其中选择合适的文字分隔符，单击 确定 按钮，即可将表格转
换为文本。

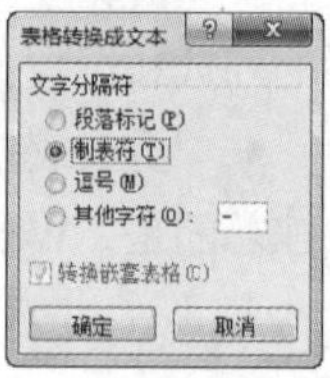

图 4-66　"表格转换成
文本"对话框

> **提示**
>
> 相应地，也可以把有规律的文本转换成表格。选择需要转换为表格的文本，在【插入】/
> 【表格】组中单击"表格"按钮 ，在打开的下拉列表中选择"将文本转换成表格"选项，打开
> "将文本转换成表格"对话框，根据需要设置表格尺寸和文本分隔符，完成后单击 确定 按钮，
> 即可将文本转换为表格。

4.4.5　表格中数据的排序与计算

在 Word 2010 中可对表格中的数据进行排序和计算，下面
讲解表格中数据排序与计算的操作方法。

1. 表格中数据的排序

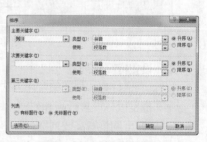

对表格中的数据进行排序时，可对选择的区域进行排
序，也可以对整个表格进行排序。选择要进行排序的行，
在【布局】/【数据】组中单击"排序"按钮 ，打开"排
序"对话框，如图 4-67 所示。在"主要关键字"下拉列表
框中选择进行排序的选项，在"类型"栏中选择排序的类

图 4-67　"排序"对话框

型，单击选中"升序"单选项可升序排列，单击选中"降序"单选项可降序排列，若有标题行，单击选中"有标题行"单选项，然后单击 选项(O)... 按钮，可设置排序时是否区分大小写等。

2．表格中数据的计算

表格中经常会涉及数据计算，使用 Word 2010 制作的表格可以实现简单的计算。

【例4-9】计算表格中各项支出的总和。

STEP 1 将文本插入点定位到"总和"右侧的单元格中，在【布局】/【数据】组中单击"公式"按钮 f_x。

STEP 2 打开"公式"对话框，在"公式"文本框中输入"=SUM (ABOVE)"，在"编号格式"下拉列表中选择"￥#,##0.00;(￥#,##0.00)"选项，如图4-68所示。

STEP 3 单击 确定 按钮，使用相同的方法计算折后价的平均值，完成后效果如图4-69所示。

扫一扫
表格中数据的计算

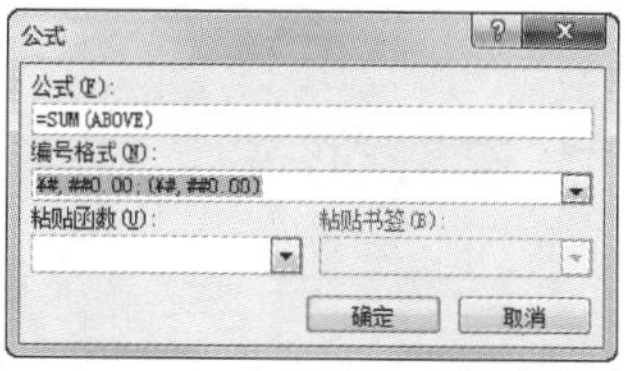

扫一扫
文本框操作

图4-68　设置公式与编号格式

8	黑白花意：笔尖下的87朵花之绘	绘画	29.8		20.5	2015年12月31日
9	小王子	少儿	20		10	2015年12月31日
10	配色设计原理	设计	59		41	2015年12月31日
11	基本乐理	音乐	38		31.9	2015年12月31日
13	总和		￥491.50		￥369.70	

图4-69　使用公式计算后的结果

4.5 Word 2010 的图文混排

仅通过文字的编辑和排版往往不能达到文档所需的效果，为使文档美观，通常还可以在文档中添加和编辑图片、形状、艺术字等对象。

4.5.1　文本框操作

利用文本框可以编排出特殊的文档版式，在文本框中既可以输入文本，又可以插入图片。在文档中插入的文本框既可以是 Word 2010 自带样式的文本框，又可以是手动绘制的横排或竖排文本框。

【例4-10】在公司简介文档中选择"瓷砖型提要栏"样式，然后输入文本。

STEP 1 打开"公司简介"文档，在【插入】/【文本】组中单击"文本框"按钮，在打开的下拉列表中选择"瓷砖型提要栏"选项，如图4-70所示。

STEP 2 在文本框中直接输入需要的文本内容，如图4-71所示。

图4-70　选择插入的文本框类型

图4-71　输入文本

4.5.2　形状操作

形状具有一些独特的性质和特点。Word 2010 提供了大量的形状，编辑文档时合理地使用这

第4章　文档编辑软件 Word 2010

些形状，不仅能提高效率，而且能提升文档的质量。

1. 插入形状

在【插入】/【插图】组中单击"形状"按钮，在打开的下拉列表中选择某种形状对应的选项，此时可执行以下任意一种操作完成形状的插入。

- 单击鼠标：单击鼠标将插入默认尺寸的形状。
- 拖曳鼠标：在文档编辑区中拖曳鼠标，至适当大小时释放鼠标，即可插入任意大小的形状。

2. 调整形状

选择插入的形状，可按调整图片的方法对其大小、位置、角度进行调整。除此之外，还可根据需要更改形状或编辑形状顶点。

- 更改形状：选择形状后，在【绘图工具 格式】/【插入形状】组中单击 编辑形状▼ 按钮，在打开的下拉列表中选择"更改形状"选项，在打开的列表框中选择所需形状对应的选项即可，如图4-72所示。

图4-72 更改形状的过程

- 编辑形状顶点：选择形状后，在【绘图工具 格式】/【插入形状】组中单击 编辑形状▼ 按钮，在打开的下拉列表中选择"编辑顶点"选项，此时形状边框上将显示多个黑色顶点，选择某个顶点后，拖曳顶点本身可调整顶点位置；拖曳顶点两侧的白色控制点可调整顶点所连接线段的形状，如图4-73所示，按"Esc"键可退出编辑。

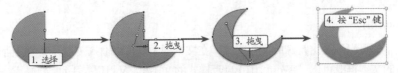

图4-73 编辑顶点的过程

3. 美化形状

选择形状后，在【绘图工具 格式】/【形状样式】组中可进行各种美化操作，如图4-74所示，其中部分参数的作用分别如下。

图4-74 美化形状的各种参数

- "样式"下拉列表框：在该下拉列表框中可快速为形状应用Word 2010预设的样式效果。
- 形状填充▼ 按钮：单击该按钮后，可在打开的下拉列表中设置形状的填充颜色，有渐变填充、纹理填充、图片填充等多种效果可供选择。
- 形状轮廓▼ 按钮：单击该按钮后，可在打开的下拉列表中设置形状边框的颜色、粗细和边框样式。
- 形状效果▼ 按钮：单击该按钮后，可在打开的下拉列表中设置形状的各种效果，如阴影效果、发光效果等。

4. 为形状添加文本

除线条和公式类型的形状外，其他形状中都可添加文本。选择形状直接输入，可在形状中直接输入文字；也可在形状上单击鼠标右键，在快捷菜单中选择"添加文字"命令，此时形状中将出现文本插入点，输入需要的内容即可。

5. 形状的其他常见操作

- 直接单击鼠标左键一次只能选择一个形状对象，配合"Shift"键单击鼠标左键，可以选择多个对象。

- 将选中的多个对象进行组合后，可以将这些对象作为整体进行处理，也可以随时取消组合。

- 每个形状单独占一层，最后绘制的形状在最上层，可以利用"上移一层""下移一层"按钮调整对象层次。

- 利用"对齐"按钮可以快速调整形状的位置，也可以直接拖曳。

4.5.3　SmartArt 图形

SmartArt 图形是一种具有一定关系的形状，它具有布局合理、主题统一、结构层次分明等优点，可以有效提高文档专业性和编辑效率的实用工具。形状的各种操作对它同样适用，它作为特殊对象，还具有一些自身特有的操作，下面讲解在 Word 中使用 SmartArt 的方法。

1. 插入 SmartArt 图形

在 Word 2010 文档中可轻松利用向导对话框插入所需的 SmartArt 图形。

【例 4-11】在 Word 2010 中添加"递增箭头流程"SmartArt 图形。

STEP 1 新建文档，在【插入】/【插图】组中单击"SmartArt"按钮，此时将打开"选择 SmartArt 图形"对话框，在左侧的列表框中选择"流程"选项，在右侧的列表框中选择"递增箭头流程"选项，单击 确定 按钮，如图 4-75 所示。

扫一扫

插入 SmartArt 图形

STEP 2 此时即可在当前文本插入点的位置插入选择的 SmartArt 图形，如图 4-76 所示。

图 4-75　选择 SmartArt 图形　　　　图 4-76　插入的 SmartArt 图形

2. 输入 SmartArt 内容

插入的 SmartArt 对象在默认情况下，只有大体的框架，要真正体现关系还需要输入文本内容。选择 SmartArt 图形，在【SmartArt 工具 设计】/【创建图形】组中单击 文本窗格 按钮，在打开的文本窗格中进行输入，如图 4-77 所示。文本窗格输入的各项信息与形状有对应关系，可在此窗格进行文本与形状的增减及层次应用。

还可利用【创建图形】组的相关命令进行 SmartArt 图形中单个形状的增加和删除。在 SmartArt 图形中输入文本以及增加和删除单个形状的操作方法如下。

图 4-77　在文本窗格中输入文本

- 输入文本：单击形状对应的文本位置，定位文本插入点后即可输入内容。

- 增加同级形状：在当前文本插入点位置按"Enter"键可增加同级形状并输入文本。

- 增加下级形状：在当前文本插入点位置按"Tab"键可将当前形状更改为下级形状，并输入文本。

- 增加上级形状：在当前文本插入点位置按"Shift+Tab"组合键可将当前形状更改为上级形状，并输入文本。
- 删除形状：利用"Delete"键或"BackSpace"键可删除当前文本插入点所在项目中的文本，同时删除对应的形状。

提示

对于用【创建图形】组的相关命令进行添加的新形状而言，需要在其上单击鼠标右键，在弹出的快捷菜单中选择"编辑文字"命令后，才能定位文本插入点。

3. 调整 SmartArt 图形结构

SmartArt 图形具有特定的层级结构，这些结构将对应的形状有机地组合在一起，能够准确且清晰地表达内容。为了满足实际需求，用户还可对 SmartArt 图形的结构进行调整。

【例 4-12】 调整添加的"组织结构图" SmartArt 图形。

扫一扫

调整 SmartArt 图形
结构

STEP **1** 插入 SmartArt 图形后，单击 SmartArt 图形外框左侧的 按钮，打开"在此处键入文字"窗格，在项目符号后输入文本，将文本插入点定位到第 4 行项目符号中，然后在【SmartArt 工具 设计】/【创建图形】组中单击"降级"按钮 → 降级 。

STEP **2** 在降级后的项目符号后输入"贸易部"文本，然后按"Enter"键添加子项目，并输入对应的文本，添加两个子项目后按"Delete"键删除多余的文本项目。

STEP **3** 将文本插入点定位到"总经理"文本后，在【SmartArt 工具 设计】/【创建图形】组中单击 品 布局 · 按钮，在打开的列表中选择"标准"选项，如图 4-78 所示。

STEP **4** 将文本插入点定位到"贸易部"文本后，按"Enter"键添加子项目，并对子项目降级，在其中输入"大宗原料处"文本，继续按"Enter"键添加子项目，并输入对应的文本。

STEP **5** 使用相同的方法在"战略发展部"和"综合管理部"文本后添加子项目，并将文本插入点定位到"贸易部"文本后，在【SmartArt 工具】/【创建图形】组中单击 品 布局 · 按钮，在打开的下拉列表中选择"两者"选项。

STEP **6** 按住【Shift】键的同时分别单击各子项目，同时选择多个子项目。在【SmartArt 工具 格式】/【大小】组的"宽度"数值框中输入"2.5 厘米"，按"Enter"键，如图 4-79 所示。

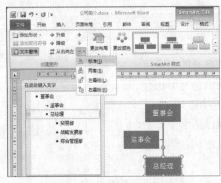

图 4-78 更改组织结构图布局

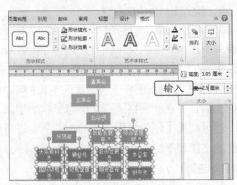

图 4-79 调整分支项目框大小

STEP **7** 将鼠标指针移至 SmartArt 图形的右下角，当鼠标指针变成 形状时，按住鼠标左键向左上角拖曳到合适的位置后释放鼠标左键，缩小 SmartArt 图形。

4．美化 SmartArt 图形

SmartArt 图形相对于普通的图片、形状而言要复杂一些，因此美化的操作也更多，下面重点介绍常见的美化 SmartArt 图形的方法。

（1）美化 SmartArt 图形布局

美化 SmartArt 图形布局包括设置悬挂方式和更改 SmartArt 图形类型两种操作。选择 SmartArt 图形，在【SmartArt 工具 设计】/【布局】组的"类型"下拉列表框中即可选择所需的其他 SmartArt 图形类型，如图 4-80 所示。若在其中选择"其他布局"选项，则可在打开的对话框中选择更多的 SmartArt 图形类型。

（2）美化 SmartArt 图形样式

SmartArt 图形样式主要包括主题颜色和主题形状样式两种。美化 SmartArt 图形样式的方法：选择 SmartArt 图形，在 SmartArt 工具 设计】/【SmartArt 样式】组中进行设置即可，如图 4-81 所示，其中部分参数的作用分别如下。

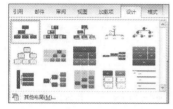

图 4-80　选择其他 SmartArt 图形类型　　　　图 4-81　设置 SmartArt 图形样式的相关参数

* "更改颜色"按钮：单击该按钮后，可在打开的下拉列表中选择 Word 2010 预设的某种主题颜色以应用到 SmartArt 图形中。
* "样式"下拉列表框：在该下拉列表框中可选择 Word 2010 预设的某种主题形状样式以应用到 SmartArt 图形中，包括建议的匹配样式和三维样式等可供选择。

（3）美化单个形状

SmartArt 图形中的单个形状相当于前面讲解的形状对象，因此其美化方法也与形状的美化方法相同。选择某个形状后，在【SmartArt 工具 格式】/【形状】组和【SmartArt 工具 格式】/【形状样式】组中即可进行设置，如图 4-82 所示。

图 4-82　设置 SmartArt 图形中单个形状的相关参数

4.5.4　图片和剪贴画操作

在 Word 2010 中插入图片和剪贴画，可以达到图文并茂的效果。

1．插入图片和剪贴画

在 Word 2010 中插入图片和剪贴画的方法分别如下。

* 插入图片：将文本插入点定位到需插入图片的位置，在【插入】/【插图】组中单击"图片"按钮，打开"插入图片"对话框，在其中选择需插入的图片后，单击 插入(S) 按钮即可，如图 4-83 所示。
* 插入剪贴画：将文本插入点定位到需插入剪贴画的位置，在【插入】/【插图】组中单击

"剪贴画"按钮，打开"剪贴画"任务窗格。在"结果类型"下拉列表框中单击选中剪贴画类型前的复选框，在"搜索文字"文本框中输入描述剪贴画的关键字和词组，单击 搜索 按钮，稍后所有符合条件的剪贴画都将显示在下方的列表框中，单击所需的剪贴画即可将其插入文档中，如图 4-84 所示。

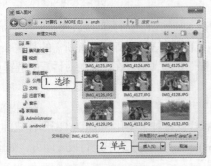

图 4-83　插入图片

图 4-84　插入剪贴画

提示

剪贴画是 Office 办公软件提供的具有图片性质的对象，包括插图、照片、视频、音频等类型。

2. 调整图片大小、位置和角度

将图片插入文档中后，单击选择图片，利用图片上出现的各种控制点便可实现对图片的基本调整。

- 调整大小：将鼠标指针移到图片边框上出现的 8 个控制点之一，当其变为双向箭头形状时，按住鼠标左键不放并拖曳鼠标即可调整图片大小，如图 4-85 所示。通过图片 4 个角上的控制点可等比例调整图片的高度和宽度，不会使图片变形；通过图片 4 条边中间的控制点可单独调整图片的高度或宽度，但图片会发生变形。

图 4-85　调整图片大小的过程

- 调整位置：选择图片后，将鼠标指针定位到图片上，按住鼠标左键不放并拖曳图片到文档中的其他位置，释放鼠标即可调整图片位置，如图 4-86 所示。

图 4-86　调整图片位置的过程

- 调整角度：调整角度即旋转图片，选择图片后将鼠标指针定位到图片上方出现的绿色控制点上，当鼠标指针变为形状时，按住鼠标左键不放并拖曳鼠标即可，如图 4-87 所示。

图 4-87　调整图片角度的过程

3. 裁剪与排列图片

将图片插入文档中后，可根据需要对图片进行裁剪和排列，使其能较好地配合文本所要表达的内容。

● 裁剪图片：选择图片，在【图片工具　格式】/【大小】组中单击"裁剪"按钮🔲，将鼠标指针定位到图片上出现的裁剪边框（黑色粗线）上，按住鼠标左键不放并拖曳鼠标，释放鼠标后按"Enter"键或单击文档其他位置即可完成裁剪，如图4-88所示。

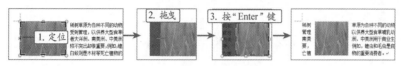

图4-88　裁剪图片的过程

● 排列图片：排列图片指设置图片周围文本的环绕方式。选择图片，在【图片工具　格式】/【排列】组中单击"自动换行"按钮🔲，在打开的下拉列表中选择所需环绕方式对应的选项即可，图4-89所示为应用"紧密型环绕"的效果。

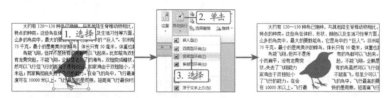

图4-89　为图片设置环绕方式

4. 美化图片和剪贴画

Word 2010提供了强大的美化图片和剪贴画的功能，选择图片和剪贴画后，在【图片工具 格式】/【调整】组和【图片工具 格式】/【图片样式】组中即可进行各种美化操作，如图4-90所示，其中部分参数的作用分别如下。

图4-90　美化图片和剪贴画的各种参数

● "删除背景"按钮🔲：单击该按钮后，将显示"消除背景"选项卡，会由Word自动识别背景区域（呈紫红色），用户可以进行识别区域的调整和背景区域的手动标识，确定后，可删除识别的背景区域。

● "更正"按钮🔲：单击该按钮后，可在打开的下拉列表中选择Word 2010预设的各种锐化和柔化以及亮度和对比度效果。

● "颜色"按钮🔲：单击该按钮后，可在打开的下拉列表中设置不同的饱和度和色调。

● "艺术效果"按钮🔲：单击该按钮后，可在打开的下拉列表中选择Word 2010预设的不同艺术效果。

● "压缩图片"按钮🔲：单击该按钮后，可删除图片裁剪外区域，调整图片分辨率，压缩图片大小。

● "更改图片"按钮🔲：单击该按钮后，会出现"插入图片"对话框，可选择新的图片替换当前选定的图片，之前对图片的部分设置仍会保留。

● "样式"下拉列表框：在该下拉列表框中可快速为图片应用某种已设置好的图片样式。

- "重设图片"按钮 ：可取消对图片的各种效果设置，恢复插入时的状态，它可单独取消对图片设置的各种效果，或同时取消大小及各种效果设置。

- 图片边框 下拉按钮：单击该按钮后，可在打开的下拉列表中设置图片边框的颜色、粗细、边框样式。

- 图片效果 下拉按钮：单击该按钮后，可在打开的下拉列表中设置图片的各种效果，如阴影效果、发光效果等。

4.5.5 艺术字操作

在文档中插入艺术字，可呈现不同的效果，达到增强文字观赏性的目的。

1. 插入艺术字

【例4-13】在"公司简介"文档中插入艺术字美化标题样式。

STEP 1 删除标题文本"公司简介"，在【插入】/【文本】组中单击 艺术字 按钮，在打开的下拉列表中选择图4-91所示的选项。

STEP 2 此时将在文本插入点处自动添加一个带有默认文本样式的艺术字文本框，在其中输入"公司简介"文本，选择艺术字文本框，当鼠标指针变为形状时，按住鼠标左键不放向左上方拖曳以改变艺术字的位置，如图4-92所示。

扫一扫
插入艺术字

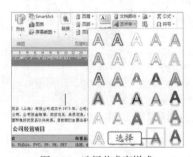

图4-91 选择艺术字样式

图4-92 移动艺术字

STEP 3 在【绘制工具 格式】/【形状样式】组中单击 形状效果 按钮，在打开的下拉列表中选择【绘制工具预设】/【预设4】选项，如图4-93所示。

STEP 4 在【绘制工具 格式】/【艺术字样式】组中单击 文本效果 按钮，在打开的下拉列表中选择【转换】/【停止】选项，如图4-94所示。返回文档查看设置后的效果，如图4-95所示。

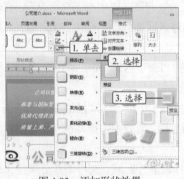

图4-93 添加形状效果

图4-94 更改艺术字效果

图4-95 查看艺术字效果

2. 编辑与美化艺术字

由于艺术字相当于预设了文本格式的文本框，因此其编辑与美化操作与文本框完全相同，这里重点介绍更改艺术字形状的方法，此方法对于文本框同样适用。更改艺术字形状的方法：选择艺术字，在【绘图工具 格式】/【艺术字样式】组中单击 文本效果 按钮，在打开的下拉列表中选择"转换"选项，再在打开的子列表中选择某种形状对应的选项即可，如图 4-96 所示。

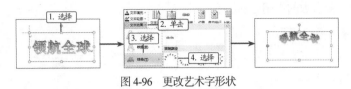

图 4-96　更改艺术字形状

4.6 Word 2010 的页面格式设置

文档页面格式设置通常是对整个文档进行设置，主要包括以下几个方面。

4.6.1 设置纸张大小、方向与页边距

默认的 Word 2010 文档页面大小为 A4 21 cm×29.7 cm，页面方向为纵向，页边距为普通，在【页面布局】/【页面设置】组中单击相应的按钮可进行修改，相关介绍如下。

- 单击"纸张大小"按钮旁的下拉按钮，在打开的下拉列表中选择一种页面选项，或选择"其他页面大小"选项，在打开的"页面设置"对话框中自定义纸张大小，输入文档宽度和高度的值。
- 单击"纸张方向"按钮旁的下拉按钮，在打开的下拉列表中进行选择，可将页面设置为"横向"或"纵向"。
- 单击"页边距"按钮下方的下拉按钮，在打开的下拉列表中选择一种页边距选项，或选择"自定义页边距"选项，在打开的"页面设置"对话框中可设置上、下、左、右页边距的值。

利用"页面设置"对话框的"文档网格"标签还可以为整个文档设置栏数，以及字符网格和行网格。

4.6.2 设置页眉、页脚和页码

我们常把正文区域之上的区域称为页眉，正文区域之下的区域称为页脚，页眉与页脚常用于补充说明公司标识、文档标题、文件名、作者姓名以及标识页码等。页眉或页脚的编辑与正文区域大体一样，不同的是，它们处于不同的编辑状态。在 Word 2010 的编辑环境中，二者之一会显示为非编状态，呈灰色，选项命令只针对当前编辑状态，而打印时会按照设置如实打印。二者的切换可以通过双击相应区域进行。

1. 创建页眉

页眉实际上可以位于文档中的任何区域，但根据人们浏览文档的习惯，页眉一般指文档中每个页面顶部区域内的对象。在 Word 2010 中创建页眉的方法：在【插入】/【页眉和页脚】组中单击"页眉"按钮，在打开的下拉列表中选择某种预设的页眉样式选项，然后在文档中按所选的页眉样式输入所需的内容即可，如图 4-97 所示。

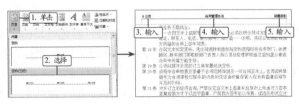

图 4-97　创建预设页眉的过程

2. 编辑页眉

若需要自行设置页眉的内容和格式，则可在【插入】/【页眉和页脚】组中单击"页眉"按钮

，在打开的下拉列表中选择"编辑页眉"选项或直接双击正文上方的页眉区，此时将进入页眉编辑状态，同时功能区将显示"页眉和页脚工具 设计"选项卡，可对页眉内容进行编辑，如图4-98所示，其中部分参数的作用分别如下。

图4-98　用于编辑页眉的各个参数

- "日期和时间"按钮![]：单击该按钮，可在打开的"日期和时间"对话框中设置需插入日期和时间的显示格式。
- "文档部件"按钮![]：单击该按钮，可在打开的下拉列表中选择需插入的与本文档相关的信息，如标题、单位、发布日期等。
- "图片"按钮![]：单击该按钮，可在打开的对话框中选择页眉中使用的图片。
- "首页不同"复选框：单击选中该复选框，可使文档第一页不显示页眉、页脚。
- "奇偶页不同"复选框：单击选中该复选框，可单独设置文档奇数页和偶数页的页眉、页脚。
- "关闭页眉和页脚"按钮![]：单击该按钮可退出页眉、页脚编辑状态，返回正文编辑状态。

3．创建与编辑页脚

页脚一般位于文档中每个页面的底部区域，可用于显示文档的附加信息，常见的是在页脚中显示页码。创建页脚的方法：在【插入】/【页眉和页脚】组中单击"页脚"按钮![]，在打开的下拉列表中选择某种预设的页脚样式选项，然后在文档中按所选的页脚样式输入所需的内容即可，操作与创建页眉相似。

> **提示**
>
> 默认情况下，文档中所有页面的页眉与页脚都是相同的，如果设置成"首页不同"，则首页可单独设置；如果设置成"奇偶不同"，则所有奇数页相同，所有偶数页相同；还可以通过"分节"命令设置不同的页眉、页脚信息。

4．插入页码

页码用于显示文档的页数，它可位于页眉或页脚区域。页码不能自己输入数字，需要利用命令添加，这样才会产生页码域，根据页面顺序自动更新页码编号。

【例4-14】在"员工手册"文档中插入"普通数字2"样式页码。

STEP ![1] 打开"员工手册"文档，在【插入】/【页眉和页脚】组中单击![页码]按钮，在打开的下拉列表中选择"设置页码格式"选项，打开"页码格式"对话框。

STEP ![2] 在"页码编号"栏中单击选中"起始页码"单选项，在"起始页码"数值框中输入数值"0"（或其他起始值），其他设置项保持默认，如图4-99所示，单击![确定]按钮。

扫一扫

插入页码

STEP ![3] 在页脚编辑区双击鼠标左键，进入页脚区，在【设计】/【选项】组中单击选中"首页不同"复选框，首页一般不计入页数中从而不显示页码。

STEP ![4] 在【设计】/【页眉和页脚】组中单击![页码]按钮，在打开的下拉列表中选择"普通数字2"选项，如图4-100所示。

图 4-99　设置起始页码

图 4-100　添加页码

4.6.3　设置页面水印、颜色与边框

为了使制作的文档美观，还可为文档设置页面水印、页面颜色和页面边框等。

1. 设置页面水印

制作办公文档时，为表明公司文档的所有权和出处，可为文档添加水印背景，如添加"机密"水印等。添加水印的方法：在【页面布局】/【页面背景】组中单击 水印 按钮，在打开的下拉列表中选择一种水印效果即可。也可以选择"自定义水印"，将打开"水印"对话框，可选择图片水印或定义文字水印。

2. 设置页面颜色

在【页面布局】/【页面背景】组中单击"页面颜色"按钮，在打开的下拉列表中选择一种页面颜色即可，如图 4-101 所示。页面背景可以是单纯的某种颜色，也可以是某种填充效果。页面背景仅在编辑环境可见，不能直接打印。

3. 设置页面边框

在【页面布局】/【页面背景】组中单击"页面边框"按钮，打开"边框和底纹"对话框，在"设置"栏中选择边框的类型，在"样式"列表框中选择边框的样式，在"颜色"下拉列表框中选择边框的颜色，如图 4-102 所示。页面的边框还可以设置为图案方式的艺术型边框。

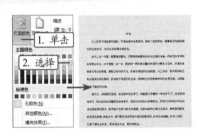

图 4-101　设置页面颜色

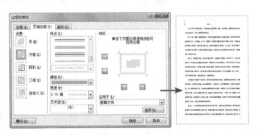

图 4-102　设置页面边框

4.6.4　设置分栏与分页

在 Word 2010 中，可将文档设置为多栏预览，还能通过分隔符手动进行页面分页。

1. 设置分栏

在【页面布局】/【页面设置】组中单击"分栏"按钮，在打开的下拉列表中选择分栏的数目，或在打开的下拉列表中选择"更多分栏"选项，打开"分栏"对话框，在"预设"栏中可选择预设的栏数，或在"栏数"数值框中输入设置的栏数，在"宽度和间距"栏中可设置栏之间的宽度与间距。

2. 设置分页

利用分隔符，可在文档需要的位置实现分页，分隔符有分页符和分节符两类。

【例 4-15】在文档中通过分节符为文档分页。

STEP　将文本插入点定位到文本"提纲"之前，在【页面布局】/【页

扫一扫

设置分页

面设置】组中单击"分隔符"按钮，在打开的下拉列表的"分页符"栏中选择"分页符"选项。

STEP 2 在文本插入点所在位置插入分页符，此时，"序言"的内容将从下一页开始，如图 4-103 所示。

STEP 3 "摘要"之后的内容需要采用不同的页面格式，将文本插入点定位到文本"摘要"之前，在【页面布局】/【页面设置】组中单击"分隔符"按钮，在打开的下拉列表的"分节符"栏中选择"下一页"选项。

STEP 4 此时，在"提纲"的结尾部分插入分节符，"摘要"的内容将从下一页开始，如图 4-104 所示。

图 4-103　插入分页符后的效果

图 4-104　插入分节符后的效果

4.6.5　打印预览与打印

打印文档之前，应对文档内容进行预览，通过预览效果来对文档中不妥的地方进行调整，直到预览效果符合需要后，再按需要设置打印份数、打印范围等参数，并最终执行打印操作。

1. 打印预览

打印预览指在计算机中预先查看打印的效果。通过打印预览可以避免打印出不符合需求的文档，避免浪费纸张情况的发生。预览文档的方法：选择【文件】/【打印】命令，在右侧的界面中即可显示文档的打印效果，如图 4-105所示。利用界面底部的参数可辅助预览文档内容，各参数的作用分别如下。

图 4-105　文档的预览效果

- "页数"栏：在其中的文本框中直接输入需预览内容所在的页数，按"Enter"键或单击其他空白区域即可跳转至该页面。也可通过单击该栏两侧的"上一页"按钮 和"下一页"按钮 逐页预览文档内容。

- "显示比例"栏：单击该栏左侧的"显示比例"按钮 100%，可在打开的对话框中快速设置需要显示的预览比例；拖曳该栏中的滑块可直观调整预览比例；单击该栏右侧的"缩放到页面"按钮 ，可快速将预览比例调整为显示整页文档的比例。

> **提示**
>
> 预览过程中若发现文档内容有问题，可单击其他功能选项卡对有问题的地方进行调整；若发现文档的页面参数有问题，则可直接在预览界面中单击左侧的"页面设置"超链接，在打开的"页面设置"对话框中对页面参数进行修改。

2. 打印文档

预览无误后，便可进行打印设置并打印文档。

【例 4-16】打印制作好的文档。

STEP 1 将打印机按照说明书正确连接到计算机上，并安装打印机附赠的驱动程序，使计算机能识别打印机，然后将打印纸按正确指示放入打印机送纸口。

扫一扫

打印文档

STEP **2** 打开需打印的文档，选择【文件】/【打印】命令，在右侧的"份数"数值框中设置打印份数，在"打印机"下拉列表框中选择连接的打印机。

STEP **3** 在"设置"栏的下拉列表框中设置文档的对应范围，在"页数"文本框中可手动输入打印的页数，","表示分隔，"-"表示连续，如"1-5"表示打印第1页至第5页的内容；"1,3,4-7"表示打印第1页、第3页、第4页、第5页、第6页、第7页的内容。

STEP **4** 在"打印面数"下拉列表框中可设置单面打印或双面打印，若设置为双面打印，则需在听到打印机提示音时，手动更换页面。

STEP **5** 在"调整"下拉列表框中设置打印顺序，其中，"1,2,3 1,2,3 1,2,3"表示按文档顺序打印，"1,1,1 2,2,2 3,3,3"表示按页面顺序打印。

STEP **6** 完成设置后，单击"打印"按钮🖶即可打印文档，如图4-106所示。

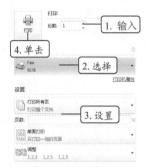

图4-106 文档的打印设置参数

4.7 Word 2010 的邮件合并功能

"邮件合并"这个概念最早是在批量处理邮件文档时提出的，现今其适用范围非常广泛。利用邮件合并功能可以批量制作各种信函、信封、通知、标签等，可大大提高工作效率。

4.7.1 适用范围

邮件合并功能的应用通常都具备两个规律：一是需要制作的文档数量较大；二是文档的内容分为固定不变的内容和变化的内容，如信封上的寄信人地址和邮政编码、信函中的内容等都是固定不变的，而收信人的信息（地址、邮编、姓名等）就属于变化内容，又如，制作的请柬内容不变，而受邀的客户是变化的，如图4-107所示。

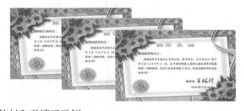

图4-107 邮件合并——信封和邀请函示例

4.7.2 基本的合并过程

邮件合并的基本过程包括3个步骤，一是准备主文档与数据源文档；二是关联文件与添加数据；三是生成合并文档。

【例4-17】制作请柬。

STEP **1** 准备两个文档：主文档和数据源文档。打开并完成主文档的内容及格式编排。主文档，如图4-108所示，是邮件合并内容固定不变的部分，它是一个普通的Word文档，可进行各种内容和格式编排；数据源文档，如图4-109所示，是变化的数据引用的数据记录表，它通常保存在一个表格文件中，可以是Word表格、Excel表格、Access数据库文件等。注意，数据记录表的第一行为标题行（或称为字段或域，与邮件合并可插入的合并域对应），其他的表格行用于记录具体的数据信息。

编号	姓名	性别	公司	地址	邮政编码
BY001	王凤	男	新天地电脑公司	河北省石家庄市新华区32号	450035
BY002	赵虎	男	北京大众房产公司	北京市丰台区155号	100069
BY003	孙庆	男	北京银城电子科技	北京市海淀区18号	100080
BY004	李青	女	红海电脑公司	河南省开封市龙亭区112号	475000
BY005	邓建威	男	电子工业出版社	北京市太平路23号	100036
BY006	郭小春	男	中国青年出版社	北京市东城区东四十条94号	100007
BY007	陈岩捷	女	天津广播电视大学	天津市南开区迎水道1号	300191
BY008	胡光荣	男	正同信息技术发展	北京市海淀区二里庄	100083
BY009	李达志	男	清华大学出版社	北京市海淀区知春路西格玛	100080

图 4-108　主文档　　　　　　　　　　　　　　图 4-109　数据源文档

STEP 2 在【邮件】/【开始邮件合并】组中单击"选择收件人"按钮，选择下拉列表中的"使用现有列表…"命令，将打开"选取数据源"对话框，选择事先准备好的数据源文件，如图 4-110 所示，确定后即可让主文档与数据源文件关联。注意，此时仅完成文件关联，数据源文件中的数据并未添加到主文档中。如果文件关联出错，可重新进行关联。

STEP 3 选择主文档中"尊敬的…"文字之后的"姓名"，单击【编写和插入域】组的"插入合并域"三角形下拉按钮，在下拉列表中选择需要添加的数据的标题（或域名）——姓名，Word 2010 将以域方式引用数据源中的数据。

STEP 4 将鼠标指针定位到"姓名"之后，选择"称谓"二字（数据源文件中无直接的称谓信息，仅有相关的性别信息），单击【编写和插入域】组的"规则"按钮，在下拉列表中选择规则"如果…那么…否则（I）…"，在打开的对话框中进行设置，如图 4-111 所示。应用相关规则，可对引用的数据做简单处理。注意，应用规则后的数据格式将重置为默认格式，可使用格式刷复制格式。

STEP 5 在主文档中添加数据后，可利用【预览结果】组的"预览结果"按钮查看具体引用的数据，如图 4-112 所示；在预览结果方式下，还可利用 ⏮ ◀ 1 ▶ ⏭ 按钮进行数据记录的定位查看，此时，在主文档中一次只能看到一条记录的信息。

图 4-110　"选取数据源"对话框

图 4-111　设置域规则

图 4-112　预览第一条记录效果

STEP 6 单击【完成】组的"完成并合并"按钮，选择下拉列表中的"编辑单个文档"选项，将出现"合并到新文档"对话框，如图 4-113 所示。这里合并记录选择默认的全部，单击 确定 按钮即可生成完整的具有所有数据的目标文件，如图 4-114 所示。生成的合并文档将根据对数据源筛选的记录数复制主文档内容，并在每部分内容的插入数据域位置引用具体的数据信息。

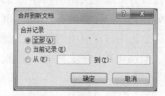

图 4-113　"合并到新文档"对话框

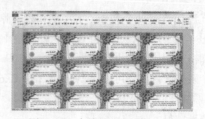

图 4-114　合并后生成的信函文档

另外，合并生成命令可反复执行，每次新生成的文件都按照当前主文档的内容重新生成，生成的文件是独立的，可单独保存或进行打印。因此，如需要修改，通常是直接修改主文档，再重新生成新的合并文件，这样效率会更高。

4.7.3 其他注意事项

关于邮件合并还有以下几点需要注意。

• 主文档关联数据源文件后，数据源文件同时处于打开状态，不能直接修改数据源内容。如果需要修改数据源内容，则需关闭主文档。

• 保存主文档时，会同时保存它与所选数据源的连接。下次打开主文档时，将询问用户是否保留与数据源的连接。如果选择"是"，则将关联数据源文件后，再打开主文档并显示第一条记录合并的信息。如果选择"否"，则将断开主文档与数据源之间的连接，主文档将变为普通的 Word 文档。

• 还可以利用【创建】组中的命令启用相关向导完成信封、标签等的制作。

4.8 Word 2010 应用综合案例

本案例将制作"公司考勤管理制度"文档，包括新建文档、输入文本、查找文本、美化文本等操作，具体操作如下。

扫一扫

Word 2010 应用
综合案例

STEP 1 启动 Word 2010，选择【文件】/【新建】命令，新建文档，选择【文件】/【保存】命令，保存为"公司考勤管理制度"文档，将鼠标指针移至文档上方的中间位置，输入文本，如图 4-115 所示。

STEP 2 在【开始】/【编辑】组中单击 替换 按钮，打开"查找和替换"对话框的"替换"选项卡，单击 更多(M) >> 按钮，将打开"查找和替换"高级对话框。

STEP 3 将鼠标指针定位到"查找内容"列表框，单击 特殊格式(E)▼ 按钮，在列表中选择"段落标记"选项"^p" 2 次。

STEP 4 继续在"替换为"列表框中插入段落标记"^p"，单击 全部替换(A) 按钮，在打开的对话框中单击 确定 按钮完成替换，如图 4-116 所示，关闭对话框即可。

图 4-115 输入文本

图 4-116 替换段落标记

STEP 5 选择第一段文本，在【开始】/【样式】组的"样式"下拉列表框中选择"标题 1"选项，并在"段落"组中单击"居中"按钮 ，为第二段文本应用"标题"样式。保持该段落的选择状态，在"剪贴板"组中单击 格式刷 按钮，如图 4-117 所示。

STEP 6 当鼠标指针变为 形状时拖曳鼠标选择"第二部分"所在的段落，为其应用相同的格式，如图 4-118 所示。

图 4-117　应用样式

图 4-118　应用格式

STEP 7 选择"第一部分"中的所有段落，单击"段落"组的"编号"按钮 右侧的下拉按钮 ，在打开的下拉列表中选择"定义新编号格式"选项。

STEP 8 打开"定义新编号格式"对话框，设置参数，单击 确定 按钮，如图 4-119 所示。保持所选段落的选择状态，拖曳标尺上的"悬挂缩进"滑块 至尺度"4"的位置。

STEP 9 选择编号为"1、""2、""3、"的段落，调整"首行缩进"滑块 和"左缩进"滑块 ，将段落缩进设置为图 4-120 所示的效果，然后按"Ctrl+Shift+C"组合键复制格式。

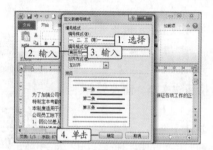

图 4-119　设置编号格式

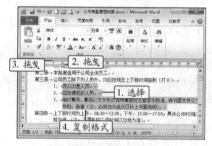

图 4-120　调整段落缩进

STEP 10 选择"第八条"上方的两段文本，按"Ctrl+Shift+V"组合键应用复制的格式。

STEP 11 选择"第二部分"段落下方的第一段文本，通过调整"首行缩进"滑块 将该段落的缩进效果设置为图 4-121 所示的效果。

STEP 12 利用"Ctrl"键同时选择"第二部分"下方的"请假程序:""批假权限""第三条　请假要求与相应的规定""病假""事假"段落，单击"段落"组中的"编号"按钮 ，为这些段落应用编号样式。

STEP 13 选择"第二部分"下方的所有编号为"1、""2、""3、"……的段落，单击"段落"组中的"编号"按钮 ，自动调整该段落的格式，如图 4-122 所示。

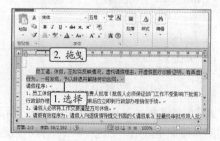

图 4-121　调整首行缩进

图 4-122　应用编号格式

STEP **14** 将"普通员工"段落下的连续 12 个段落合并为一个段落。在【插入】/【表格】组中单击"表格"按钮，在打开的下拉列表中选择"插入表格"选项。

STEP **15** 在创建的表格上单击鼠标右键，在弹出的快捷菜单中选择【自动调整】/【根据内容调整表格】命令，如图 4-123 所示。

STEP **16** 在【表格工具 设计】/【表格样式】组的"样式"下拉列表框中选择"浅色列表-强调文字颜色 3"选项。在【开始】/【段落】组中单击"文本右对齐"按钮。

STEP **17** 按相同方法将"部门主管请假……"段落下的连续 6 段文本创建为表格，并设置为相同的样式和对齐方式，然后适当调整表格列宽，使其与上一个表格的宽度相同，如图 4-124 所示。

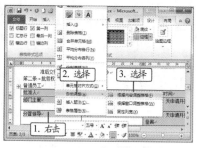

图 4-123　调整表格行列

图 4-124　创建表格

STEP **18** 在文档结尾处输入"请假单格式"文本，按"Enter"键换行，然后单击【插入】/【插图】组中的"图片"按钮，插入提供的图片素材"qjd.jpg"。

STEP **19** 保持图片的选择状态，在【图片工具 格式】/【图片样式】组的"样式"下拉列表框中选择"居中矩形阴影"选项，然后适当缩小图片尺寸，如图 4-125 所示。

STEP **20** 单击"页眉"按钮，在打开的下拉列表中选择"空白（三栏）"选项。

STEP **21** 依次在插入的页眉中输入"A 商贸有限公司""考勤管理制度""人事部监制"文本，然后单击【页眉和页脚工具 设计】/【导航】组中的"转至页脚"按钮，如图 4-126 所示。

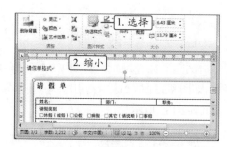

图 4-125　应用样式并缩小图片

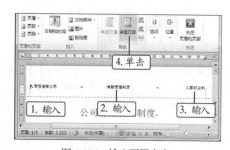

图 4-126　输入页眉内容

STEP **22** 在【页眉和页脚工具】/【页眉和页脚】组中单击"页码"按钮，在打开的下拉列表中选择"页面底端"选项，并在打开的下拉列表中选择"普通数字 2"选项，单击"关闭"组中的"关闭页眉和页脚"按钮，退出页眉、页脚编辑状态，如图 4-127 所示。

STEP **23** 选择"附:《请假单》"文本，在【开始】/【字体】组中单击"加粗"按钮。

STEP **24** 利用"Ctrl"键同时选择两个表格上方的段落，通过调整"首行缩进"滑块将所选段落的缩进效果设置为图 4-128 所示的效果。

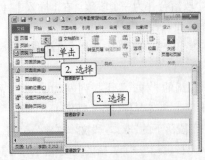
图 4-127　为页脚添加页码

图 4-128　调整表格的缩进

STEP 25　选择"病事假扣罚标准如下："文本下方的 3 个连续段落，通过调整"首行缩进"滑块▽对所选段落进行缩进，如图 4-129 所示。然后在【开始】/【字体】组中单击"倾斜"按钮 I 。

STEP 26　在【页面布局】/【页面设置】组中单击"页边距"按钮，在打开的下拉列表中选择"自定义边距"选项，打开"页面设置"对话框，在"下"数值框中输入"3 厘米"，单击 确定 按钮，如图 4-130 所示。

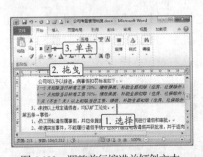
图 4-129　调整首行缩进并倾斜文本

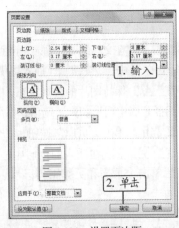
图 4-130　设置页边距

STEP 27　将文本插入点定位到"第二部分"文本左侧，在"页面设置"组中单击 分隔符 ▼ 下拉按钮，在打开的下拉列表中选择"分页符"选项，如图 4-131 所示。

STEP 28　完成文档的设置，保存文档即可，如图 4-132 所示。

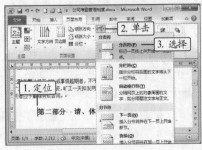
图 4-131　插入分页符

图 4-132　保存文档

4.9 习题

1. 启动 Word 2010，按照下列要求对文档进行操作。

（1）新建空白文档，将其以"产品宣传单"为名进行保存，然后插入"背景图片.jpg"图片。

扫一扫

查看具体操作

（2）插入"填充-红色，强调文字颜色 2，粗糙棱台"效果的艺术字，然后转换艺术字的文字效果为"朝鲜鼓"，并调整艺术字的位置与大小。

（3）插入文本框并输入文本，在其中设置文本的项目符号，然后设置形状填充为"无填充颜色"，形状轮廓为"无轮廓"，设置文本的艺术字样式并调整文本框位置。

（4）插入"随机至结果流程"效果的 SmartArt 图形，设置图形的排列位置为"浮于文字上方"，在 SmartArt 图形中输入相应的文本，更改 SmartArt 图形的颜色和样式，并调整图形的位置与大小。

2. 打开"产品说明书"文档，按照下列要求对文档进行操作。

（1）在标题行下插入文本，然后将文档中相应位置的"饮水机"文本替换为"防爆饮水机"，再修改正文内容中的公司名称和电话号码。

（2）设置标题文本的字体格式为"黑体，二号"，段落对齐方式为"居中"，正文内容的字号为"四号"，段落缩进方式为"首行缩进"，再设置最后 3 行的段落对齐方式为"右对齐"。

（3）为相应的文本内容设置编号"1.、2.、3.……"和"1）、2）、3）……"，在"安装说明"文本后设置编号时，可先设置编号"1.、2."，然后用格式刷复制编号"3.、4."。

（4）选择"公司详细的地址和电话"文本，在"字体"组中单击"以不同颜色突出显示文本"按钮 右侧的下拉按钮，在打开的下拉列表中选择"黑色"选项为字符设置底纹。

3. 新建一个空白文档，并将其以"个人简历"为名进行保存，按照下列要求对文档进行操作。

（1）输入标题文本，并设置格式为"汉仪中宋简、三号、居中"，缩进为"段前 0.5 行、段后 1 行"。

（2）插入一个 7 列 14 行的表格。

（3）合并第 1 行的第 6~7 列单元格、第 2~5 行的第 7 列单元格。

（4）擦除第 8 行的第 2 列与第 3 列单元格之间的框线。

（5）将第 9 行和第 10 行单元格分别拆分为 2 列 1 行。

（6）在表格中输入相关的文字，调整表格大小，使表格美观。

4. 打开"员工手册"文档，按照下列要求对文档进行以下操作。

（1）为文档插入"运动型"封面，在"键入文档标题""公司名称""选取日期"模块中输入相应的文本。

（2）为整个文档应用"新闻纸"主题。

（3）在文档中为每一章的章标题、"声明"文本、"附件:"文本应用"标题 1"样式。

（4）使用大纲视图显示两级大纲内容，然后退出大纲视图。

（5）为文档中的图片插入题注，在文档中的《招聘员工申请表》和《职位说明书》文本后面输入"请参阅"，然后创建一个交叉引用。

（6）在第 3 章的电子邮箱后面插入脚注，并在文档中插入尾注，用于输入公司地址和电话。

5. 打开"年终产品宣传单"文档，按照下列要求对文档进行以下操作。

（1）打开"年终产品宣传单"文档，插入"cp1.jpg"图片，缩小图片的高度和宽度，应用"金属椭圆"样式，环绕方式设置为"紧密型"，将图片放到促销信息文本上。

（2）插入"cp2.jpg"图片，缩小为与前一幅图片相同大小，应用相同样式，环绕方式设置为"浮于文字上方"，放到"cp1.jpg"图片右下方，适当重叠。

（3）插入"cp3.jpg"图片，按处理"cp2.jpg"图片的方法进行设置，放到"cp1.jpg"图片左下方，边缘适当重叠。

（4）创建预设样式为第1列第4行的艺术字，文本为"产品特点"，设置字体格式为"华文新魏、小初、加粗"，文本转换效果为"下弯弧"，放在"cp3.jpg"图片下方。

（5）创建3行2列的表格，输入表格内容。将文本格式设置为"华文楷体、小四、加粗、白色"。

（6）选择整个表格，移至艺术字下方，然后单击【表格工具　设计】/【表格样式】组中"边框"按钮 右侧的下拉按钮 ，在打开的下拉列表中选择"边框和底纹"选项，在打开的对话框中将边框颜色设置为"白色"，最后保存文档。

6. 打开"员工手册封面"文档，按照下列要求对文档进行以下操作。

（1）打开"员工手册封面"文档，插入"奥斯汀提要栏"样式的文本框，在蓝色文本区域输入"员工手册"，按"Enter"键换行输入两段该文本的英文单词。在灰色文本区域输入"公司机密·请妥善保管"文本。

（2）将"员工手册"文本格式设置为"方正小标宋简体、小初、加粗"；将英文单词所在的两段文本格式设置为"方正小标宋简体、20"，行距设置为"固定值-18磅"（1磅≈0.353mm）。

（3）打开"剪贴画"窗格，选中所有类型对应的复选框，撤销选中"包括Office.com内容"复选框，在无关键字的情况下搜索剪贴画，然后将"businessman"剪贴画插入文档。

（4）将剪贴画设置为"浮于文字上方"，适当缩小尺寸，将颜色设置为"蓝色 强调文字颜色、1浅色"样式，放于文本框中下方的空白区域。

（5）插入"关系-循环关系"样式的SmartArt图形，利用文本窗格输入文本，可利用"Enter"键创建两个同级形状。

（6）将SmartArt图形设置为"浮于文字上方"，适当缩小尺寸，放于文本框右侧。

（7）将文本格式设置为"华文中宋、11"，将颜色设置为"强调文字颜色1"栏下的第4种样式，将SmartArt图形样式设置为"三维"栏下的第1种样式。

（8）通过"Shift"键绘制椭圆，先绘制正圆形状，适当缩小尺寸，应用"彩色填充-黑色，深色1"样式。

（9）创建空心弧形状，应用与正圆相同的样式，旋转空心弧，并增加其宽度，然后与正圆放在一起，并置于文档左边界。

（10）选择两个形状，并按"Ctrl+Shift"组合键向下垂直复制多个对象，最后保存文档。

第5章

电子表格软件 Excel 2010

Excel 2010 是微软公司推出的 Office 2010 办公软件的组件之一，是一款功能十分强大的数据编辑与处理软件，可以将庞大复杂的数据转换为比较直观的表格或图表。本章将主要介绍 Excel 2010 的相关知识，包括 Excel 2010 入门知识、Excel 2010 的数据与编辑、单元格格式设置、公式与函数、数据管理、图表、打印等，最后还简要介绍了 Excel 2010 应用综合案例。

课堂学习目标

- 了解 Excel 2010 入门知识
- 掌握 Excel 2010 的数据与编辑
- 掌握 Excel 2010 的单元格格式设置
- 掌握 Excel 2010 的公式与函数
- 掌握 Excel 2010 的数据管理
- 熟悉 Excel 2010 的图表
- 掌握打印电子表格操作

5.1 Excel 2010 入门

Excel 2010 是当前主流的数据管理与处理软件，被应用于人们生活和工作的多个方面。作为 Office 2010 的主要组件之一，Excel 2010 的基本操作方法与其他组件基本类似，但还有很多地方独具特色。

5.1.1 Excel 2010 简介

Excel 2010 是一款主要用于制作电子表格、完成数据运算、进行数据统计和分析的软件，它具有强大的数据处理和图表制作功能，被广泛应用于管理、统计、金融等众多领域。利用 Excel 2010，用户可以轻松、快速地制作各种统计报表、工资表、考勤表、会计报表等，可以灵活地对各种数据进行整理、计算、汇总、查询和分析，即使面对的是大数据量工作，用户也能通过 Excel 2010 提供的各种功能来快速提高办公效率。图 5-1 所示为使用 Excel 2010 制作的商品档案表，图 5-2 所示为使用 Excel 2010 制作的工资汇总表。

5.1.2 Excel 2010 的启动

启动 Excel 2010 的方法与启动 Word 2010 类似，用户可以根据需要选择最适合、最快捷的启动方法。下面介绍启动 Excel 2010 的常用方法。

- 选择【开始】/【所有程序】/【Microsoft Office】/【Microsoft Excel 2010】命令。
- 双击桌面上的快捷方式图标■即可启动 Excel 2010。
- 在任务栏中的"快速启动区"单击 Excel 2010 图标■。

图 5-1　商品档案表

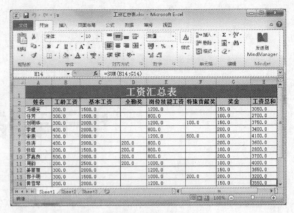

图 5-2　工资汇总表

- 双击使用 Excel 2010 创建的工作簿，也可启动 Excel 2010 并打开该工作簿。

- 当用户经常使用 Excel 2010 软件时，在"开始"菜单中将直接显示 Excel 2010 选项，单击该选项可启动 Excel 2010。

5.1.3　Excel 2010 的窗口组成

Excel 2010 的工作窗口与 Office 2010 其他组件的工作窗口大致相同，由快速访问工具栏、标题栏、文件选项卡、功能选项卡、功能区、编辑栏和工作表编辑区等部分组成，如图 5-3 所示。下面主要介绍编辑栏和工作表编辑区的作用。

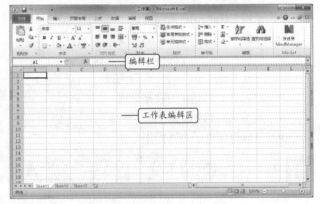

图 5-3　Excel 2010 的工作窗口

1．编辑栏

编辑栏主要用于显示和编辑当前活动单元格中的数据或公式。默认情况下，编辑栏中会显示名称框、"插入函数"按钮 f_x 和编辑框等部分，当在单元格中输入数据或插入公式与函数时，编辑栏中的"取消"按钮×和"输入"按钮√将显示出来。

- 名称框：用来显示当前单元格的地址和函数名称，或定位单元格。如在名称框中输入"B5"后，按"Enter"键将直接定位并选择 B5 单元格。
- "取消"按钮×：单击该按钮表示取消输入的内容。
- "输入"按钮√：单击该按钮表示确定并完成输入。
- "插入函数"按钮 f_x：单击该按钮，将快速打开"插入函数"对话框，在其中可选择相应的函数插入单元格中。
- 编辑框：显示在单元格中输入或编辑的内容，也可选择单元格后，直接在编辑框中进行输入和编辑操作。

2．工作表编辑区

工作表编辑区是在 Excel 2010 编辑数据的主要场所，表格中的内容通常显示在工作表编辑区中，用户的大部分操作也通过工作表编辑区进行。工作表编辑区主要包括行号与列标、单元格和工作表标签等部分。

- 行号与列标：行号用"1，2，3…"等阿拉伯数字标识，列标用"A，B，C…"等大写英文字母标识。在 Excel 2010 中，最多有 1 048 576 行、16 384 列。

● 单元格：行与列相交形成单元格，单元格是工作表的基本组成单位。一般情况下，单元格地址由"列标+行号"组成，如 A3、C9。

● 工作表标签：用来显示工作表的名称，在工作表标签左侧单击 ◄ 或 ► 按钮，将切换到最左侧或最右侧的工作表标签，单击 ◄ 或 ► 按钮将向前或向后切换一个工作表标签。若在工作表标签滚动显示按钮上单击鼠标右键，在弹出的快捷菜单中选择任意一个工作表，也可切换工作表。

5.1.4　Excel 2010 的视图模式

在 Excel 2010 中，可根据需要在工作窗口状态栏中单击视图按钮组中相应的按钮，或在【视图】/【工作簿视图】组中单击相应的按钮来切换视图，方便用户在不同视图模式中查看和编辑表格。下面分别介绍每个工作簿视图的作用。

● 普通视图：普通视图是 Excel 2010 的默认视图，用于正常显示工作表，在其中可以执行数据输入、数据计算和图表制作等操作。

● 页面布局视图：在页面布局视图中，每一页都会显示页边距、页眉和页脚，用户可以在此视图模式下编辑数据、添加页眉和页脚，还可以通过拖曳上方或左侧标尺中的浅蓝色控制条设置页面边距。

● 分页预览视图：分页预览视图可以显示蓝色的分页符，用户可以用鼠标拖曳分页符以改变显示的页数和每页的显示比例。

● 全屏显示视图：当要在屏幕上尽可能多地显示文档内容时，可以切换为全屏显示视图。单击【视图】/【工作簿视图】组中的"全屏显示"按钮 ▦，即可切换到全屏显示视图，在该视图方式下，Excel 2010 将不显示功能区和状态栏等部分。

5.1.5　Excel 2010 的工作簿及其操作

在使用 Excel 2010 编辑和处理数据之前，首先应该新建工作簿，在工作簿中处理完数据后，需保存工作簿。此外，常见的工作簿操作还有打开和关闭等操作。

1．新建工作簿

工作簿即 Excel 2010 文件，也称电子表格。默认情况下，新建的工作簿以"工作簿 1"命名，若继续新建工作簿，则以"工作簿 2""工作簿 3"……命名，工作簿的名称一般显示在 Excel 2010 工作窗口的标题栏中。新建工作簿的方法较多，下面对常用的 3 种方法进行介绍。

● 启动 Excel 2010，此时 Excel 2010 将自动新建一个名为"工作簿 1"的空白工作簿。

● 在需新建工作簿的桌面或文件夹空白处单击鼠标右键，在弹出的快捷菜单中选择"新建"子菜单中的"Microsoft Excel 工作表"命令，可新建一个名为"新建 Microsoft Excel 工作表"的空白工作簿。

● 启动 Excel 2010，选择【文件】/【新建】命令，在"可用模板"列表框中选择"空白工作簿"选项，在右下角单击"创建"按钮 ▯，可新建一个空白工作簿。

> **提示**
>
> 　　在"可用模板"列表框中选择其他选项，可创建不同样式的工作簿，如选择"样本模板"选项，可以某个模板为基础创建一个工作簿。在"Office.com"栏中，Excel 2010 还提供了很多模板，选择相应的选项，也可创建一个已设置好表格内容的工作簿。

2．保存工作簿

编辑工作簿后，需要对工作簿进行保存操作。反复编辑的工作簿，可根据需要直接进行保存，也可通过另存为操作将编辑过的工作簿保存为新的文件。下面分别介绍直接保存工作簿和通过"另存为"命令保存工作簿的操作方法。

●　直接保存工作簿：在快速访问工具栏中单击"保存"按钮█，或按"Ctrl+S"组合键，或选择【文件】/【保存】命令。如果是第一次进行保存操作，将打开"另存为"对话框，在该对话框中可设置文件的保存位置，在"文件名"下拉列表框中可输入工作簿名称，设置完成后单击█████按钮即可完成保存操作；若已保存过工作簿，则会覆盖以前的工作簿进行保存。

●　通过"另存为"命令保存工作簿：如果需要将编辑过的工作簿保存为新文件，可选择【文件】/【另存为】命令，打开"另存为"对话框，在其中设置工作簿的保存位置和名称后单击█████按钮即可。

3．打开工作簿

对工作簿进行查看和再次编辑时，需要打开工作簿，下面对打开工作簿的常用方法进行介绍。

●　选择【文件】/【打开】命令或按"Ctrl+O"组合键，打开"打开"对话框，在左侧的导航窗格中依次展开工作簿所在的文件夹，然后在右侧选择要打开的工作簿，单击█████按钮，即可打开所选择的工作簿。

●　打开工作簿所在的文件夹，双击工作簿，可直接将其打开。

●　在 Excel 2010 工作窗口中选择【文件】/【最近使用的文件】命令，在其中可选择最近编辑过的工作簿快速将其打开。

4．关闭工作簿

在 Excel 2010 中，常用的关闭工作簿的方法主要有以下 3 种。

●　选择【文件】/【关闭】命令。

●　单击选项卡右侧的"关闭窗口"按钮█。

●　按"Ctrl+W"组合键。

5.1.6　Excel 2010 的工作表及其操作

工作表是显示和分析数据的场所，主要用于组织和管理各种数据信息。工作表存储在工作簿中，默认情况下，一个工作簿中包含 3 个工作表，分别以"Sheet1""Sheet2""Sheet3"命名，用户可根据需要对工作表进行删除和添加。在编辑工作表的过程中，可能需要进行选择、重命名、移动、复制、插入、删除和保护工作表等操作。下面分别对工作表的基本操作进行介绍。

1．选择工作表

选择工作表是一项非常基础的操作，包括选择一个工作表、选择连续的多个工作表、选择不连续的多个工作表、选择所有工作表等。

●　选择一个工作表：单击相应的工作表标签，即可选择该工作表。

●　选择连续的多个工作表：在选择一个工作表后按住"Shift"键，再选择不相邻的另一个工作表，即可同时选择这两个工作表及其之间的所有工作表。被选择的工作表呈高亮显示。

●　选择不连续的多个工作表：选择一个工作表后按住"Ctrl"键，再依次单击其他工作表标签，即可同时选择所单击的工作表。

●　选择所有工作表：在工作表标签的任意位置单击鼠标右键，在弹出的快捷菜单中选择"选定全部工作表"命令，即可选择所有的工作表。

2．重命名工作表

对工作表进行重命名，可以帮助用户快速了解工作表内容，便于查找和分类。重命名工作表的方法主要有以下两种。

* 双击工作表标签，此时工作表标签呈可编辑状态，输入新的名称后按"Enter"键即可。
* 在工作表标签上单击鼠标右键，在弹出的快捷菜单中选择"重命名"命令，此时工作表标签呈可编辑状态，输入新的名称后按"Enter"键即可。

3. 移动和复制工作表

移动和复制工作表主要包括在同一工作簿中移动和复制工作表、在不同的工作簿中移动和复制工作表两种方式。

* 在同一工作簿中移动和复制工作表：在同一工作簿中移动和复制工作表的方法比较简单，如果要移动工作表，则在要移动的工作表的工作表标签上按住鼠标左键不放，将其拖到目标位置即可；如果要复制工作表，则在拖动鼠标时按住"Ctrl"键。
* 在不同工作簿中移动和复制工作表：在不同工作簿中移动和复制工作表指将一个工作簿中的工作表移动和复制到另一个工作簿中，操作方法参考例 5-1。

【例 5-1】打开"客户档案表"工作簿，将"2016 年"工作表中的内容复制到"2017 年客户档案表"工作簿中。

STEP 1 打开"客户档案表"工作簿和"2017 年客户档案表"工作簿，选择要复制的"2016年"工作表，然后单击鼠标右键，在弹出的快捷菜单中选择"移动或复制"命令，打开"移动或复制工作表"对话框。

STEP 2 在"工作簿"下拉列表框中选择"2017 年客户档案表"工作簿，在"下列选定工作表之前"列表框中选择要移动或复制到的位置，这里选择"2017 年"选项，单击选中"建立副本"复选框，复制工作表，如图 5-4 所示。

STEP 3 单击 确定 按钮，完成工作表的复制，如图 5-5 所示。

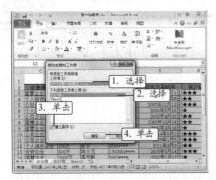

图 5-4　复制工作表

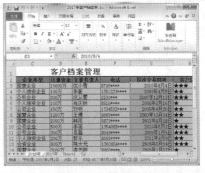

图 5-5　完成复制操作

> **提示**
>
> 若在"移动或复制工作表"对话框中撤销选中"建立副本"复选框，则表示移动工作表到另一个工作簿中。

4. 插入工作表

根据实际需要，用户可在工作簿中插入工作表。

【例 5-2】新建一个工作簿，然后在其中插入一个新的工作表。

STEP 1 启动 Excel 2010，选择"Sheet3"工作表，单击鼠标右键，在弹出的快捷菜单中选择"插入"命令，打开"插入"对话框。

STEP 2 在"常用"选项卡的列表框中选择"工作表"选项，表示插入空白工作表，也可在"电子表格方案"选项卡中选择一种表格样式，单击 确定 按钮，如图 5-6 所示。

STEP 3 此时即可在"Sheet3"工作表标签之前插入一个工作表，如图 5-7 所示，且该工作表的状态为当前工作表。

图 5-6　插入工作表

图 5-7　完成工作表的插入

5．删除工作表

当工作簿中的某个工作表已作废或多余时，可以在其工作表标签上单击鼠标右键，在弹出的快捷菜单中选择"删除"命令将其删除。如果要删除的工作表中有数据，删除工作表时将打开提示对话框，单击 删除 按钮确认删除即可。

6．保护工作表

Excel 2010 不仅提供了编辑和存储数据的功能，还提供了密码保护功能，用以保护工作表。

【例 5-3】打开"客户档案表 1"工作簿，为"2017 年"工作表设置保护密码，然后将其撤销。

STEP 1 打开"客户档案表 1"工作簿，在"2017 年"工作表标签上单击鼠标右键，在弹出的快捷菜单中选择"保护工作表"命令，打开"保护工作表"对话框。

扫一扫

保护工作表

STEP 2 在"取消工作表保护时使用的密码"文本框中输入密码，如"123456"，在"允许此工作表的所有用户进行"列表框中设置用户可以进行的操作，单击 确定 按钮，如图 5-8 所示。

STEP 3 打开"确认密码"对话框，在"重新输入密码"文本框中再次输入密码，单击 确定 按钮。

STEP 4 在"2017 年"工作表标签上单击鼠标右键，在弹出的快捷菜单中选择"撤销工作表保护"命令，打开"撤销工作表保护"对话框，在其中输入密码，并单击 确定 按钮，如图 5-9 所示。

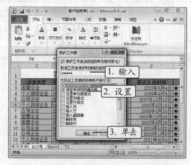

图 5-8　保护工作表

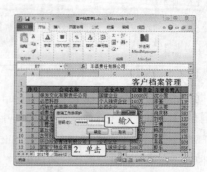

图 5-9　撤销工作表保护

5.1.7 Excel 2010 的单元格及其操作

单元格是 Excel 2010 中最基本的存储数据单元，它通过对应的行号和列标进行命名和引用。多个连续的单元格称为单元格区域，其地址表示为"单元格:单元格"，如 A2 单元格与 C5 单元格之间连续的单元格可表示为 A2:C5 单元格区域。用户在编辑电子表格的过程中，通常需要对单元格进行多项操作，包括选择、合并与拆分、插入与删除等。

1. 选择单元格

在对单元格进行操作之前，首先应该选择需操作的单元格或单元格区域。在 Excel 2010 中选择单元格主要有以下 6 种方法。

- 选择单个单元格：单击要选择的单元格。
- 选择多个连续的单元格：选择一个单元格，然后按住鼠标左键不放并拖曳鼠标，可选择多个连续的单元格（即单元格区域）。
- 选择不连续的单元格：按住"Ctrl"键不放，分别单击要选择的单元格，可选择不连续的多个单元格。
- 选择整行：单击行号可选择整行单元格。
- 选择整列：单击列标可选择整列单元格。
- 选择整个工作表中的所有单元格：单击工作表编辑区左上角行号与列标交叉处的 ▰ 按钮即可选择整个工作表中的所有单元格。

2. 合并与拆分单元格

在实际编辑表格的过程中，通常需要对单元格或单元格区域进行合并与拆分操作，以满足表格样式的需要。

（1）合并单元格

在编辑表格的过程中，为了使表格结构美观、层次清晰，有时需要对某些单元格区域进行合并操作。选择需要合并的多个单元格，然后在【开始】/【对齐方式】组中单击"合并后居中"按钮 ▦。单击"合并后居中"按钮 ▦ 右侧的下拉按钮 ▾，在打开的下拉列表中可以选择"跨越合并""合并单元格""取消单元格合并"等选项。

（2）拆分单元格

首先需选择合并的单元格，然后单击"合并后居中"按钮 ▦，或在【开始】/【对齐方式】组右下角单击 ▫ 按钮，打开"设置单元格格式"对话框，在"对齐方式"选项卡中撤销选中"合并单元格"复选框即可。

3. 插入与删除单元格

在编辑表格时，用户可根据需要插入或删除单个单元格，也可插入或删除一行或一列单元格。

（1）插入单元格

插入单元格是表格编辑过程中常用的一项操作，其操作方法比较简单。

【例 5-4】打开"客户档案表 2"工作簿，在"2016 年"工作表的第 14 行前插入一行单元格。

STEP ▰▱▱ 打开"客户档案表 2"工作簿，选择 A14 单元格，在【开始】/【单元格】组中单击"插入"按钮 ▤ 右侧的下拉按钮 ▾，在打开的下拉列表中选择"插入单元格"选项。

STEP 2 打开"插入"对话框，单击选中"整行"单选项，单击 确定 按钮即可，如图 5-10 所示。

STEP 3 此时，即可查看插入一行单元格后的效果，如图 5-11 所示。

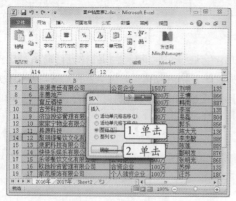

图 5-10 插入单元格

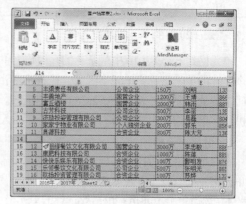

图 5-11 查看效果

> **提示**
>
> 单击"插入"按钮 右侧的下拉按钮 ，在打开的下拉列表中选择"插入工作表行"或"插入工作表列"选项，也可插入整行或整列单元格。在"插入"对话框中单击选中"活动单元格右移"单选项或"活动单元格下移"单选项，可在左侧或上方插入一个单元格。

（2）删除单元格

当不需要某单元格时，可将其删除。选择要删除的单元格，单击【开始】/【单元格】组中"删除"按钮 右侧的下拉按钮 ，在打开的下拉列表中选择"删除单元格"选项，打开"删除"对话框，单击选中相应的单选项后，单击 确定 按钮即可删除所选单元格。

此外，单击"删除"按钮 右侧的下拉按钮 ，在打开的下拉列表中选择"删除工作表行"或"删除工作表列"选项，可删除整行或整列单元格。

5.1.8 退出 Excel 2010

退出 Excel 2010 主要有以下 4 种方法。

- 选择【文件】/【退出】命令。
- 单击 Excel 2010 窗口右上角的"关闭"按钮 。
- 按"Alt+F4"组合键。
- 单击 Excel 2010 窗口左上角的控制菜单图标 ，在打开的下拉列表中选择"关闭"选项。

5.2 Excel 2010 的数据与编辑

新建工作表后，即可在单元格中输入表格数据，也可根据需要对数据和数据格式进行编辑与设置。

5.2.1 数据输入与填充

输入数据是制作表格的基础，Excel 2010 支持各种类型数据的输入，包括文本和数字等一般数据，以及身份证、小数或货币等特殊数据。对于编号等有规律的数据序列还可利用快速填充功能实现高效输入。

1. 输入普通数据

在 Excel 2010 表格中输入一般数据主要有以下 3 种方式。

- 选择单元格输入：选择单元格后，直接输入数据，然后按"Enter"键。
- 在单元格中输入：双击要输入数据的单元格，将鼠标指针定位到其中，输入所需数据后按"Enter"键。
- 在编辑栏中输入：选择单元格，然后将鼠标指针移到编辑栏中并单击，将鼠标指针定位到编辑栏中，输入数据并按"Enter"键。

2. 快速填充数据

在输入 Excel 2010 表格数据的过程中，若单元格数据多处相同或是有规律的数据序列，则可以利用快速填充表格数据的方法来提高工作效率。

（1）通过"序列"对话框填充

对于有规律的数据，Excel 2010 提供了快速填充功能，只需在表格中输入一个数据，便可在连续单元格中快速输入有规律的数据。

扫一扫

通过"序列"
对话框填充

【例 5-5】在单元格中输入数字，并对其快速进行填充。

STEP 1 在起始单元格中输入起始数据，如"20170201"，然后选择需要填充规律数据的单元格区域，如 A1:A10，在【开始】/【编辑】组中单击"填充"按钮 右侧的下拉按钮 ，在打开的下拉列表中选择"系列"选项，打开"序列"对话框。

STEP 2 在"序列产生在"栏中选择序列产生的位置，这里单击选中"列"单选项，在"类型"栏中选择序列的特性，这里单击选中"等差序列"单选项，在"步长值"文本框中输入序列的步长，这里输入"1"，如图 5-12 所示。

STEP 3 单击 确定 按钮，便可填充序列数据，填充数据后的效果如图 5-13 所示。

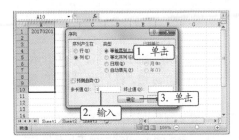

图 5-12 设置"序列"

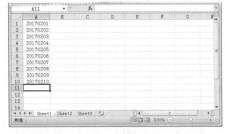

图 5-13 查看填充效果

（2）使用控制柄填充相同数据

在起始单元格中输入起始数据，将鼠标指针移至该单元格右下角的控制柄上，当其变为 ╋ 形状时，按住鼠标左键不放并拖曳至所需位置，释放鼠标，即可在选择的单元格区域中填充相同的数据，如图 5-14 所示。

> **提示**
>
> 在起始单元格中输入起始数据，按住"Ctrl"键拖曳控制柄，默认按照等差为 1 的等差数列进行填充，如果已经设置了填充方式，则按照所设置的方式进行填充。

（3）使用控制柄填充有规律的数据

在单元格中输入起始数据，在相邻单元格中输入下一个数据，选择已输入数据的两个单元格，将鼠标指针移至选区右下角的控制柄上，当其变为 ╋ 形状时，按住鼠标左键不放拖曳至所需位置

第 5 章 电子表格软件 Excel 2010

后释放鼠标，即可根据两个数据的特点自动填充有规律的数据，如图 5-15 所示。

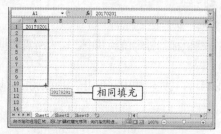
图 5-14　填充相同的数据

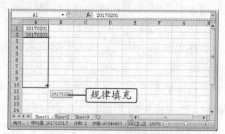
图 5-15　填充有规律的数据

5.2.2　数据的编辑

在编辑表格的过程中，通常还可能对已有的数据进行修改、删除、移动、复制、查找、替换等操作。

1．修改和删除数据

在表格中修改和删除数据主要有以下 3 种方法。

- 在单元格中修改或删除：双击需修改或删除数据的单元格，在单元格中定位鼠标指针，修改或删除数据，然后按"Enter"键完成操作。
- 选择单元格修改或删除：当需要对某个单元格中的全部数据进行修改或删除时，可以选择该单元格，然后重新输入正确的数据，也可在选择单元格后按"Delete"键删除所有数据，然后输入需要的数据，再按"Enter"键即可快速完成修改。
- 在编辑栏中修改或删除：选择单元格，将鼠标指针移到编辑栏中并单击，将鼠标指针定位到编辑栏中，修改或删除数据后按"Enter"键完成操作。

2．移动或复制数据

在 Excel 2010 中移动和复制数据主要有以下 3 种方法。

- 通过【剪贴板】组移动或复制数据：选择需移动或复制数据的单元格，在【开始】/【剪贴板】组中单击"剪切"按钮或"复制"按钮，选择目标单元格，然后单击【剪贴板】组中的"粘贴"按钮。
- 通过右键快捷菜单移动或复制数据：选择需移动或复制数据的单元格，单击鼠标右键，在弹出的快捷菜单中选择"剪切"或"复制"命令，选择目标单元格，然后单击鼠标右键，在弹出的快捷菜单中选择"粘贴"命令，即可完成数据的移动或复制。
- 通过快捷键移动或复制数据：选择需移动或复制数据的单元格，按"Ctrl+X"组合键或"Ctrl+C"组合键，选择目标单元格，然后按"Ctrl+V"组合键。

3．查找和替换数据

当 Excel 2010 工作表中的数据量很大时，在其中直接查找数据就会非常困难，此时可通过 Excel 2010 提供的查找和替换功能来快速查找符合条件的单元格，还能快速对这些单元格进行统一替换，从而提高编辑的效率。

（1）查找数据

利用 Excel 2010 提供的查找功能不仅可以查找普通数据，还可以查找公式、值、批注等。

【例 5-6】在"客户档案表 2"工作簿中查找"国有企业"。

STEP 打开"客户档案表 2"工作簿，在【开始】/【编辑】组中单

扫一扫

查找数据

击"查找和选择"按钮🔍，在打开的下拉列表中选择"查找"选项，打开"查找和替换"对话框。

STEP 2 在"查找内容"下拉列表框中输入"国有企业"，单击 查找下一个(F) 按钮，便能快速查找到匹配条件的单元格，如图 5-16 所示。

STEP 3 单击 选项(T) >> 按钮，可以打开更多的查找条件。单击 查找全部(I) 按钮，可以在"查找和替换"对话框下方的列表框中显示所有包含所要查找文本的单元格位置，如图 5-17 所示。

STEP 4 单击 关闭 按钮关闭"查找和替换"对话框。

图 5-16　查找数据

图 5-17　查找全部

（2）替换数据

如果发现表格中有多处相同的错误，或需对某项数据进行统一修改，则可使用 Excel 2010 的替换功能来快速实现。

【例 5-7】在"客户档案表 3"工作簿中查找"$"，并将其替换为"￥"。

STEP 1 打开"客户档案表 3"工作簿，在【开始】/【编辑】组中单击"查找和选择"按钮🔍，在打开的下拉列表中选择"替换"选项，打开"查找和替换"对话框。

替换数据

STEP 2 在"替换"选项卡的"查找内容"下拉列表框中输入要查找的数据"$"，在"替换为"下拉列表框中输入需替换的内容"￥"，如图 5-18 所示。

STEP 3 单击 查找下一个(F) 按钮，查找符合条件的数据，然后单击 替换(R) 按钮进行替换，或单击 查找全部(I) 按钮，将所有符合条件的数据一次性全部替换。

STEP 4 此时，将打开提示对话框显示完成替换的数量，单击 确定 按钮。然后单击 关闭 按钮关闭"查找和替换"对话框，替换后的效果如图 5-19 所示。

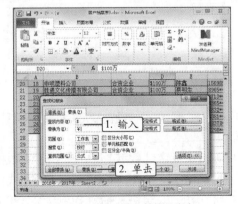

图 5-18　输入查找和替换的内容

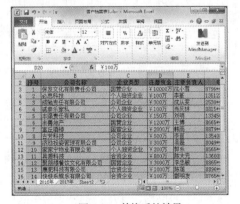

图 5-19　替换后的效果

5.2.3 数据格式设置

在输入并编辑好表格数据后，为了使工作表中的数据清晰明了、美观实用，通常需要对数据格式进行设置和调整。在 Excel 2010 中数据格式设置主要包括设置字体格式、设置对齐方式和设置数字格式 3 个方面的内容。

1. 设置字体格式

为表格中的数据设置不同的字体格式，不仅可以使表格美观，还可以方便用户对表格内容进行区分，便于查阅。设置字体格式主要可以通过"字体"组和"设置单元格格式"对话框中的"字体"选项卡来实现。

● 通过"字体"组设置：选择要设置的单元格，在【开始】/【字体】组的"字体"下拉列表框和"字号"下拉列表框中可设置表格数据的字体与字号，单击"加粗"按钮 **B**、"倾斜"按钮 *I*、"下画线"按钮 <u>U</u> 和"字体颜色"按钮 **A**，可为表格中的数据设置加粗、倾斜、下画线和颜色效果。

● 通过"字体"选项卡设置：选择要设置的单元格，单击鼠标右键，在弹出的快捷菜单中选择"设置单元格格式"命令，打开"设置单元格格式"对话框，单击"字体"选项卡，在其中可以设置单元格中数据的字体、字形、字号、下画线、特殊效果和颜色等。

2. 设置对齐方式

在 Excel 2010 中，数字的默认对齐方式为右对齐，文本的默认对齐方式为左对齐，用户也可根据实际需要对数字和文本的对齐方式进行重新设置。设置对齐方式主要可以通过"对齐方式"组和"设置单元格格式"对话框来实现。

● 通过"对齐方式"组设置：选择要设置的单元格，在【开始】/【对齐方式】组中单击"文本左对齐"按钮、"居中"按钮、"文本右对齐"按钮等，可快速为选择的单元格设置相应的对齐方式，如图 5-20 所示。

● 通过"设置单元格格式"对话框设置：选择需要设置对齐方式的单元格或单元格区域，单击【开始】/【对齐方式】组中的"对话框启动器"按钮，打开"设置单元格格式"对话框，单击"对齐"选项卡，可以设置单元格中数据的水平和垂直对齐方式、文字的排列方向和文本控制等，如图 5-21 所示。

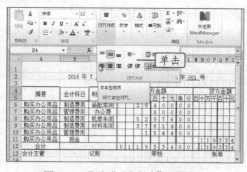

图 5-20 通过"对齐方式"组设置

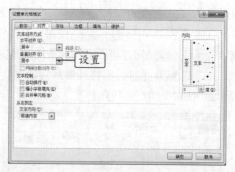

图 5-21 通过"设置单元格格式"对话框设置

3. 设置数字格式

设置数字格式指修改数值类单元格格式，可以通过"数字"组或"设置单元格格式"对话框中的"数字"选项卡来实现。

● 通过"数字"组设置：选择要设置的单元格，在【开始】/【数字】组中单击下拉列表框右侧的下拉按钮，在打开的下拉列表中可以选择一种数字格式。此外，单击"会计数字格式"按钮、"百分比样式"按钮 %、"千位分隔样式"按钮等按钮，可快速将数据转换为会计数字格式、百分比格式、千位分隔格式等格式。

- 通过"设置单元格格式"对话框中的"数字"选项卡设置：选择需要设置数据格式的单元格，打开"设置单元格格式"对话框，单击"数字"选项卡，在其中可以设置单元格中的数据类型，如货币型、日期型等。

另外，如果用户需要在单元格中输入身份证号码、分数等特殊数据，也可通过设置数字格式功能来实现。

- 输入身份证号码：选择要输入的单元格区域，单击鼠标右键，在弹出的快捷菜单中选择"设置单元格格式"命令，打开"设置单元格格式"对话框，单击"数字"选项卡，在"分类"列表框中选择"文本"选项，或选择"自定义"选项后，在"类型"列表框中选择"@"选项，单击 [确定] 按钮。
- 输入分数：先输入一个英文状态下的单引号"'"，再输入分数即可。也可以选择要输入分数的单元格区域，打开"设置单元格格式"对话框，在"数字"选项卡的"分类"列表框中选择"分数"选项，并在对话框右侧设置分数格式，然后单击 [确定] 按钮进行输入。

5.3 Excel 2010 的单元格格式设置

默认状态下，工作表中的单元格是没有格式的，用户可根据实际需要进行自定义设置，包括设置行高和列宽、设置单元格边框、设置单元格填充颜色、使用条件格式和套用表格格式等。

5.3.1 设置行高和列宽

在 Excel 2010 工作表中，单元格的行高与列宽可根据需要进行调整，一般情况下，将它们调整为能够完全显示单元格数据即可。设置行高和列宽的方法主要有以下两种。

- 通过拖曳边框线调整：将鼠标指针移至单元格的行号或列标之间的分隔线上，按住鼠标左键不放，此时将出现一条虚线，代表边框线移动的位置，拖曳到适当位置后释放鼠标即可调整单元格的行高与列宽。
- 通过对话框设置：在【开始】/【单元格】组中单击"格式"按钮，在打开的下拉列表中选择"行高"选项或"列宽"选项，在打开的"行高"对话框或"列宽"对话框中输入行高值或列宽值，单击 [确定] 按钮，如图 5-22 所示。

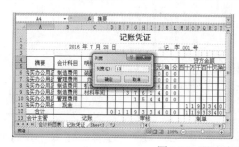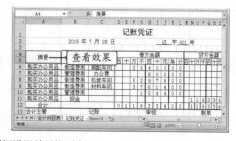

图 5-22 通过对话框设置单元格列宽

5.3.2 设置单元格边框

Excel 2010 工作表中的单元格边框是默认显示的，但是默认状态下的边框不能打印，为了满足打印需要，可为单元格设置边框效果。单元格边框效果可通过"字体"组和"设置单元格格式"对话框中的"边框"选项卡进行设置。

- 通过"字体"组设置：选择需要设置边框的单元格后，在【开始】/【字体】组中单击"边框"按钮右侧的下拉按钮·，在打开的下拉列表中可选择所需的边框线样式，在"绘制边框"

栏的"线条颜色"和"线型"子选项中可选择边框的线型和颜色，如图 5-23 所示。

● 通过"设置单元格格式"对话框中的"边框"选项卡设置：选择需要设置边框的单元格后，打开"设置单元格格式"对话框，单击"边框"选项卡，在其中可设置各种粗细、样式或颜色的边框，如图 5-24 所示。

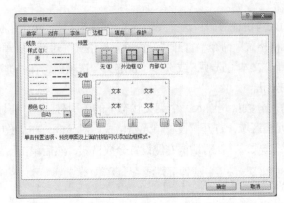

图 5-23　通过"字体"组设置　　图 5-24　通过"设置单元格格式"对话框中的"边框"选项卡设置

5.3.3　设置单元格填充颜色

需要突出显示某个或某部分单元格时，可选择为单元格设置填充颜色。设置填充颜色可通过"字体"组和"设置单元格格式"对话框中的"填充"选项卡来实现。

● 通过"字体"组设置：选择需要设置填充颜色的单元格后，在【开始】/【字体】组中单击"填充颜色"按钮 右侧的下拉按钮 ，在打开的下拉列表中可选择所需的填充颜色，如图 5-25 所示。

● 通过"设置单元格格式"对话框中的"填充"选项卡设置：选择需要设置填充颜色的单元格后，打开"设置单元格格式"对话框，单击"填充"选项卡，在其中可设置填充的颜色和图案样式，如图 5-26 所示。

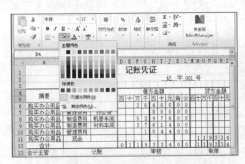

图 5-25　通过"字体"组设置　　图 5-26　通过"设置单元格格式"对话框中的"填充"选项卡设置

5.3.4　使用条件格式

通过 Excel 2010 的条件格式功能，可以为表格设置不同的条件格式，并将满足条件的单元格数据突出显示，以便于查看表格内容。

1．快速设置条件格式

Excel 2010 为用户提供了很多常用的条件格式，直接选择所需选项即可快速进行条件格式的设置。

扫一扫

快速设置条件格式

【例5-8】在"固定资产管理"工作簿中为"购置金额大于10 000元"的单元格设置条件格式。

STEP 1 选择要设置条件格式的单元格区域，这里选择I3:I11单元格区域。

STEP 2 在【开始】/【样式】组中单击"条件格式"按钮 ，在打开的下拉列表中选择"突出显示单元格规则"子列表中的"大于"选项，如图5-27所示。

STEP 3 打开"大于"对话框，在左侧文本框中输入"10 000"，在"设置为"下拉列表框中选择所需的选项，设置突出显示的颜色，然后单击 确定 按钮，如图5-28所示。设置完成后，即可看到满足条件的数据被突出显示的效果。

图5-27 选择条件格式

图5-28 设置条件格式

提示

对于已设置条件的单元格，如果需要清除条件，可在"条件格式"下拉列表的"清除规则"子列表中选择"清除整个工作表的规则"选项，取消整个工作表中的条件格式，或选择"清除所选单元格的规则"选项，清除指定单元格的条件格式。

2. 新建条件格式规则

当Excel 2010提供的条件格式选项不能满足实际需要时，用户可通过新建条件格式规则的方式来创建适合的条件格式。

【例5-9】在工作表中新建一个单元格条件格式规则。

STEP 1 选择单元格区域，在【开始】/【样式】组中单击"条件格式"按钮 ，在打开的下拉列表中选择"新建规则"选项。

STEP 2 打开"新建格式规则"对话框，在其中的列表框中选择"只为包含以下内容的单元格设置格式"选项，在"编辑规则说明"栏中设置条件。

STEP 3 单击 格式(F)... 按钮，在打开的对话框中编辑条件格式的显示效果，编辑完成后单击 确定 按钮，完成高级条件格式设置，如图5-29所示。

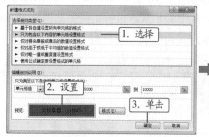

图5-29 新建条件格式规则

5.3.5 套用表格格式

用 Excel 2010 的自动套用格式功能可以快速设置单元格和表格格式，对表格进行美化。

- 应用单元格样式：选择要设置样式的单元格，在【开始】/【样式】组中单击列表框右侧的"其他"按钮▾，在打开的下拉列表中可直接选择一种 Excel 2010 预置的单元格样式，如图 5-30 所示。

- 套用表格格式：选择要套用格式的表格区域，在【开始】/【样式】组中单击"套用表格格式"按钮▦，在打开的下拉列表中可直接选择一种 Excel 2010 预置的表格格式，打开图 5-31 所示的"套用表格格式"对话框，默认选择整个表格区域，用户也可在表格编辑区拖曳鼠标重新选择数据区域，然后单击 确定 按钮应用表格格式。

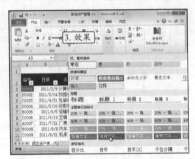

图 5-30　应用单元格样式

图 5-31　套用表格格式

5.4 Excel 2010 的公式与函数

Excel 2010 作为一款功能十分强大的数据处理软件，其强大之处主要体现在数据计算和分析方面。Excel 2010 不仅可以通过公式对表格中的数据进行一般的加、减、乘、除运算，还可以利用函数进行一些高级的运算，极大地提高了人们的工作效率。

5.4.1 公式的概念

Excel 2010 中的公式以"=（等号）"开始，通过各种运算符号，将数值（或常量）和单元格引用、函数返回值等组合起来，形成公式表达式。公式是表格数据计算非常有效的工具，Excel 2010 可以自动计算公式表达式的结果，并将结果显示在相应的单元格中。

- 数据的类型：在 Excel 2010 中，常用的数据类型主要包括数值型、文本型、日期型和逻辑型 4 种，其中数值型数据是表示大小的一个值，文本型数据表示一个名称或提示信息，日期型数据表示某个日期，逻辑型数据表示真或假。

- 常量：Excel 2010 中的常量包括数字或文本等各类数据，主要可分为数值型常量、文本型常量、日期型常量和逻辑型常量。数值型常量可以是整数、小数、百分数。文本型常量是用英文双引号（""）括起来的若干字符，但文本型常量不包含英文双引号。输入日期型常量时，年、月、日之间通常用"/"或"-"隔开，如"2019-6-1""2019/6/1"等。逻辑型常量只有两个值，true 和 false，表示真和假。

- 运算符：运算符是公式的基本元素，它指对公式中的元素进行特定类型的运算。Excel 2010 中的运算符主要包括算数运算符、比较运算符、文本连接符和引用运算符。

> **提示**
>
> 　　算术运算符包括加、减、乘、除、乘方等，运算结果是数值型。比较运算符包括等于、大于、小于、大于或等于、小于或等于、不等于等，运算结果为逻辑型。文本连接符指"&"，可将两个文本连接成一个文本，如"计算机"&"应用"，其结果为"计算机应用"。引用运算符包括：（冒号）和，（逗号）。

- 公式的构成：Excel 2010 中的公式由 "=" + "运算式" 构成，运算式是由运算符构成的计算式，也可以是函数。计算式中参与计算的可以是常量、单元格地址和函数。

5.4.2 公式的使用

Excel 2010 中的公式可以帮助用户快速完成各种计算，而为了进一步提高计算效率，在实际计算过程中，用户除了需要输入公式，通常还需要对公式进行编辑、填充、复制和移动等操作。

1. 输入公式

在 Excel 2010 中输入公式的方法与输入文本的方法类似，只需将公式输入相应的单元格中，即可计算出结果。输入公式指输入包含运算符、数值、单元格引用和单元格区域引用的简单公式。

选择要输入公式的单元格，在单元格或编辑栏中输入 "="，接着输入公式内容，如 "C5*D5"，完成后按 "Enter" 键或单击编辑栏上的 "输入" 按钮✔即可，如图 5-32 所示。

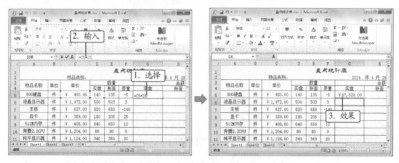

图 5-32　输入并计算公式

2. 编辑公式

选择含有公式的单元格，将文本插入点定位在编辑栏或单元格中需要修改的位置，按 "Backspace" 键删除多余或错误的内容，再输入正确的内容，完成后按 "Enter" 键确认即可完成公式的编辑。编辑完成后，Excel 2010 将自动按新公式进行计算。

3. 填充公式

在输入公式并完成计算后，如果该行或该列后的其他单元格皆需使用该公式进行计算，可直接通过填充公式的方式快速完成其他单元格的数据计算。

选择已添加公式的单元格，将鼠标指针移至该单元格右下角的控制柄上，当鼠标指针变为➕形状时，按住鼠标左键不放并拖曳至所需位置，然后释放鼠标，即可在选择的单元格区域中填充相同的公式并计算出结果，如图 5-33 所示。

图 5-33　填充公式

提示

在填充公式时，被填充的目标单元格的数据的计算方式会根据原始单元格的公式引用情况而有所不同，如果原始单元格为相对地址，则目标单元格的填充会根据位移情况自动调整所引用单元格；如果原始单元格为绝对引用，则目标单元格的公式不会发生改变。

4．复制和移动公式

在 Excel 2010 中，通过复制和移动公式可以快速完成单元格数据的计算。在复制公式的过程中，Excel 2010 会自动调整引用单元格的地址，避免手动输入公式的麻烦，提高工作效率。复制公式的操作方法与复制数据的操作方法一样，图 5-34 所示为复制公式的操作示意图。

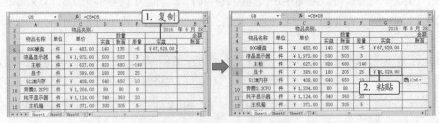

图 5-34　复制公式的操作示意图

移动公式即将原始单元格的公式移至目标单元格中，公式在移动过程中不会根据单元格的位移情况发生改变。移动公式的方法与移动数据的方法相同。

5.4.3　单元格的引用

单元格引用指引用数据的单元格区域所在的位置，在 Excel 2010 中，用户可以根据实际计算需要引用当前工作表、当前工作簿或其他工作簿中的单元格数据。在引用单元格后，公式的运算结果将随被引用单元格的变化而变化。如"=193800+123140+146520+152300"，数据"193800"位于 B3 单元格，其他数据依次位于 C3、D3 和 E3 单元格中，通过单元格引用，可以将公式输入为"=B3+C3+D3+E3"，同样可以获得相同的计算结果。

1．单元格引用类型

在对工作表中的数据进行计算时，通常会通过复制或移动公式来实现快速计算，这就涉及单元格引用的知识。根据单元格地址是否改变，可将单元格引用分为相对引用、绝对引用和混合引用。

* 相对引用：相对引用指输入公式时直接通过单元格地址来引用单元格。相对引用单元格后，如果复制或剪切公式到其他单元格，那么公式中引用的单元格地址会根据复制或剪切的位置而发生相应改变。

* 绝对引用：绝对引用指无论引用单元格的公式位置如何改变，所引用的单元格均不会发生变化。绝对引用的形式是在单元格的行列号前加上符号"$"。

* 混合引用：混合引用包含了相对引用和绝对引用。混合引用有两种形式，一种是行绝对、列相对，如"B $2"表示行不发生变化，但是列会随新的位置发生变化；另外一种是行相对、列绝对，如"$B2"表示列保持不变，但是行会随新的位置而发生变化。

2．同一工作簿不同工作表的单元格引用

在同一工作簿中引用不同工作表中的内容，需要在单元格或单元格区域前标注工作表名称，表示引用该工作表中该单元格或单元格区域的值。

【例 5-10】在"日用品销售业绩表"工作簿"Sheet2"工作表的 B3 单元格中引用"Sheet1"工作表中的数据，并计算季度销售额。

STEP　打开"日用品销售业绩表"工作簿，选择"Sheet2"工作表的 B3 单元格，由于该单元格数据为"白酒"的季度销售额，即需要对"Sheet1"中"白酒"4 个月的销售额进行相加，因此在 B3 单元格中输入"=SUM(Sheet1!B3:E3)"，或单击编辑栏中的"插入函数"按钮 f_x，打开"插入函数"对话框，在"选择函数"列表框中选择"SUM"选项，单击　确定　按钮，如图 5-35 所示。

扫一扫

同一工作簿不同工作表的单元格引用

STEP 2 打开"函数参数"对话框，单击"Number1"文本框后的"收缩"按钮 缩小对话框，返回工作表编辑区，选择"Sheet1"工作表，再选择B3:E3单元格区域，如图5-36所示。

图5-35 "插入函数"对话框

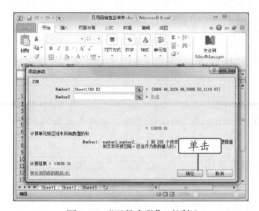

图5-36 选择引用区域

STEP 3 选择完成后单击"收缩"按钮 还原"函数参数"对话框，可看到所引用的单元格区域及引用结果。

STEP 4 单击 确定 按钮关闭对话框，如图5-37所示，即可在工作表中查看计算结果。将鼠标指针移至 B3 单元格右下角的控制柄上，当鼠标指针变为 形状时，按住鼠标左键不放并拖曳至B13单元格，然后释放鼠标，计算出其他产品的季度销售额，如图5-38所示。

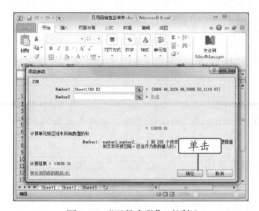

图5-37 "函数参数"对话框

图5-38 填充数据

3．不同工作簿不同工作表的单元格引用

在 Excel 2010 中不仅可以引用同一工作簿中的内容，还可以引用不同工作簿中的内容，为了操作方便，可将引用工作簿和被引用工作簿同时打开。

【例5-11】在"销售业绩评定表"工作簿中引用"销售业绩总额"工作簿中的数据。

STEP 1 打开"销售业绩评定表"工作簿和"销售业绩总额"工作簿，选择"销售业绩评定表"工作簿的"Sheet1"工作表的 D14 单元格，输入"="，切换到"销售业绩总额"工作簿，选择 B3 单元格，如图5-39所示。

STEP 2 此时，在编辑框中可查看当前引用公式，按"Ctrl+Enter"键确认引用，返回"销售业绩评定表"工作簿，即可看到 D14 单元格中已成功引用"销售业绩总额"工作簿中 B3 单元格的数据，如图5-40所示。

5.4.4 函数的使用

函数实际上是特殊的、事先编辑好的公式，它可以使一些复杂的公式易于使用，可以使复杂的数学表达式的输入趋于简化，可以使人们在应用中得到一些用其他方式无法获得的数据。

图 5-39　选择引用单元格

图 5-40　查看引用效果

函数一般由函数名和参数组成：函数名([参数 1],[参数 2]，…)。其中，函数名由 Excel 2010 提供，表示函数的功能，每个函数都具有唯一的函数名。括号中的参数可以有多个，中间用逗号分隔，方括号"[ ]"中的参数是可选参数，没有方括号"[ ]"的参数是必需参数，有的函数可以没有参数。函数中的参数可以是常量、单元格地址、数组、已定义的名称、公式、函数等。

在某些情况下，需要将某函数作为另一函数的参数使用，这就是嵌套函数。将函数作为参数使用时，它返回的数据类型必须与该参数的数据类型相同。如果参数为数值型，那么嵌套函数必须返回数值型数据，否则 Excel 2010 将显示"#VALUE!"（错误值）。

1. 函数的输入

函数的输入方式与公式类似，可以直接在单元格中输入"=函数名( )"。此外，还可以通过编辑栏中的"插入函数"按钮 *fx* 或【公式】/【函数库】组来输入函数。

【例 5-12】在"产品订单记录表"工作簿中插入函数。

STEP 1 打开"产品订单记录表"工作簿，单击编辑栏中的"插入函数"按钮 *fx* 或【公式】/【函数库】组中的"插入函数"按钮 *fx*，Excel 2010 自动在所选单元格中插入"="并打开"插入函数"对话框，在"选择函数"列表框中选择要使用的函数，如选择"AVERAGE"函数求单元格区域的平均值。

STEP 2 选择函数后，在对话框下方会有相应的功能说明。单击 确定 按钮，在打开的对话框中进行函数参数的设置，在设置函数参数时，可直接在相应的参数框中输入参数，也可在 Excel 2010 电子表格中拖动鼠标选择参数区域，如图 5-41 所示。

STEP 3 选择好计算区域后，单击参数框右侧的"收缩"按钮 返回"函数参数"对话框，单击 确定 按钮即可完成函数的插入并计算结果，如图 5-42 所示。

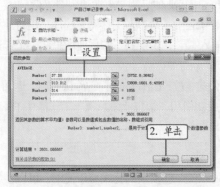

图 5-41　计算多个单元格区域的平均值

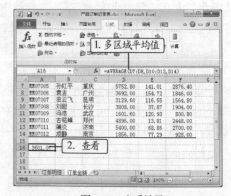

图 5-42　查看效果

2．Excel 2010 中的常用函数

Excel2010 中提供了很多函数，每个函数的功能、语法结构及参数的含义各不相同，下面对一些常用函数进行介绍。

（1）最大值函数 MAX(number1,[number2],…)

功能：返回一组值或指定区域中的最大值。

参数说明：参数至少有一个，且必须是数值，最多可以有 255 个。

例如，"=MAX(A1:A10)"表示从单元格区域 A1：A10 中查找并返回最大值。

（2）最小值函数 MIN(number1,[number2],…)

功能：返回一组值或指定区域中的最小值。

参数说明：参数至少有一个，且必须是数值，最多可以有 255 个。

例如，"=MIN(A1:A10)"表示从单元格区域 A1：A10 中查找并返回最小值。

（3）四舍五入函数 ROUND(number,num_digits)

功能：将指定数值 number 按指定的小数点后的位数 num_digits 进行四舍五入。

例如，"=ROUND(3.1415926,2)"表示将数值 3.1415926 保留到小数点后两位进行四舍五入，结果为 3.14。

（4）求和函数 SUM(number1,[number2],…)

功能：将指定的参数 number1、number2、…相加求和。

参数说明：至少需要包含一个参数 number1。每个参数都可以是区域、单元格引用、数组、常量、公式或另一个函数的结果。

例如，"=SUM(A1:A5)"表示将单元格 A1 至 A5 中的所有数值相加，"=SUM(A1,A3,A5)"表示将单元格 A1、A3 和 A5 中的数值相加。

（5）条件求和函数 SUMIF(range,criteria,[sum_range])

功能：对指定单元格区域中符合指定条件的值求和。

参数说明如下。

- range：用于条件计算的单元格区域。

- criteria：用于确定对哪些单元格求和的条件，可以为数值、文本、表达式或单元格引用。例如，条件可以表示为"90""＞=90""工程师"。

可以在 criteria 参数中使用通配符（包括"？"和"*"），"？"匹配任意单个字符，"*"匹配任意一串字符。

> **注意**
>
> 若条件为文本或表达式，则必须用双引号（" "）括起来；若条件为数值或单元格引用，则无须使用双引号。此外，条件不区分大小写，例如，字符串"APPLES"和字符串"apples"会匹配相同的单元格。

- sum_range：可选参数，是要求和的实际单元格。若 sum_range 参数被省略，则 Excel 2010 会对在 range 参数中指定的单元格求和。

（6）多条件求和函数 SUMIFS(sum_range,criteria_range1,criteria1,[criteria_range2,criteria2],…)

功能：对指定单元格区域中满足多个条件的单元格求和。

参数说明如下。

- sum_range：求和的实际单元格区域。

- criteria_range1：使用 criteria1 测试的区域。

- criteria1：求和的条件，可以是数值、文本、表达式或单元格引用，用来确定将对

criteria_range1 参数中的哪些单元格求和。

- [criteria_range2,criteria2]，…：可选，附加的区域及其关联条件，最多允许有 127 个区域/条件对。

注意

仅当 sum_range 参数中的单元格满足所有相应的指定条件时，才对该单元格求和。此外，"区域"与"条件"必须成对出现。

（7）平均值函数 AVERAGE(number1,[number2],…)

功能：对指定的参数 number1、number2、…求算数平均值。

参数说明：至少需要包含一个参数 number1，最多可包含 255 个。

例如，"=AVERAGE(A1:A5)"表示对单元格 A1：A5 中的所有数值求平均值。

（8）条件平均值函数 AVERAGEIF(range,criteria,[average_range])

功能：对指定单元格区域中符合指定条件的值求算数平均值。

参数说明如下。

- range：用于条件计算的单元格区域。
- criteria：求平均值的条件，可以为数值、文本、表达式或单元格引用。注意：若条件为文本或表达式，则必须用双引号（" "）括起来。
- average_range：可选参数，是要求平均值的实际单元格区域。如果 average_rang 参数被省略，则 Excel 2010 会对在 range 参数中指定的单元格求平均值。

（9）多条件平均值函数 AVERAGEIFS(average_range,criteria_range1,criteria1,[criteria_range2, criteria2],…)

功能：对指定单元格区域中满足多个条件的单元格求算数平均值。

参数说明如下。

- average_range：求平均值的实际单元格区域。
- criteria_range1：使用 criteria1 测试的区域。
- criteria1：求平均值的条件，可以为数值、文本、表达式或单元格引用，用来确定将对 criteria_range1 参数中的哪些单元格求平均值。
- [criteria_range2,criteria2]，…：可选，附加的区域及其关联条件，最多允许有 127 个区域/条件对。

注意

"区域"与"条件"必须成对出现。

（10）计数函数 COUNT(valuel,[value2],…)

功能：统计指定区域中数值型单元格的个数。

参数说明：至少包含一个参数，最多可包含 255 个。

注意

这些参数可以包含或引用各种类型的数据，但只有数值型的数据才被计算在内。例如，"=COUNT(A1:A10)"表示统计区域 A1：A10 中数值型单元格的个数，若该区域中有 6 个单元格包含数值，则结果为 6。

（11）计数函数 COUNTA(valuel,[value2],…)

功能：统计指定区域中不为空的单元格的个数。可对包含任何类型信息的单元格进行计数。

参数说明：至少包含一个参数，最多可包含 255 个。

例如，"=COUNTA(C1:C10)"表示统计区域 C1：C10 中非空单元格的个数，若该区域中有 2 个空单元格，则结果为 8。

（12）计数函数 COUNTBLANK(valuel,[value2],…)

功能：统计指定区域中空白单元格的个数。

参数说明：至少包含一个参数，最多可包含 255 个。

例如，"=COUNTBLANK(C1:C10)"表示统计区域 C1：C10 中空白单元格的个数。

（13）条件计数函数 COUNTIF(range,criteria)

功能：统计指定区域中满足指定条件的单元格的个数。

参数说明如下。

- range：计数的单元格区域。
- criteria：计数的条件，可以是数值、文本、表达式或单元格引用。

例如，"=COUNTIF(C2:C10,">=90")"表示统计单元格区域 C2 到 C10 中值大于或等于 90 的单元格的个数。

（14）多条件计数函数 COUNTIFS(criteria_range1,criteria1,[criteria_range2,criteria2],…)

功能：统计指定区域内符合多个给定条件的单元格的数量。

参数说明如下。

- criteria_range1：使用 criteria1 测试的区域。
- criteria1：计数的条件可以为数值、文本、表达式或单元格引用，用来确定将对哪些单元格进行计数。
- [criteria_range2,criteria2]，…：可选，附加的区域及其关联条件，最多允许有 127 个区域/条件对。

注意
每一个附加的区域都必须与参数 criteria_range1 具有相同的行数和列数,这些区域无须彼此相邻。

（15）排位函数 RANK.EQ(number,ref,[order])

功能：返回一个数值在指定数值列表中的排位。如果多个数值具有相同的排位，则返回该组数值的最高排位。

参数说明如下。

- number：需要确定其排位的数值。
- ref：数值列表数组或对数值列表的引用。ref 中的非数值型值将被忽略。
- order：可选。一数值，指明数值排位的方式。如果 order 为 0 或省略，则 Excel 2010 对数值的排位是基于 ref 为按照降序排列的列表；如果 order 不为 0，则 Excel 2010 对数值的排位是基于 ref 为按照升序排列的列表。

（16）垂直查询函数 VLOOKUP(lookup_value,table_array,col_index_num,[range_lookup])

功能：搜索指定单元格区域的第一列，然后返回该区域相同行上任何指定单元格中的值。

参数说明如下。

- lookup_value：要在表格或区域的第一列中搜索的值。

- table_array：包含查找数据的单元格区域。table_array 第一列中的值就是由 lookup_value 搜索的值，这些值可以是文本、数值或逻辑值，文本不区分大小写。

- col_index_num：table_array 参数中返回的匹配值的列号。col_index_num 参数为 1 时，返回 table_array 第一列中的值；col_index_num 为 2 时，返回 table_array 第二列中的值，以此类推。

- range_lookup：可选参数。一个逻辑值，指定 VLOOKUP 函数是查找精确匹配值还是近似匹配值，一般为 FALSE。

（17）逻辑判断函数 IF(logical_test,[value_if_true],[value_if_false])

功能：执行逻辑判断，根据逻辑计算的真、假值，返回不同结果。

参数说明如下。

- logical_test：作为判断条件的任意值或表达式。例如，"A5>=60"就是一个逻辑表达式，如果单元格 A5 中的值大于或等于 60，则表达式的计算结果为 TRUE，反之为 FALSE。此参数可使用任何比较运算符。

- value_if_true：可选参数，当 logical_test 参数的计算结果为 TRUE 时所要返回的值。

如果 logical_test 的计算结果为 TRUE，并且省略 value_if_true 参数（即 logical_test 参数后仅跟一个逗号），则 IF 函数将返回 0。

- value_if_false：可选参数，当 logical_test 参数的计算结果为 FALSE 时所要返回的值。

如果 logical_test 的计算结果为 FALSE，并且省略 value_if_false 参数（即 value_if_true 参数后没有逗号），则 IF 函数返回逻辑值 FALSE。如果 logical_test 的计算结果为 FALSE，并且省略 value_if_false 参数的值（即 value_if_true 参数后有逗号），则 IF 函数返回 0。

5.4.5 快速计算与自动求和

Excel 2010 的计算功能非常人性化，用户既可以选择公式、函数进行计算，又可以直接选择某个单元格区域查看其求和、求平均值等的结果。

1. 快速计算

选择需要求和或求平均值的单元格区域，在 Excel 2010 工作窗口的状态栏中可以直接查看计算结果，包括总和、平均值等，如图 5-43 所示。

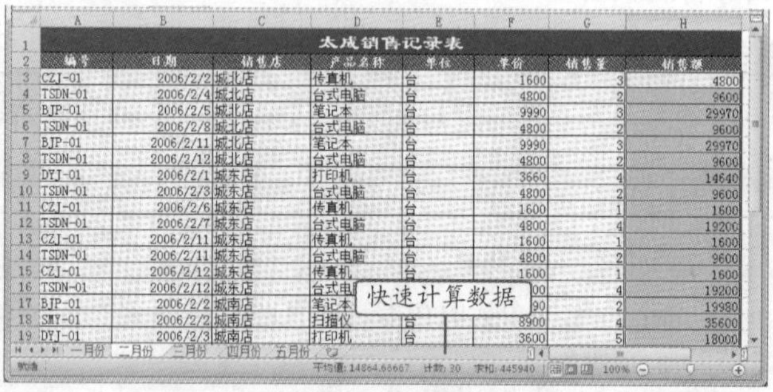

2. 自动求和

求和函数主要用于计算某一单元格区域中所有数值之和。自动求和的操作方法：选择需要求和的单元格区域，在【公式】/【函数库】组中单击"自动求和"按钮Σ，此时，即可在当前单元格中插入求和函数"SUM"，同时 Excel 2010 将自动识别函数参数，单击编辑栏中的"输入"按钮✔或按"Enter"键，完成求和的计算，如图 5-44 所示。

图 5-43　快速计算

提示

单击"自动求和"按钮Σ下方的下拉按钮▾，在打开的下拉列表中还可以选择"平均值""最大值""最小值"等选项，分别用于计算所选区域的平均值、最大值和最小值等。

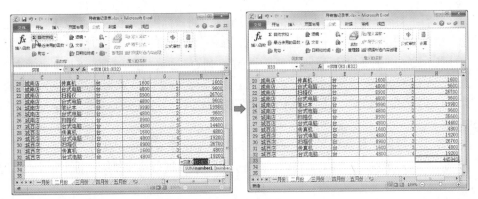

图 5-44　自动求和

5.5　Excel 2010 的数据管理

数据统计功能是 Excel 2010 的常用功能之一，在完成数据的计算后，如果需要清楚直观地分析数据，则可对数据进行排序、筛选、分类汇总和合并计算等操作。

5.5.1　数据排序

数据排序是统计工作中的一项重要内容，在日常办公中，经常会遇到对表格进行排序的情况，比如按销量高低、学生成绩分数高低等进行排序，此时可使用 Excel 2010 中的数据排序功能来实现。对数据进行排序有助于快速、直观地显示数据，也有助于理解、组织并查找所需数据。一般情况下，数据排序分为以下 3 种情况。

1. 快速排序

如果只对某一列数据进行简单排序，则可以使用快速排序法来完成。将鼠标指钊定位到要排序的列的任意单元格中，单击【数据】/【排序和筛选】组中的"升序"按钮 或"降序"按钮 ，此时将打开提示框，在其中单击选中"扩展选定区域"单选项，然后单击 排序(S) 按钮即可，如图 5-45 所示为将"总成绩"按降序排列。

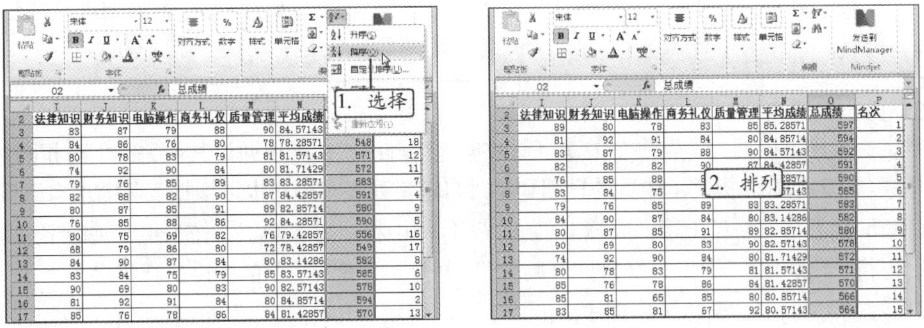

图 5-45　降序排列

2. 组合排序

在对某列数据进行排序时，如果遇到多个单元格数据值相同，则可以使用组合排序的方法来决定数据的先后。组合排序指设置主要、次要关键字进行排序。

【例 5-13】在"新员工培训成绩汇总"工作簿中将"总成绩"作为主要关键字，将"财务知识"作为次要关键字进行排序。

扫一扫

组合排序

STEP▲1 打开"新员工培训成绩汇总"工作簿，将鼠标指针定位在"总成绩"列的任意单元格中，单击【数据】/【排序和筛选】组中的"排序"按钮，打开"排序"对话框。

STEP▲2 在"主要关键字"下拉列表中选择"列O"选项，在"次序"下拉列表中选择"降序"选项，单击 添加条件(A) 按钮，添加"次要关键字"条件。然后在"次要关键字"下拉列表中选择"列J"选项，在"次序"下拉列表中选择"降序"选项，设置完成后单击 确定 按钮，如图5-46所示。

STEP▲3 返回工作簿编辑区，即可看到单元格已完成排序。优先以"总成绩"进行降序排列，当"总成绩"一样时，再以"财务知识"成绩进行降序排列，排序结果如图5-47所示。

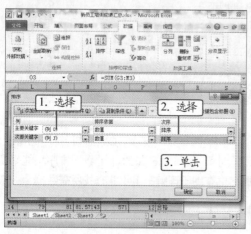

图5-46 设置排序条件

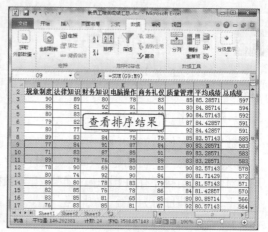

图5-47 查看排序结果

提示

在排序时，如果弹出提示对话框，显示"此操作要求合并单元格都具有相同大小"，则表示当前工作表中包含合并的单元格。由于Excel 2010无法识别合并单元格中的数据并正确排序，因此需要用户取消合并单元格并手动选择规则的排序区域，再进行排序。

3. 自定义排序

自定义排序可以通过设置多个关键字对数据进行排序，并可以通过其他关键字对相同数据进行再排序。Excel 2010提供了内置的日期和年月自定义列表，用户也可根据实际需求自己设置。

【例5-14】在"新员工培训成绩汇总1"工作簿中将"财务知识"作为主要关键字进行降序排列，再将"应聘职位"按"总经理助理、行政主管、文案专员"的顺序进行排序。

STEP▲1 打开"新员工培训成绩汇总1"工作簿，打开"排序"对话框，在"主要关键字"下拉列表中选择"列J"选项，在"次序"下拉列表中选择"降序"选项。

STEP▲2 在"次要关键字"下拉列表中选择"应聘职位"选项，在"次序"下拉列表中选择"自定义排序"选项。

STEP▲3 打开"自定义序列"对话框，在"输入序列"文本框中输入排列顺序，如图5-48所示。

STEP▲4 单击 确定 按钮返回"排序"对话框，再单击 确定 按钮确认设置，即可看到"财务知识"成绩相同的单元格按照"应聘职位"自定义条件进行排序，如图5-49所示。

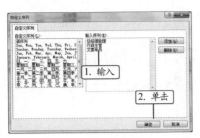

图 5-48 添加自定义条件

图 5-49 查看自定义排序结果

5.5.2 数据筛选

在日常办公中，常常需要在大量数据中查看满足某一个或某几个条件的数据，可以通过 Excel 2010 中的数据筛选功能来完成这项工作。数据筛选主要分为自动筛选、自定义筛选和高级筛选 3 种方式。

1. 自动筛选

自动筛选数据即根据用户设定的筛选条件，自动显示符合条件的数据，隐藏其他数据。

【例 5-15】在工作表中自动筛选性别为"女"的数据。

STEP 1 选择需要进行自动筛选的单元格区域，单击【数据】/【排序和筛选】组中的"筛选"按钮 ，此时各列表头右侧将出现一个下拉按钮 。

STEP 2 单击下拉按钮 ，在打开的下拉列表中选择需要筛选的选项或取消选择不需要显示的数据即可，不满足条件的数据将自动隐藏。如图 5-50 所示为筛选性别为"女"的数据。

STEP 3 如果想要取消筛选，则再次单击【数据】/【排序和筛选】组中的"筛选"按钮 即可。

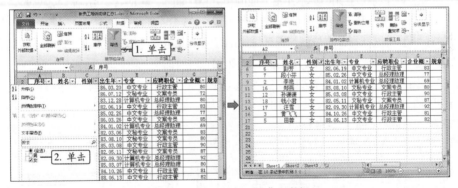

图 5-50 筛选性别为"女"的数据

2. 自定义筛选

自定义筛选建立在自动筛选的基础上，通过自定义筛选可自定义筛选条件，灵活地筛选所需数据。

【例 5-16】自定义筛选"电脑操作"成绩高于 85 分的结果。

STEP 1 选择要自定义筛选的单元格区域，单击【数据】/【排序和筛选】组中的"筛选"按钮 。

STEP 2 单击单元格表头右侧的下拉按钮 ，在打开的下拉列表中选择"数字筛选"选项，在打开的下拉列表中选择"自定义筛选"选项。

STEP 3 打开"自定义自动筛选方式"对话框，在其中设置筛选条件，如图 5-51 所示。

STEP4 设置完成后单击 确定 按钮，完成自定义筛选操作，结果如图 5-52 所示。

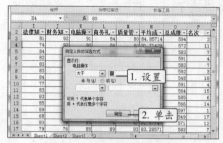

图 5-51　设置自定义筛选条件　　　　图 5-52　查看筛选结果

提示

"自定义自动筛选方式"对话框中包括两组判断条件，上面一组为必选项，下面一组为可选项。上下两组条件通过"与"单选项和"或"单选项两种运算进行关联，其中"与"单选项表示筛选上下两组条件都满足的数据，"或"单选项表示筛选上下两组条件中满足任意一组条件的数据。

3. 高级筛选

通过高级筛选功能可以筛选同时满足两个或两个以上约束条件的数据。

【例 5-17】在"新员工培训成绩汇总 2"工作簿中筛选"财务知识"和"质量管理"成绩高于 85 分的人员。

扫一扫

高级筛选

STEP1 打开"新员工培训成绩汇总 2"工作簿，复制"财务知识"和"质量管理"文本到新的单元格中，这里选择 S2 和 T2 单元格。

STEP2 分别在 S2 和 T2 单元格下面的单元格中输入">=85"，表示筛选条件为"财务知识"和"质量管理"成绩大于或等于 85 分，如图 5-53 所示。

STEP3 将鼠标指针定位到筛选区域中的任意单元格或选择筛选区域，单击【数据】/【排序和筛选】组中的"高级"按钮，打开"高级筛选"对话框。

STEP4 单击选中"将筛选结果复制到其他位置"单选项，并选择需要进行筛选的列表区域和条件区域，这里将列表区域设置为整个表格区域，条件区域则选择之前条件所在的单元格，即 S2:T3 单元格区域，如图 5-54 所示。

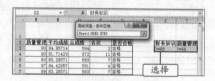

图 5-53　输入筛选条件　　　　图 5-54　选择条件区域

STEP5 在"复制到"条件框中选择筛选结果存放的位置，如图 5-55 所示。

STEP6 单击 确定 按钮完成筛选，筛选结果如图 5-56 所示。

图 5-55　选择筛选结果存放的位置　　　　图 5-56　查看筛选结果

5.5.3 分类汇总

分类汇总指将表格中同一类别的数据放在一起进行统计，使数据变得清晰直观。Excel 2010 中的分类汇总主要包括单项分类汇总和嵌套分类汇总。

1. 单项分类汇总

在创建分类汇总之前，应先对需分类汇总的数据进行排序，然后选择排序后的任意单元格，单击【数据】/【分级显示】组中的"分类汇总"按钮██，打开"分类汇总"对话框，在其中对"分类字段""汇总方式""选定汇总项"等进行设置。如图 5-57 所示为对"应聘岗位"进行分类汇总，设置完成后单击████████按钮即可。

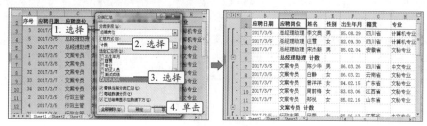

图 5-57　分类汇总

2. 嵌套分类汇总

对已分类汇总的数据再次进行分类汇总，即为嵌套分类汇总。

在完成基础分类汇总后，单击【数据】/【分级显示】组中的"分类汇总"按钮██，打开"分类汇总"对话框，在"分类字段"下拉列表框中选择一个新的分类选项，再对汇总方式、汇总项进行设置，撤销选中"替换当前分类汇总"复选框，单击████████按钮，即可完成嵌套分类汇总的设置。

如图 5-58 所示为在对"应聘方式"进行分类汇总的基础上，对"初试人员"进行嵌套分类汇总的结果。

图 5-58　嵌套分类汇总

> **提示**
>
> 　　如果不再需要对数据进行分类汇总，则可以将其删除，删除方法：在"分类汇总"对话框中单击█████████按钮。

5.5.4 合并计算

如果需要将几个工作表中的数据合并到一个工作表中，则可以使用 Excel 2010 的合并计算功能来实现。

【例5-18】 使用合并计算功能求"食品年销售额统计表"中 D3 单元格的数据。

STEP 1 选择需要合并计算的目标单元格，在【数据】/【数据工具】组中单击"合并计算"按钮，打开"合并计算"对话框。

STEP 2 在"函数"下拉列表框中选择"求和"选项，在"引用位置"参数框中输入或选择第一个被引用单元格，然后单击 添加(A) 按钮将其添加到"所有引用位置"列表框中。

STEP 3 继续选择第二个被引用单元格，将其添加到列表框中，选择完成后单击 确定 按钮即可，结果如图 5-59 所示。

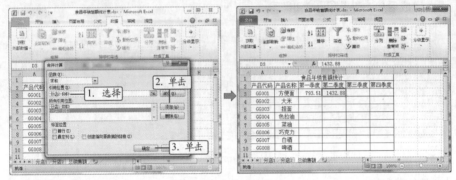

图 5-59　合并计算

5.6　Excel 2010 的图表

Excel 2010 中的图表是对数据的一种直观展示。根据表格中的数据生成图表，可以清楚地查看数据情况。

5.6.1　图表的概念

图表是 Excel 2010 中非常重要的一种数据分析工具，Excel 2010 为用户提供了种类丰富的图表，包括柱形图、条形图、折线图和饼图等。不同类型的图表，其适用情况有所不同。

一般来说，图表由图表区和绘图区构成，图表区指图表整个背景区域，绘图区则包括数据系列、坐标轴、图表标题、数据标签、图例等部分。

● 数据系列：图表中的相关数据点，代表表格中的行、列。图表中不同的数据系列具有不同的颜色和图案，且各个数据系列的含义通过图例体现出来。在图表中，可以绘制一个或多个数据系列。

● 坐标轴：度量参考线，x 轴为水平坐标轴，通常表示分类，y 轴为垂直坐标轴，通常表示数据。

● 图表标题：图表名称，一般自动与坐标轴或图表顶部居中对齐。

● 数据标签：为数据标记附加信息的标签，通常代表表格中某单元格的数据点或值。

● 图例：表示图表的数据系列，通常有多少数据系列就有多少图例色块，图例的颜色或图案与数据系列相对应。

5.6.2　图表的建立与设置

在 Excel 2010 中，图表能清楚地展示数据的大小和变化情况、数据的差异和走势，从而帮助用户分析数据。

1. 创建图表

图表是根据表格数据生成的，因此在插入图表前，需要先编辑表格中的数据。然后选择数据区域，选择【插入】/【图表】组，在"图表"组中选择合适的图表类型，例如，单击"柱形图"按钮 ，在打开的下拉列表中选择一种柱形图类型，将其插入表格中，如图 5-60 所示。

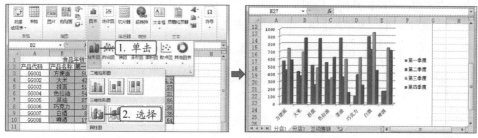

图 5-60 创建图表

2．设置图表

默认情况下，图表将被插入编辑区中心位置，需要对图表位置和大小进行调整。选择图表，将鼠标指针移至图表中，按住鼠标左键不放并拖曳可调整图表的位置；将鼠标指针移至图表的 4 个角上，按住鼠标左键不放并拖曳可调整图表的大小。

选择不同的图表类型，图表中的组成部分也会不同，对于不需要的部分，可将其删除，删除方法：选择不需要的图表部分，按"Backspace"键或"Delete"键。

5.6.3 图表的编辑

在完成图表的插入后，如果图表不够美观或数据有误，可对其进行重新编辑，如编辑图表数据、设置图表位置、更改图表类型、设置图表样式、设置图表布局和编辑图表元素等。

1．编辑图表数据

当表格中的数据发生了变化，如增加或修改了数据时，Excel 2010 会自动更新图表。如果图表所选的数据区域有误，则需要用户手动进行更改。在【图表工具】/【设计】/【数据】组中单击"选择数据"按钮 ，打开"选择数据源"对话框，在其中可重新选择和设置数据。

2．设置图表位置

在创建图表时，图表默认创建在当前工作表中，用户可根据需要将其移至新的工作表中，移动图表的操作方法：选择【图表工具】/【设计】/【位置】组，单击"移动图表"按钮 ，打开"移动图表"对话框，单击选中"新工作表"单选项，即可将图表移至新工作表中，如图 5-61 所示。

3．更改图表类型

如果所选的图表类型不适合表达当前数据，可以更改图表类型，更改方法：选择图表，再选择【图表工具】/【设计】/【类型】组，单击"更改图表类型"按钮 ，在打开的"更改图表类型"对话框中重新选择所需的图表类型，如图 5-62 所示。

图 5-61 移动图表

图 5-62 更改图表类型

4．设置图表样式

创建图表后，为了使图表美观，可以对其样式进行设置。Excel 2010 为用户提供了多种预设布局和样式，用户可以将其快速应用于图表中。设置图表样式的方法：选择图表，然后选择【图表工具】/【设计】/【图表样式】组，在列表框中选择所需样式即可，如图 5-63 所示。

> **提示**
>
> 先选择图表中的数据系列，然后选择【图表】/【格式】/【形状样式】组，在其中选择一种形状样式，可以更改当前数据系列的外观。

5．设置图表布局

除了可以为图表设置样式外，还可以根据需要设置图表的布局。设置图表布局的操作方法：选择要设置布局的图表，在【图表工具】/【设计】/【图表布局】组中选择合适的图表布局即可，如图 5-64 所示。

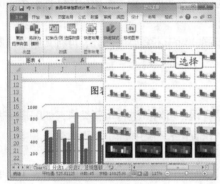
图 5-63　设置图表样式

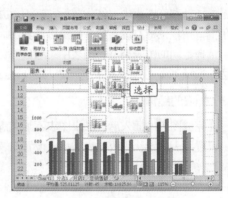
图 5-64　设置图表布局

6．编辑图表元素

在更改图表类型或设置图表布局后，图表中各元素的样式都会随之改变，如果对图表标题、坐标轴标题、图例等元素的位置、显示方式等不满意，可进行调整。操作方法：选择【图表工具】/【布局】/【标签】组，在其中选择需要调整的图表元素，例如，需调整图例的位置，可单击"图例"按钮，在打开的下拉列表中选择所需选项，如图 5-65 所示。

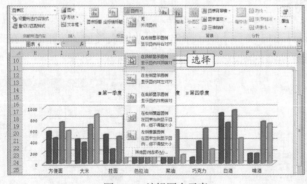
图 5-65　编辑图表元素

5.6.4　快速突显数据的迷你图

迷你图是工作表单元格中的一个微型图表，使用迷你图可以显示一系列数值的变化趋势。插入迷你图的方法：选择需要插入一个或多个迷你图的空白单元格或一组空白单元格，在【插入】/【迷你图】组中选择要创建的迷你图类型，在打开的"创建迷你图"对话框的"数据范围"文本框中输入或选择迷你图所基于的数据区域，在"位置范围"文本框中选择迷你图放置的位置，单击 确定 按钮，即可创建迷你图，如图 5-66 所示。

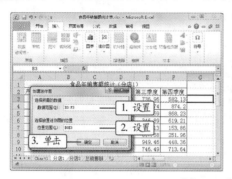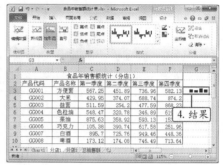

图 5-66　创建迷你图

5.7　打印

在实际办公过程中，通常要对需要存档的电子表格进行打印。利用 Excel 2010 的打印功能，不仅可以打印电子表格，还可以对电子表格的打印效果进行预览和设置。

5.7.1　页面布局设置

在打印之前，可根据需要对页面的布局进行设置，如调整分页符、调整打印效果等，下面分别进行介绍。

- 通过"分页预览"视图调整分页符：利用分页符可以对打印区域进行规划，选择【页面布局】/【页面设置】组，单击"分隔符"按钮，可以对分页符进行添加、删除和移动操作。在 Excel 2010 中，手动插入的分页符以实线显示，自动插入的分页符以虚线显示。设置了分页效果后，在进行打印预览时，将显示分页后的效果。
- 通过"页面布局"视图调整打印效果：选择【页面布局】/【页面设置】组，在其中可以对页面布局、纸张大小、纸张方向、打印区域、背景、打印标题等进行设置，例如，需要设置纸张大小，可单击"纸张大小"按钮，在打开的下拉列表中选择所需选项即可。在【页面布局】/【工作表选项】组中，还可以对网格线和标题进行设置，如图 5-67 所示。

图 5-67　"页面布局"选项卡

5.7.2　页面预览

打印预览有助于及时避免打印过程中的错误，提高打印质量。在打印前预览工作表页面的方法：选择【文件】/【打印】命令，打开"打印"页面，在该页面右侧即可预览打印效果。如果工作表中内容较多，可以单击页面下方的▶按钮或◀按钮，切换到下一页或上一页。单击"显示边距"按钮可以显示页边距，拖曳边距线可以调整页边距。

5.7.3　打印设置

确认打印效果无误后，即可开始打印表格。选择【文件】/【打印】命令，打开"打印"页面，在"打印"栏的"份数"数值框中输入打印数量，在"打印机"下拉列表框中选择当前可使用的打印机，在"设置"下拉列表框中选择打印范围，在"单面打印""调整""纵向""自定义页面大小"下拉列表框中进行相应设置，设置完成后单击"打印"按钮即可，如图 5-68 所示。

图 5-68　打印设置

5.8　Excel 2010 应用综合案例

　　本例将结合本章所讲知识，制作一个完整的绩效考核表格，帮助大家进一步掌握和巩固 Excel 2010 的相关知识。首先创建表格，对表格的内容、格式等进行设置，并计算表格数据，然后将多个表格中的数据合并计算到一个表格中。

　　STEP 1 启动 Excel 2010，将新建的工作簿以"年度绩效考核"为名进行保存，将"Sheet1"工作表名称更改为"销售部"，删除其他工作表，如图 5-69 所示。

扫一扫

Excel 2010 应用
综合案例

　　STEP 2 在工作表中输入表格标题和单元格内容，并进行美化，效果如图 5-70 所示。

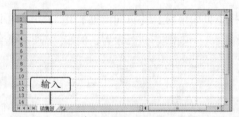

图 5-69　更改工作表名称

图 5-70　输入数据并美化

　　STEP 3 选择 H3:H14 单元格区域，在【公式】/【函数库】组中单击 Σ 自动求和 按钮右侧的下拉按钮，在打开的下拉列表中选择"平均值"选项，自动计算平均值，如图 5-71 所示。

　　STEP 4 选择"销售部"工作表标签，按住"Ctrl"键不放进行复制，如图 5-72 所示。

　　STEP 5 更改复制后的工作表名称为"技术部"，并修改表格中的数据，如图 5-73 所示。

　　STEP 6 按相同方法复制工作表，更改复制后的工作表名称为"客服部"，并修改表格中的数据，如图 5-74 所示。

　　STEP 7 复制"客服部"工作表并重命名为"所有部门"，删除员工信息，如图 5-75 所示。

　　STEP 8 选择 A3 单元格，在【数据】/【数据工具】组中单击"合并计算"按钮，如图 5-76 所示。

图 5-71 计算平均值

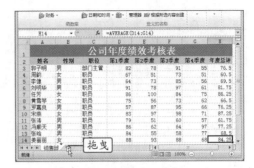

图 5-72 复制工作表

图 5-73 修改工作表

图 5-74 修改工作表

图 5-75 复制工作表并删除员工信息

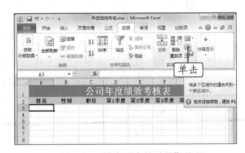

图 5-76 单击"合并计算"按钮

STEP 9 打开"合并计算"对话框,单击"引用位置"右侧的"收缩"按钮,引用"销售部"工作表中的 A3:H14 单元格区域,并利用 添加(A) 按钮将其添加到"所有引用位置"列表框中,如图 5-77 所示。

STEP 10 继续引用并添加"技术部"和"客服部"工作表中的 A3:H14 单元格区域,然后单击选中"最左列"复选框,并单击 确定 按钮,如图 5-78 所示。

图 5-77 引用数据

图 5-78 继续引用数据

STEP 11 选择合并计算后的 A3:H38 单元格区域,将字号设置为"10",对齐方式设置为"居中对齐",并添加"所有框线"边框样式,如图 5-79 所示。

STEP 12 选择 B 列和 C 列单元格,将其删除,得到需要的表格数据,如图 5-80 所示。

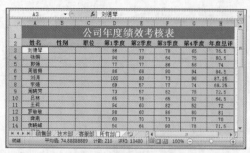

图 5-79 设置格式 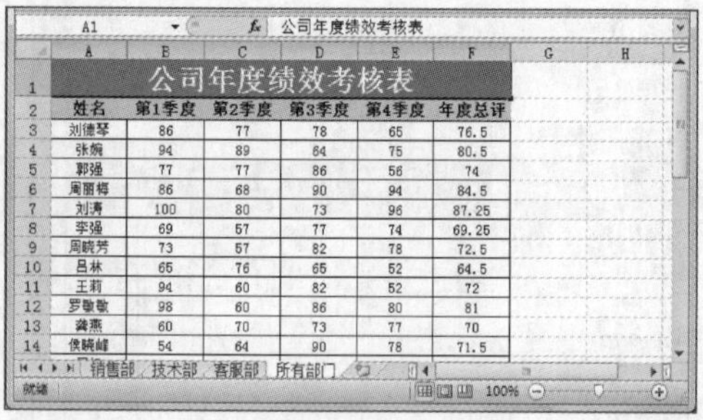　　　　　　　　　　　　　图 5-80 所需表格数据

5.9 习题

1. 新建一个空白工作簿，以"出差登记表"为名保存，并按照下列要求对工作簿进行操作，最终效果如图 5-81 所示。

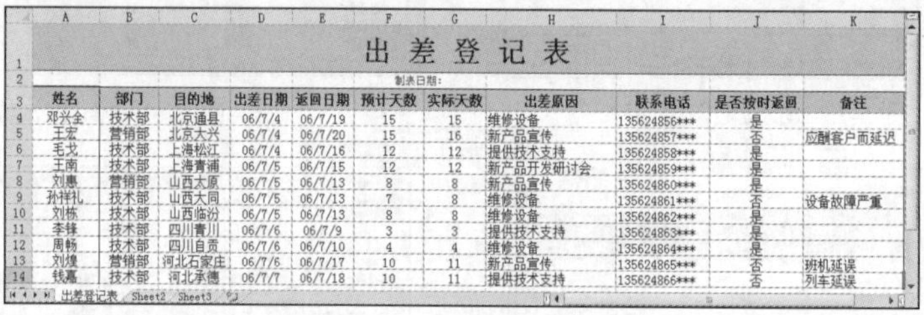

图 5-81 "出差登记表"工作簿

（1）选择"Sheet1"工作表标签，将其名称更改为"出差登记表"，并在表格中输入相关文本和数据。

（2）合并 A1:K1、F2:G2 单元格区域。

（3）设置标题的字体效果为"宋体""26""加粗"，表头的字体效果为"宋体""12""加粗"，设置 F2:G2 单元格区域的字体效果为"宋体""10""红色"。

（4）设置数据对齐方式为居中对齐。

（5）为 A1:K1、A3:K3 单元格区域设置单元格填充颜色。

（6）为 A1:K1、A3:K14 单元格区域添加外边框效果。

2. 打开"销售额统计表"工作簿，如图 5-82 所示，按照下列要求对其进行操作。

（1）设置表格标题的字体格式为"宋体""18"。

（2）为表格的 A2:G18 单元格区域应用表格样式，并取消数据筛选。

（3）使用求和函数计算 G3:G18 单元格区域数据的和。

（4）对 G 列单元格数据进行"降序"排列。

扫一扫

查看具体操作

图 5-82 "销售额统计表"工作簿

第 6 章

演示文稿软件 PowerPoint 2010

PowerPoint 2010 是 Office 2010 办公软件的组件之一，主要用于创建形象生动、图文并茂的幻灯片，在制作和演示公司简介、会议报告、产品说明、培训计划和教学课件等文档时非常适用。本章将介绍 PowerPoint 2010 入门知识、创建演示文稿、编辑和设置演示文稿、动态效果设置、幻灯片放映与打印以及 PowerPoint 2010 应用综合案例等内容。

课堂学习目标
- 了解 PowerPoint 2010 入门知识
- 掌握演示文稿的编辑与设置操作
- 掌握 PowerPoint 2010 幻灯片动态效果的设置操作
- 掌握 PowerPoint 2010 幻灯片的放映与打印操作

6.1 PowerPoint 2010 入门

PowerPoint 2010 是一款主要用于制作演示文稿的软件，在日常办公和教师的教学中使用非常广泛。在 PowerPoint 2010 中可以添加图片、动画、音频和视频等对象，制作集文字、图形和多媒体于一体的演示文稿。

6.1.1 PowerPoint 2010 简介

PowerPoint 2010 主要用于制作演示文稿，使用 PowerPoint 2010 制作的演示文稿可以通过投影仪或计算机进行演示。演示文稿一般由若干张幻灯片组成，每张幻灯片中都可以放置文字、图片、多媒体等内容，从而独立表达主题。完成演示文稿的制作后，即可使用幻灯片放映功能对其内容进行展示，并可自主控制演示过程。图 6-1 所示为使用 PowerPoint 2010 制作的教学课件演示文稿。

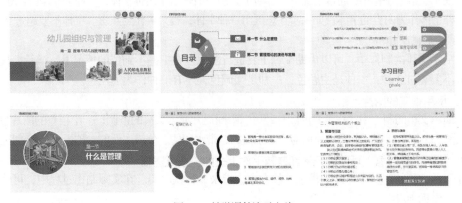

图 6-1 教学课件演示文稿

6.1.2 演示文稿制作概述

作为一个没有任何平面设计基础、没有色彩理论基础的演示文稿制作者，要想设计一个优秀的演示文稿并不是件容易的事情，搜集各种模板进行拼接撰写的演示文稿很多时候不尽如人意。这就需要我们了解如何评价一个演示文稿是否优秀。

一个高质量的演示文稿=好文案+好图文+好排版，优秀演示文稿的"16字格言"：结构清晰、整体协调、主题明确、简洁明了。

1．结构清晰，逻辑合理

结构清晰有两层含义。一是导航要清晰。要做到导航清晰，首先目录要清晰，其次在每个页面都能明确当前的位置，超链接不要使用太多，避免迷航。二是知识结构要清晰。只有结构清晰，大家才能更多地把注意力集中在演讲者和内容上。

2．整体协调，美观大方

整体协调指视觉传达具有美学上的和谐性、整体性、平衡性，不给人杂乱无章的感觉。统一风格就是要统一演示文稿的文字字号、字体、色彩，演示文稿整体有统一的配色方案，统一的规划布局。

3．主题明确，观点突出

观点是否明确、重点是否突出直接影响演示文稿的成败。只有重点突出，各项元素服务于主题需要，才能将要表达的内容清晰无误地呈现出来。

4．简洁明了，细节完美

切忌强行把文字堆积在一张幻灯片上，一张幻灯片放不下就拆分为两张，能用图表、表格、SmartArt 图形直观呈现的数据尽量不要用文字堆砌出来。用完美的细节来展现实力和一丝不苟的态度。

很多时候，即使知道了优秀演示文稿的标准，实际操作中还是会存在问题，下面我们来看看演示文稿设计中常犯的几个错误。

1．文字过多，重点不突出，没有留白

在演示文稿的制作中，内容呈现要配合视觉展示，用图表或图片来展示数据、论证观点，对文字多加提炼和分组；利用对比，放大关键信息，弱化其他信息。

2．用各种花式背景，风格不统一

在演示文稿的制作中，要使用简洁统一的背景，注意背景不要喧宾夺主，文稿内容清晰明确才是最重要的。

3．部分场合乱用字体，乱加字体特效

在演示文稿的制作中，通常情况下一个演示文稿中最好运用两种字体：一种字体作为标题字体；另外一种字体作为内容的字体。如果实在想再用一种字体，也只可作为点缀。字体不要超过3种。

4．胡乱搭配颜色

在演示文稿的制作中，可以借助配色工具进行配色。在把握不到位的情况下，演示文稿的颜色最好不要超过3种：一种是主题色，一种是强调色，还有一种作为通用色。

5．使用很差的图片

在演示文稿的制作中，一个好的图片，可以瞬间提升演示文稿的格调；一个很差的图片也能够瞬间毁了一个演示文稿。要避免使用与主题无关的、带水印的、分辨率低的、拍摄水平差的图片。

6．排版混乱随意，页面的元素都是随手放上去的，缺乏逻辑

在演示文稿的制作中，PPT 排版工整有序会带来一种秩序美。在实际制作过程中，可使用对齐工具，借助参考线。

7. 过度使用动画和切换

在演示文稿的制作中，动画和切换的使用要符合内容呈现的逻辑，并不是动画和切换越多越好，动画尽量做到精美短小、自然简洁、赏心悦目，使作品生动。要围绕主题，使用相应的各种元素。

6.1.3 PowerPoint 2010 的启动

启动 PowerPoint 2010 的方法与启动其他 Office 2010 组件类似，具体方法如下。

- 选择【开始】/【所有程序】/【Microsoft Office】/【Microsoft PowerPoint 2010】命令。
- 双击桌面上的 PowerPoint 2010 快捷方式图标。
- 在任务栏中的"快速启动区"单击 PowerPoint 2010 图标。
- 双击用 PowerPoint 2010 创建的演示文稿，可启动 PowerPoint 2010 并打开该演示文稿。
- 在"开始"菜单中的快速启动区单击 PowerPoint 2010 选项。

6.1.4 PowerPoint 2010 的窗口组成

启动 PowerPoint 2010 后将进入 PowerPoint 2010 的工作窗口，如图 6-2 所示。PowerPoint 2010 工作窗口与其他 Office 2010 组件类似，其不同之处主要体现在幻灯片编辑区、"幻灯片/大纲"窗格、"备注"窗格和状态栏等部分，下面主要对 PowerPoint 2010 特有的组成部分进行介绍。

图 6-2 PowerPoint 2010 工作窗口

- 幻灯片编辑区：位于演示文稿编辑区的中心，用于显示和编辑幻灯片的内容。默认情况下，标题幻灯片中包含一个正标题占位符和一个副标题占位符，内容幻灯片中包含一个标题占位符和一个内容占位符。

- "幻灯片/大纲"窗格：位于演示文稿编辑区的左侧，上方有两个选项卡，单击不同的选项卡可在"幻灯片"浏览窗格和"大纲"浏览窗格之间切换。其中，"幻灯片"浏览窗格主要显示当前演示文稿中所有幻灯片的缩略图，单击某张幻灯片缩略图，可跳转到该幻灯片并在右侧的幻灯片编辑区中显示该幻灯片的内容；"大纲"浏览窗格可以显示当前演示文稿中所有幻灯片的标题与正文内容，在"大纲"浏览窗格中可快速编辑幻灯片中的文本内容。

- "备注"窗格：在该窗格中可以输入当前幻灯片的备注信息，为演示者的演示做提醒说明。

- 状态栏：位于工作窗口的下方，主要由状态提示栏、视图切换按钮和显示比例栏 3 部分组成。其中，状态提示栏用于显示幻灯片的数量、序列信息，以及当前演示文稿使用的主题；视图切换按钮用于在演示文稿的不同视图之间切换，单击相应的视图切换按钮即可切换到对应的视图中；显示比例栏用于设置幻灯片窗格中幻灯片的显示比例，单击◯按钮或⊕按钮，将以 10% 的比例缩小或放大幻灯片，拖曳两个按钮之间的滑块◻，可放大或缩小幻灯片，单击右侧的"使幻灯片适应当前窗口"按钮▣，将根据当前幻灯片窗格的大小显示幻灯片。

6.1.5 PowerPoint 2010 的窗口视图模式

PowerPoint 2010 为用户提供了普通视图、幻灯片浏览视图、幻灯片放映视图、阅读视图和备注页视图 5 种视图模式，在工作窗口下方的状态栏中单击相应的视图切换按钮或在【视图】/【演示文稿视图】组中单击相应的视图切换按钮即可进入相应的视图。各视图的功能介绍分别如下。

- 普通视图：普通视图是 PowerPoint 2010 默认的视图模式，打开演示文稿即进入普通视图，单击"普通视图"按钮▣也可切换到普通视图。在普通视图模式下，可以对幻灯片的总体结构进行调整，也可以对单张幻灯片进行编辑，普通视图是编辑幻灯片常用的视图模式。

- 幻灯片浏览视图：单击"幻灯片浏览"按钮▦即可进入幻灯片浏览视图。在该视图模式中可以浏览演示文稿中所有幻灯片的整体效果，并且可以对整体结构进行调整，如调整演示文稿的背景、移动或复制幻灯片等，但是不能编辑幻灯片中的具体内容。

- 幻灯片放映视图：单击"幻灯片放映"按钮🖵即可进入幻灯片放映视图。进入放映视图后，演示文稿中的幻灯片将按放映设置进行全屏放映。在放映视图中，可以浏览每张幻灯片的放映情况，测试幻灯片中插入的动画和声音效果，并可控制放映过程。

- 阅读视图：单击"阅读视图"按钮🗔即可进入幻灯片阅读视图。进入阅读视图后，可以在当前计算机上以窗口方式查看演示文稿放映效果，单击"上一张"按钮◀或"下一张"按钮▶可切换幻灯片。

- 备注页视图：备注页视图是将"备注"窗格以整页格式进行查看和使用，在备注页视图中可以很方便地编辑备注内容。

6.1.6 PowerPoint 2010 的演示文稿及其操作

在编辑演示文稿时，首先需要新建一个演示文稿，在制作完成后，还需对演示文稿的内容进行保存。下面分别介绍新建、保存和打开演示文稿的方法，以及在演示文稿中嵌入字体、将演示文稿发布为视频文件和打包成 CD 的方法。

1．新建演示文稿

新建演示文稿的方法很多，如创建空白演示文稿、利用样本模板创建演示文稿、根据主题创建演示文稿、根据现有内容创建演示文稿等，用户可根据实际需求进行选择。

（1）新建空白演示文稿

启动 PowerPoint 2010 后，该软件将自动新建一个名为"演示文稿1"的空白演示文稿。此外还可通过其他方法完成演示文稿的新建，主要有以下两种方法。

- 选择【文件】/【新建】命令，在中间列表框中单击"空白演示文稿"图标▯，再单击右侧的"创建"按钮▯。

- 按"Ctrl+N"组合键。

（2）利用样本模板创建演示文稿

PowerPoint 2010 提供了相册、宣传手册和培训样本等模板，用户可在这些模板的基础上快速创建带有内容的演示文稿。操作方法：选择【文件】/【新建】命令，在中间列表框中单击"样本模板"图标▦，在"可用的模板和主题"列表框中选择一种模板样式，在右侧单击"创建"按钮▯，便可创建该样本模板样式的演示文稿。

（3）根据主题创建演示文稿

为了使创建的演示文稿具有统一的外观风格，可使用 PowerPoint 2010 自带的主题创建演示文稿，创建的演示文稿中各张幻灯片将具有统一的背景、颜色和字体等。根据主题创建演示文稿的具体操作：选择【文件】/【新建】命令，在中间列表框中单击"主题"图标▦；在"可用的模板和主题"列表框中选择一种主题样式，在右侧单击"创建"按钮▯，便可创建该主题样式的演示文稿。

（4）根据现有内容创建演示文稿

如果需要创建的演示文稿与现有的某个演示文稿内容类似，可直接根据现有演示文稿内容进行创建，以减少工作量。操作方法：选择【文件】/【新建】命令，在中间列表框中单击"根据现有内容新建"图标▯，打开"根据现有演示文稿新建"对话框，选择已有的演示文稿，并单击 新建(C) 按钮，即可新建一个与现有演示文稿内容相同的演示文稿。

2．保存演示文稿

保存演示文稿的方法与其他 Office 2010 组件类似，主要包括直接保存和"另存为"两种方法。

- 直接保存：选择【文件】/【保存】命令或单击快速访问工具栏中的"保存"按钮 📄 。如果文档已执行过保存操作，PowerPoint 2010 将直接用现在编辑的内容替换过去保存的内容。如果文档是第一次进行保存，PowerPoint 2010 会自动打开"另存为"对话框，用户需在该对话框中设置演示文稿保存的位置和名称。

- "另存为"：对于已保存过的演示文稿，如果需要将其保存为其他格式或保存到其他位置，可以选择【文件】/【另存为】命令，打开"另存为"对话框，在其中重新指定新的文件名称或保存位置，然后单击 保存(S) 按钮。

3．打开演示文稿

当需要对演示文稿进行编辑、查看或放映操作时，首先应将其打开。打开演示文稿的方法主要包括以下 4 种。

- 打开演示文稿：启动 PowerPoint 2010 后，选择【文件】/【打开】命令或按"Ctrl+O"组合键，打开"打开"对话框，在其中选择需要打开的演示文稿，单击 打开(O) ▼ 按钮，即可打开选择的演示文稿。

- 打开最近使用的演示文稿：PowerPoint 2010 提供了记录最近打开的演示文稿的功能，如果想打开最近打开过的演示文稿，可选择【文件】/【最近所用文件】命令，在打开的页面中将显示最近打开的演示文稿名称和保存路径，选择需打开的演示文稿即可将其打开。

- 以只读方式打开演示文稿：以只读方式打开的演示文稿只能进行浏览，不能进行编辑。以只读方式打开演示文稿的操作方法：选择【文件】/【打开】命令，打开"打开"对话框，在其中选择需要打开的演示文稿，单击 打开(O) ▼ 按钮右侧的下拉按钮 ▼ ，在打开的下拉列表中选择"以只读方式打开"选项。此时，打开的演示文稿"标题"栏中将显示"只读"字样，在以只读方式打开的演示文稿中进行编辑后，不能进行"直接保存"操作。

- 以副本方式打开演示文稿：以副本方式打开演示文稿指将演示文稿作为副本打开，在副本中进行编辑后，不会影响源文件的内容。在打开的"打开"对话框中选择需打开的演示文稿后，单击 打开(O) ▼ 按钮右侧的下拉按钮 ▼ ，在打开的下拉列表中选择"以副本方式打开"选项即可，此时演示文稿"标题"栏中将显示"副本"字样。

4．在演示文稿中嵌入字体

如果 PowerPoint 2010 默认的字体库满足不了需求，我们可下载特殊字体用于演示文稿中。在浏览演示文稿时，如果计算机中没有这种字体，则系统会自动用其他的字体来代替，这就会影响幻灯片的整体效果。我们有时候直接使用下载的模板创建演示文稿，可是往往没有添加多少数据，文件却很大。以上情况都涉及设置演示文稿的字体嵌入问题。

选择【文件】/【选项】命令，打开图 6-3 所示的"PowerPoint 选项"对话框，在【保存】选项卡中勾选【将字体嵌入文件】选项。

单选项"仅嵌入演示文稿中使用的字符"：表示仅嵌入幻灯片中使用的字体。

单选项"嵌入所有字符"：表示把计算机中所有字体都嵌入幻灯片中，这是直接使用下载的模板创建演示文稿时文件很大的可能原

图 6-3 "PowerPoint 选项"对话框

因之一。

5. 发布为视频文件和打包成 CD

制作完成的演示文稿可以直接在安装有 PowerPoint 2010 应用程序的计算机中演示，但是在没有安装 PowerPoint 2010 应用程序的计算机上有可能无法播放，为了解决这个问题，可以在保存演示文稿的时候，选择"文件类型"为"PowerPoint 放映（*.ppsx）"，这是一个直接放映格式。另外，还可以发布为视频文件或将演示文稿打包为 CD，下面简单介绍这两种方法。

（1）发布为视频文件

在 PowerPoint 2010 中，可以将演示文稿转换为视频文件，这样可以保证文件中的动画、旁白和多媒体内容在分发给他人时，即使计算机上没有安装 PowerPoint 2010，也能够顺畅播放。

选择【文件】/【保存并发送】命令，单击"文件类型"列表中的"创建视频"按钮，然后在图 6-4 所示的参数设置区域设置视频的质量和大小、是否使用已录制的计时和旁白等，参数设置好后，单击下方的"创建视频"按钮，按向导要求输入文件名和保存位置创建视频。

图 6-4　将演示文稿发布为视频文件

（2）将演示文稿打包为 CD

演示文稿还可以打包到磁盘的文件夹或 CD 光盘上，同样是选择【文件】/【保存并发送】命令，单击"文件类型"列表中的"将演示文稿打包为 CD"按钮，会打开图 6-5 所示的"打包成 CD"对话框。

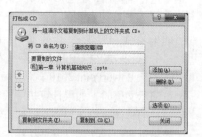

"添加"按钮：增加新的打包文件。

"删除"按钮：减少相关的打包文件。

图 6-5　"打包成 CD"对话框

"选项"设置按钮：设置打包内容是否包含演示文稿相关的链接文件和嵌入的 TrueType 字体；设置安全性和隐私保护的打开密码和修改密码。

"复制到文件夹"按钮：将演示文稿打包到指定的文件夹中。

"复制到 CD"按钮：将演示文稿打包并刻录到事先准备好的 CD 上，前提是配备有刻录机和空白 CD。

6.1.7　PowerPoint 2010 的幻灯片及其操作

一个演示文稿通常由多张幻灯片组成，在制作演示文稿的过程中往往需要对多张幻灯片进行操作，如新建幻灯片、应用幻灯片版式、选择幻灯片、移动和复制幻灯片、删除幻灯片等，下面分别进行介绍。

1. 新建幻灯片

在新建空白演示文稿或根据主题新建演示文稿时，默认只包含一张幻灯片，不能满足实际需要，因此需要用户手动新建幻灯片。新建幻灯片的方法主要有以下两种。

* 在"幻灯片/大纲"窗格中新建幻灯片：单击"幻灯片"或"大纲"选项卡，选择已有的幻灯片，单击鼠标右键，在弹出的快捷菜单中选择"新建幻灯片"命令。

* 通过【幻灯片】组新建幻灯片：在普通视图或幻灯片浏览视图中选择一张幻灯片，在【开始】/【幻灯片】组中单击"新建幻灯片"按钮下方的下拉按钮，在打开的下拉列表中选择一种幻灯片版式即可。

2. 应用幻灯片版式

如果对新建的幻灯片的版式不满意，可进行更改。更改幻灯片版式的操作方法：在【开始】/【幻灯片】组中单击"版式"按钮右侧的下拉按钮，在打开的下拉列表中选择一种幻灯片版式，即可将其应用于当前幻灯片。

3. 选择幻灯片

选择幻灯片是编辑幻灯片的前提，选择幻灯片主要有以下 3 种方法。

* 选择单张幻灯片：在"幻灯片"窗格中单击幻灯片缩略图，或在"大纲"窗格中单击图标可选择当前幻灯片。

* 选择多张幻灯片：在幻灯片浏览视图或"幻灯片"窗格中按住"Shift"键并单击幻灯片可选择多张连续的幻灯片，按住"Ctrl"键并单击幻灯片可选择多张不连续的幻灯片。

* 选择全部幻灯片：在幻灯片浏览视图或"幻灯片"窗格中按"Ctrl+A"组合键。

4. 移动和复制幻灯片

当需要调整某张幻灯片的顺序时，需对其进行移动操作。当需要使用某张幻灯片中已有的版式或内容时，可直接复制该幻灯片进行更改，以提高工作效率。移动和复制幻灯片的方法主要有以下 3 种。

* 通过拖曳鼠标：选择需移动的幻灯片，按住鼠标左键不放拖曳到目标位置后释放鼠标完成移动操作；选择幻灯片，按住"Ctrl"键并拖曳到目标位置，完成幻灯片的复制操作。

* 通过菜单命令：选择需移动或复制的幻灯片，在其上单击鼠标右键，在弹出的快捷菜单中选择"剪切"或"复制"命令。将鼠标定位到目标位置，单击鼠标右键，在弹出的快捷菜单中选择"粘贴"命令，完成幻灯片的移动或复制。

* 通过快捷键：在"幻灯片/大纲"窗格或幻灯片浏览视图中选择幻灯片，按"Ctrl+X"组合键（移动）或"Ctrl+C"组合键（复制），然后在目标位置按"Ctrl+V"组合键进行粘贴，完成移动或复制操作。

5. 删除幻灯片

在"幻灯片/大纲"窗格或幻灯片浏览视图中均可删除幻灯片，操作方法如下。

* 选择要删除的幻灯片，然后单击鼠标右键，在弹出的快捷菜单中选择"删除幻灯片"命令。

* 选择要删除的幻灯片，按"Delete"键。

* 选择要删除的幻灯片，按"Backspace"键。

6.1.8 PowerPoint 2010 的退出

当不再需要对演示文稿进行操作后，可将其关闭，关闭演示文稿的常用方法有以下 3 种。

* 通过单击按钮关闭：单击 PowerPoint 2010 工作窗口标题栏右上角的"关闭"按钮，关闭演示文稿并退出 PowerPoint 2010 应用程序。

- 通过快捷菜单关闭：在 PowerPoint 2010 工作窗口标题栏上单击鼠标右键，在弹出的快捷菜单中选择"关闭"命令。
- 通过命令关闭：选择【文件】/【关闭】命令。

6.2 演示文稿的编辑与设置

演示文稿是一种用于展示和放映的文档，为了使展示效果良好，通常需要在幻灯片中添加很多对象，如文本、艺术字、图片、表格、图表、音频、视频等。此外，为了幻灯片的整体效果，还需对其母版、主题等进行设置。

6.2.1 编辑幻灯片

编辑幻灯片是制作演示文稿的第一步，下面主要对输入文本和编辑文本格式、插入和编辑艺术字、插入和编辑图片效果等常用编辑操作进行介绍。

1. 输入文本和编辑文本格式

文本是幻灯片的重要组成部分，无论是演讲类、报告类还是形象展示类的演讲文稿，都离不开文本的输入与编辑。

（1）输入文本

在幻灯片中主要可以通过占位符、文本框和"大纲"窗格 3 种方法输入文本。

- 在占位符中输入文本：新建演示文稿或插入新幻灯片后，幻灯片中会包含两个或多个虚线文本框，即占位符。占位符可分为文本占位符和项目占位符两种，文本占位符用于放置标题和正文等文本内容，在幻灯片中显示为"单击此处添加标题"或"单击此处添加文本"，单击占位符，即可输入文本内容。项目占位符中通常包含"插入表格""插入图表""插入 SmartArt 图形"等图标，单击相应的图标，可插入图片、表格、图表或媒体文件等对象，如图 6-6 所示。
- 通过文本框输入文本：幻灯片中除了可在占位符中输入文本外，还可以在空白位置绘制文本框来添加文本。在【插入】/【文本】组单击"文本框"按钮 下方的下拉按钮 ，在打开的下拉列表中选择"横排文本框"选项或"竖排文本框"选项，当鼠标指针变为↓形状时，单击需添加文本的空白位置就会出现一个文本框，在其中输入文本即可，如图 6-7 所示。
- 通过"大纲"窗格输入文本：单击"大纲"选项卡切换到"大纲"窗格，将鼠标指针定位到相应的幻灯片图标后即可输入文本。在"大纲"窗格中直接输入的文本一般都显示为标题，输入标题文本后，按"Ctrl+Enter"组合键可以切换到下一级。将鼠标指针定位到文本中，按"Tab"键可将该文本降一级；按"Shift+Tab"组合键，可将该文本升一级。在输入同一级内容时，可按"Shift+Enter"组合键进行换行。在"大纲"窗格输入文本时，所输入内容会依次显示在右侧幻灯片中，如图 6-8 所示。

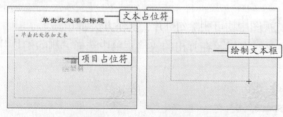

图 6-6　占位符　　　　　图 6-7　绘制文本框

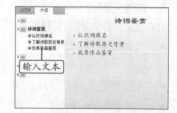

图 6-8　通过"大纲"窗格输入文本

（2）编辑文本格式

为了使幻灯片的文本美观，通常需要对其字体、字号、颜色及特殊效果等进行设置。在 PowerPoint 2010 中主要可以通过"字体"组和"字体"对话框设置文本格式。

• 通过"字体"组设置文本格式：选择文本或文本占位符，在【开始】/【字体】组中可以对字体、字号、颜色等进行设置，还能单击"加粗 **B** "、"倾斜 *I* "、"下画线 U "等按钮为文本添加相应效果，如图 6-9 所示。

• 通过"字体"对话框设置文本格式：选择文本或文本占位符，在【开始】/【字体】组右下角单击"对话框启动器"按钮 ，在打开的"字体"对话框中可对文本的字体、字号、颜色等进行设置，如图 6-10 所示。

图 6-9　通过"字体"组设置文本格式

图 6-10　通过"字体"对话框设置文本格式

2．插入和编辑艺术字

艺术字是一种具有美化效果的文本，在幻灯片中主要起到醒目、美观的作用。为了使演示文稿能达到良好的放映和宣传效果，一般只需在重点标题文本中应用艺术字效果。

（1）插入艺术字

在演示文稿中选择输入的文本，在【绘图工具格式】/【艺术字样式】组中单击"其他"按钮 ，在打开的下拉列表中选择相应的选项，可为当前所选文本设置艺术字效果。此外，也可在【插入】/【文本】组中单击"艺术字"按钮 下方的下拉按钮 ，在打开的下拉列表中选择艺术字样式，如图 6-11 所示，然后在出现的提示文本框中输入艺术字文本，最终效果如图 6-12 所示。

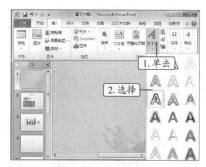

图 6-11　选择艺术字样式

图 6-12　插入艺术字后的效果

（2）编辑艺术字

选择输入的艺术字文本，在【绘图工具格式】/【艺术字样式】组中单击"其他"按钮 ，在打开的下拉列表中选择相应选项，可以修改艺术字的样式。在【绘图工具格式】/【形状样式】组中单击"其他"按钮 ，在打开的下拉列表中可以选择修改艺术字文本框的形状样式。

3．插入、编辑和美化表格

表格可直观形象地表达数据情况，用 PowerPoint 2010 制作演示文稿时，不仅可以在幻灯片中插入表格，还能根据幻灯片的主题风格对表格进行编辑和美化。

（1）插入表格

在幻灯片中插入表格主要有以下 3 种方法。

- 自动插入表格：选择要插入表格的幻灯片，在【插入】/【表格】组中单击"表格"按钮▦，在打开的下拉列表中拖曳鼠标选择表格行列数，到合适位置后单击鼠标即可插入表格，如图 6-13 所示。

- 通过"插入表格"对话框插入表格：选择要插入表格的幻灯片，在【插入】/【表格】组中单击"表格"按钮▦，在打开的下拉列表中选择"插入表格"选项，打开"插入表格"对话框，在其中输入表格所需的行数和列数，单击 确定 按钮完成插入，如图 6-14 所示。

图 6-13 自动插入表格　　　　　　　　图 6-14 通过"插入表格"对话框插入表格

- 手动绘制表格：在"表格"下拉列表中选择"绘制表格"选项，此时鼠标指针变为 ∂ 形状，在需要插入表格处按住鼠标左键不放并拖曳，出现一个虚线框显示的表格，拖曳鼠标调整虚框到适当大小后释放鼠标，绘制出表格的边框，然后在【表格工具 设计】/【绘制边框】组中单击"绘制表格"按钮▦，在绘制的边框中按住鼠标左键横向或纵向拖曳出一条虚线，释放鼠标即可在表格中画出行线或列线，如图 6-15 所示。

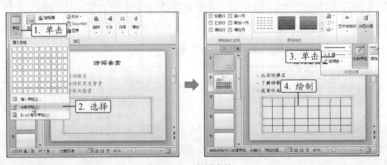

图 6-15 绘制表格

（2）输入表格内容并编辑表格

插入表格后即可在其中输入文本和数据，并可根据需要对表格进行以下操作。

- 调整表格大小：选择表格，将鼠标指针移到表格边框上，当鼠标指针变为 ↖ 形状时，按住鼠标左键不放并拖曳鼠标，可调整表格大小。

- 调整表格位置：将鼠标指针移到表格上，当鼠标指针变为 ✣ 形状时，按住鼠标左键不放进行拖曳，至合适位置后释放鼠标，即可调整表格位置。

- 输入文本和数据：将鼠标指针定位到单元格中即可输入文本和数据。

- 选择行/列：将鼠标指针移至表格左侧，当鼠标指针变为 ➡ 形状时，单击鼠标左键可选择该行。将鼠标指针移至表格上方，当鼠标指针变为 ↓ 形状时，单击鼠标左键可选择该列。

- 插入行/列：将鼠标指针定位到表格的任意单元格中，在【表格工具 布局】/【行和列】组中单击"在上方插入"按钮▦、"在下方插入"按钮▦、"在左侧插入"按钮▦或"在右侧插入"按钮▦，即可在表格相应位置插入行或列。

- 删除行/列：选择多余的行，在【表格工具 布局】/【行和列】组中单击"删除"按钮，在打开的下拉列表中选择相应选项即可。

- 合并单元格：选择要合并的单元格，在【表格工具 布局】/【合并】组中单击"合并单元格"按钮。

（3）调整行高和列宽

在绘制表格的过程中，为了使表格整齐美观且符合表格内容的需要，往往需要调整表格的行高和列宽。

将鼠标指针移到表格中需要调整列宽或行高的单元格分隔线上，当鼠标指针变为 形状时，按住鼠标左键不放向左右或上下拖曳，至合适位置时释放鼠标，即可完成列宽或行高的调整。如果想精确表格行高或列宽的值，可在【表格工具 布局】/【单元格大小】组的数值框中输入具体数值，如图6-16所示。

图6-16 调整行高和列宽

（4）美化表格

为了使表格样式与幻灯片整体风格搭配和谐，可以为表格添加样式。PowerPoint 2010提供了很多预设的表格样式供用户使用。

在【表格工具 设计】/【表格样式】组中单击"其他"按钮，打开样式列表，在其中选择需要的样式即可，如图6-17所示。同时，在该组中单击"底纹"按钮、"边框"按钮、"效果"按钮，在打开的下拉列表中还可为表格设置底纹、边框和三维立体效果。

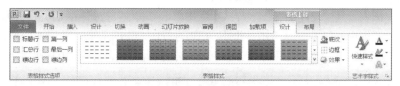

图6-17 美化表格

提示

为了使幻灯片美观，表格的样式应该与幻灯片的整体风格相适应，如颜色最好与演示文稿主体颜色保持相似或一致，此外，艺术字、图表等对象都需遵循这个原则。

4．插入、编辑、美化图表及设置图表格式

演示文稿作为一种元素十分多样化的文档，通常不需要添加太多的文本，而主要通过图片、图表等来展示内容。图表可以直接将数据的说明和对比清晰直观地表现出来，增强幻灯片的说服力。

（1）创建图表

在【插入】/【插图】组中单击"图表"按钮，打开"插入图表"对话框，在对话框左侧选择图表类型，如选择"柱形图"选项，在对话框右侧的列表框中选择柱形图类型下的图表样式，然后单击 确定 按钮，此时将打开"Microsoft PowerPoint中的图表"电子表格，在其中输入表格数据，然后关闭电子表格，即可完成图表的插入，如图6-18所示。

图 6-18　插入图表

（2）编辑图表

在演示文稿中直接插入的图表，其大小、样式、位置等都是默认的，用户可根据需要进行调整和更改。

- 调整图表大小：选择图表，将鼠标指针移到图表边框上，当鼠标指针变为形状时，按住鼠标左键不放并拖曳鼠标，可调整图表大小。
- 调整图表位置：将鼠标指针移到图表上，当鼠标指针变为形状时，按住鼠标左键不放进行拖曳，至合适位置后释放鼠标，即可调整图表位置。
- 修改图表数据：在【图表工具　设计】/【数据】组中单击"编辑数据"按钮，打开"Microsoft PowerPoint 中的图表"窗口，修改单元格中的数据，修改完成后关闭窗口即可。
- 更改图表类型：在【图表工具　设计】/【类型】组中单击"更改图表类型"按钮，在打开的"更改图表类型"对话框中进行选择，单击　确定　按钮关闭对话框即可。

（3）美化图表

与表格一样，PowerPoint 2010 也为图表提供了很多预设样式，以帮助用户快速美化图表。选择图表，在【图表工具　设计】/【图表样式】组中单击"其他"按钮，打开样式列表，在其中选择需要的样式即可，如图 6-19 所示。此外，也可选择图表中的某个数据系列，选择【图表工具格式】/【形状样式】组，在其中对单个数据列的样式进行设置，如图 6-20 所示。

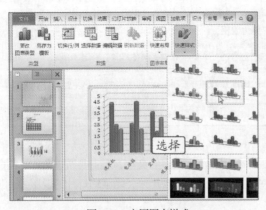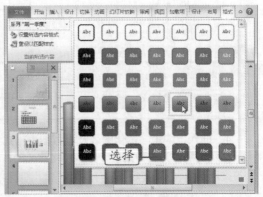

图 6-19　应用图表样式　　　　　　　　图 6-20　设置数据系列的样式

（4）设置图表格式

图表主要由图表区、数据系列、图例、网格线和坐标轴组成，可以通过"图表工具　布局"中的各组分别进行设置，如图 6-21 所示。

- "背景"组：可以设置图表的背景、图表基底、三维旋转等。

- "标签"组：可以设置图表标题、坐标轴标题、图例、数据标签、模拟运算表等。
- "坐标轴"组：可以设置坐标轴和网格线。
- "分析"组：可以设置趋势线、折线、涨/跌柱线等。

图 6-21　设置图表各组成部分的格式

5. 插入和编辑形状

PowerPoint 2010 为用户提供了形状绘制功能，该功能不仅用于展示幻灯片内容，还可用于演示文稿版式设计，下面对 PowerPoint 2010 的形状绘制功能进行介绍。

（1）绘制形状

在【插入】/【插图】组中单击"形状"按钮 📦，在打开的下拉列表中选择形状样式，此时鼠标指针变成"＋"形状，按住鼠标左键不放进行拖曳，即可绘制所选择的形状，如图 6-22 所示。

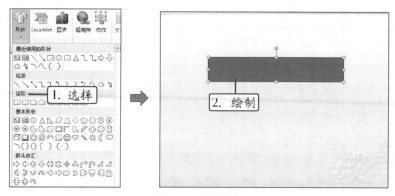

图 6-22　插入形状

（2）编辑形状

插入形状后，在"绘图工具　格式"组中可以对形状的大小和外观等进行编辑，还可为其应用不同的样式。

- "插入形状"组：选择绘制的形状，单击"编辑形状"按钮 🔲，在打开的下拉列表中选择"更改形状"子列表中的形状样式，可更换当前形状的样式。选择"编辑顶点"选项，拖曳图形四周出现的控制柄，可改变形状，如图 6-23 所示。
- "形状样式"组：单击列表框旁的下拉按钮 ▼，在打开的下拉列表中选择形状样式，可为图形快速应用样式，如图 6-24 所示。单击右侧的"形状填充" 🖌、"形状轮廓" ✎、"形状效果" 🔲 等按钮，可对形状的颜色填充效果、形状轮廓效果和三维立体效果等进行自定义设置。
- "艺术字样式"组：通过该组可以为形状中的文字设置艺术字效果。选择文字，再选择相应的艺术字样式即可。
- "排列"组：对于多个重叠放置的图形，可以对其上下位置的排列顺序进行调整，图 6-25 所示为调整图形的叠放顺序。此外，还可对可见性、对齐、组合和旋转等进行设置，图 6-26 所示为旋转形状后的效果。

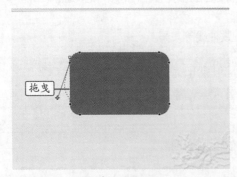

图 6-23 编辑形状

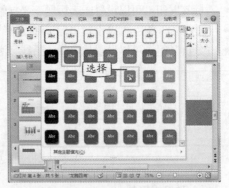

图 6-24 为形状应用样式

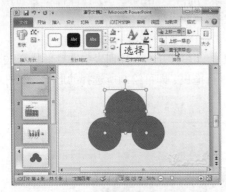

图 6-25 置于顶层

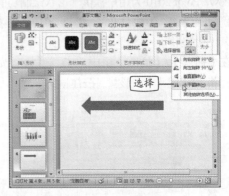

图 6-26 旋转形状

- "大小"组：设置图形宽度和高度的数值。

6. 插入和编辑 SmartArt 图形

PowerPoint 2010 中的 SmartArt 图形可以直观地说明图形内各个部分之间的关系，下面介绍 SmartArt 图形的插入与编辑。

（1）插入 SmartArt 图形

在【插入】/【插图】组中单击"SmartArt"按钮，打开"选择 SmartArt 图形"对话框。在对话框左侧单击选择 SmartArt 图形的类型，如单击"层次结构"选项卡；在对话框右侧的列表中选择所需的样式，然后单击 确定 按钮。返回幻灯片，即可查看插入的 SmartArt 图形，最后在 SmartArt 图形的形状中输入相应的文本并设置文本格式即可，如图 6-27 所示。

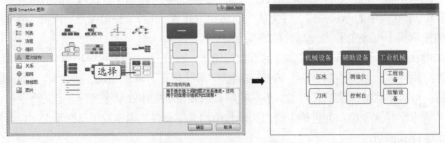

图 6-27 插入 SmartArt 图形

（2）编辑 SmartArt 图形

插入 SmartArt 图形后，在"SmartArt 工具设计"选项卡中可以对 SmartArt 的样式进行设置。

142

● "创建图形"组：该组主要用于编辑 SmartArt 图形的形状，如果默认的 SmartArt 图形中的形状不够，可单击"添加形状"按钮🔲右侧的下拉按钮▾，在打开的下拉列表中选择相应选项添加形状，如图 6-28 所示。如果形状的等级不对，可单击"升级"按钮◆、"降级"按钮◆对形状的级别进行调整，也可单击"上移"按钮◆、"下移"按钮◆调整形状的顺序。

● "布局"组：主要用于更换 SmartArt 图形的布局，在该组列表框中选择要更换的布局即可，如图 6-29 所示。

图 6-28　添加形状　　　　　　　　　　图 6-29　更改 SmartArt 图形的布局

● "SmartArt 样式"组：该组主要用于设置 SmartArt 图形的样式，在列表框中选择所需样式即可。单击"更改颜色"按钮🔅，在打开的下拉列表中还可以设置 SmartArt 图形的颜色。

● "重置"组：单击"重设图形"按钮🔳，可清除 SmartArt 图形的样式。单击"转换"按钮🔳，可将 SmartArt 图形转换为文本或形状。

7．插入和编辑图片、剪贴画及相册

图片是演示文稿中非常重要的一种元素，不仅可以提高幻灯片的美观度，还可以衬托文字，达到图文并茂的效果。在幻灯片中不仅可以插入计算机中保存的图片，还可以插入 PowerPoint 2010 自带的剪贴画。

（1）插入图片

选择需要插入图片的幻灯片，然后选择【插入】/【图像】组，单击"图片"按钮🖼，在打开的"插入图片"对话框中选择需插入图片的保存位置，然后选择需插入的图片，单击 打开(O) ▾ 按钮，如图 6-30 所示。

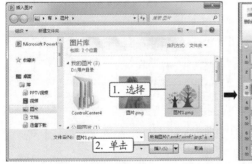 

图 6-30　插入图片

（2）插入剪贴画

PowerPoint 2010 提供了大量的剪贴画，包括风景、人物、动物、植物、建筑、运动和科技等类型，可用于美化幻灯片。选择需要插入剪贴画的幻灯片，在【插入】/【图像】组中单击"剪贴画"按钮🖼，打开"剪贴画"任务窗格。在打开的"剪贴画"任务窗格中单击"结果类型"右侧

的下拉按钮 ，在打开的下拉列表中单击选中"插图"复选框，然后单击 搜索 按钮即可搜索剪贴画，在搜索结果中单击剪贴画即可将其插入幻灯片中。

（3）编辑图片

选择图片后，单击【图片工具】/【格式】选项卡的"调整"组、"图片样式"组、"排列"组和"大小"组中的按钮可对图片样式进行设置，如图 6-31 所示。

图 6-31　编辑图片

（4）编辑剪贴画

编辑剪贴画和编辑图片的方法基本相同，选择剪贴画，在【图片工具】/【格式】选项卡中单击"调整"组、"图片样式"组、"排列"组和"大小"组中的相应按钮可调整剪贴画颜色、为剪贴画添加图片样式、设置剪贴画的排列顺序和大小等。

（5）插入并编辑相册

PowerPoint 2010 为用户提供了批量插入图片或制作相册的功能，通过该功能可以在幻灯片中创建相册并对其进行设置。

【例 6-1】在演示文稿中插入图片，并应用"Angles"主题。

STEP 1 在【插入】/【图像】组中单击"相册"按钮 ，在打开的下拉列表中选择"新建相册"选项。

STEP 2 在打开的"相册"对话框中单击"相册内容"栏下的 文件/磁盘(F) 按钮，打开"插入新图片"对话框，选择要插入的多张图片，单击 插入(S) 按钮。

STEP 3 返回"相册"对话框，在"相册版式"栏下的"图片版式"下拉列表中可以设置每页幻灯片的版式，在"相框形状"下拉列表中选择相框样式。

STEP 4 单击"相册版式"栏下"主题"文本框后的 浏览(R)... 按钮，在打开的对话框中选择"Angles"主题，单击 选择 按钮。返回"相册"对话框，单击 创建(C) 按钮。PowerPoint 2010 自动创建一个应用所选择主题的相册演示文稿，如图 6-32 所示。

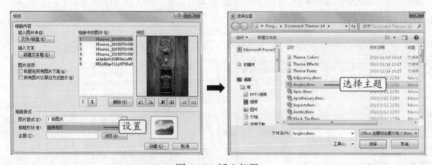

图 6-32　插入相册

8. 插入和编辑音频

音频是演示文稿中比较常用的一种多媒体元素，在很多演讲场合都需要通过插入音频来烘托气氛或辅助讲解。用 PowerPoint 2010 制作演示文稿时，不仅可以插入编辑管理器中的音频和存储在计算机中的音频，还可以插入录制的音频。

（1）插入计算机中的音频

选择幻灯片，在【插入】/【媒体】组中单击"音频"按钮 ，在打开的下拉列表中选择"文件中的音频"选项,打开"插入音频"对话框,在其中选择需插入幻灯片中的音频,单击 [插入(S)▼] 按钮,即可将该音频插入幻灯片中,如图 6-33 所示。

图 6-33　插入计算机中的音频

（2）插入剪贴画音频

选择幻灯片,在【插入】【/媒体】组中单击"音频"按钮 ,在打开的下拉列表中选择"剪贴画音频"选项,在打开的"剪贴画"任务窗格下方的声音文件列表框中选择提供的音频,单击鼠标左键即可插入。

（3）插入录制的音频

选择幻灯片,在【插入】/【媒体】组中单击"音频"按钮 ,在打开的下拉列表中选择"录制音频"选项,打开"录音"对话框,单击 按钮开始录制,录制完成后单击 按钮停止录制,单击 按钮播放录音,确认录制无误后单击 [确定] 按钮即可将音频插入幻灯片中,如图 6-34 所示。

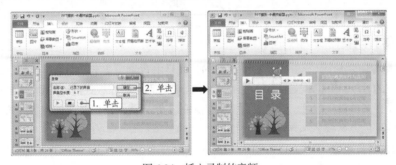

图 6-34　插入录制的音频

（4）编辑音频

插入幻灯片中的音频一般都是默认样式的,用户可根据实际需要对其进行调整和美化。选择音频,然后选择"音频工具 格式"组,在其中可对音频的外观进行美化,美化方法与其他幻灯片对象的美化方法一样。在"音频工具 播放"组中可对音频的播放、淡入淡出效果、开始方式、音量等进行设置,如图 6-35 所示。

图 6-35　编辑音频

提示

　　在幻灯片中添加背景音乐时,为了保证幻灯片的美观,可将音频的播放方式设置为"单击时"开始播放,并将音频拖曳到幻灯片编辑区之外,这样在放映幻灯片时可隐藏音频图标。

9．插入视频

跟音频一样，视频也是演示文稿中一种常见的多媒体元素，常用于宣传类演示文稿中。用 PowerPoint 2010 制作演示文稿时，可以插入文件中的视频、来自网站的视频和剪贴画视频等。

选择幻灯片，在【插入】/【媒体】组中单击"视频"按钮，在打开的"插入视频文件"对话框中选择要插入的视频，单击 插入(S) 按钮即可，如图 6-36 所示。

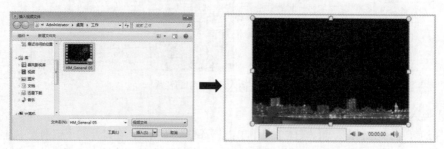

图 6-36　插入视频

> **提示**
>
> 如果要插入网页中的视频，则需要将视频的嵌入代码复制、粘贴到"从网站插入视频"对话框中，否则视频无法正常播放。完成视频的插入后，可以对视频进行美化和设置，美化和设置的方法与音频类似。

6.2.2　应用幻灯片主题

幻灯片版式中的各个元素并不是独立存在的，而是由背景、文本、图形、表格、图片等元素组合搭配而成的。为了使演示文稿整体美观，通常需要对其主题和版式进行设置。PowerPoint 2010 为用户提供了很多预设了颜色、字体、版式等效果的主题样式，用户在选择主题样式后，还可自定义幻灯片的配色方案和字体方案等。

1．应用幻灯片主题

PowerPoint 2010 的主题样式均已对颜色、字体和效果进行了合理的搭配，用户只需选择一种固定的主题，就可以为演示文稿中各幻灯片的内容应用相同的效果，从而达到统一幻灯片风格的目的。在【设计】/【主题】组中单击"其他"按钮，在打开的下拉列表中选择一种主题选项即可，如图 6-37 所示。

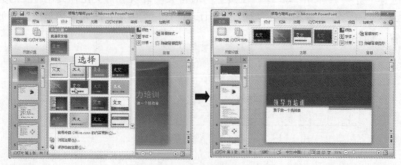

图 6-37　应用主题

2．更改主题颜色方案

PowerPoint 2010 为预设的主题样式提供了多种颜色方案，用户可以直接选择所需的颜色方案，对幻灯片主题的颜色搭配效果进行调整。

在【设计】/【主题】组中单击"颜色"按钮，在打开的下拉列表中选择一种主题颜色，如图6-38所示，即可将所选主题颜色应用于所有幻灯片。在打开的下拉列表中选择"新建主题颜色"选项，在打开的对话框中可对幻灯片主题颜色的搭配进行自定义设置，如图6-39所示。

图 6-38　选择主题颜色

图 6-39　新建主题颜色

3．更改字体方案

PowerPoint 2010为不同的主题样式提供了多种字体搭配设置。在【设计】/【主题】组中单击"字体"按钮，在打开的下拉列表中选择一种字体，即可更改当前演示文稿的字体方案，如图6-40所示。选择"新建主题字体"选项，打开"新建主题字体"对话框，在其中可以对标题和正文字体进行自定义设置。

4．更改效果方案

在【设计】/【主题】组中单击"效果"按钮，在打开的下拉列表中选择一种效果，可以快速更改图表、SmartArt图形、形状、图片、表格和艺术字等幻灯片对象的外观，如图6-41所示。

6.2.3　应用幻灯片母版

应用 PowerPoint 2010 中预设的主题可以统一幻灯片的风格，此外，通过对母版进行自定义，也可以达到统一幻灯片风格的目的。幻灯片母版可以控制整个演示文稿的外观，在完成母版的编辑后，即可对母版样式进行快速应用，减少重复输入，提高工作效率。通常情况下，如果想为幻灯片应用同一背景、标志、标题文本及主要文本格式，就需使用 PowerPoint 2010 的幻灯片母版功能。

图 6-40　更改字体方案

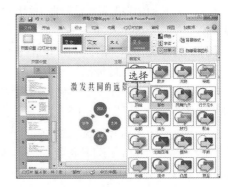
图 6-41　更改效果方案

1．认识母版的类型

PowerPoint 2010 中的母版包括幻灯片母版、讲义母版和备注母版 3 种类型，它们的作用和视图模式各不相同，下面分别进行介绍。

- 幻灯片母版：在【视图】/【母版视图】组中单击"幻灯片母版"按钮，即可进入幻灯片母版视图，如图 6-42 所示。幻灯片母版视图是编辑幻灯片母版样式的主要场所，在幻灯片母版视图中，左侧为"幻灯片版式选择"窗格，右侧为"幻灯片母版编辑"窗口。选择相应的幻灯片版式后，便可在右侧对幻灯片的标题、文本样式、背景效果、页面效果等进行设置，在母版中更改和设置的内容将应用于同一演示文稿中所有应用了该版式的幻灯片。
- 讲义母版：在【视图】/【母版视图】组中单击"讲义母版"按钮，即可进入讲义母版视图，如图 6-43 所示。在讲义母版视图中可查看页面上显示的多张幻灯片，也可设置页眉和页脚的内容，还可改变幻灯片的放置方向等。进入讲义母版视图后，通过"讲义母版"选项卡下的"页面设置"组，可以设置讲义方向以及幻灯片的大小和方向等；通过"占位符"组可设置是否在讲义中显示页眉、页脚、页码和日期；通过"编辑主题"组，可以修改讲义幻灯片的主题和颜色等；通过"背景"组可设置讲义背景。

图 6-42　幻灯片母版

图 6-43　讲义母版

- 备注母版：在【视图】/【母版视图】组中单击"备注母版"按钮，即可进入备注母版视图。备注母版主要用于对幻灯片备注窗格中的内容格式进行设置，选择各级标题文本后即可对其字体格式等进行设置。

2. 编辑幻灯片母版

编辑幻灯片母版与编辑幻灯片的方法类似，幻灯片母版中也可以添加图片、音频、文本等对象，但通常只添加通用对象，即只添加在大部分幻灯片中都需要使用的对象。完成母版样式的编辑后单击"关闭母版视图"按钮即可退出母版。

（1）设置标题和各级文本样式

在幻灯片母版中一般只需设置常用幻灯片版式的标题和各级文本样式，如标题幻灯片母版、标题和内容幻灯片版式等。

【例6-2】新建演示文稿，并在母版视图中设置"标题幻灯片""标题和内容"两种版式幻灯片的文本格式。

扫一扫

设置标题和各级文本样式

STEP 1　新建演示文稿，在【视图】/【母版视图】组中单击"幻灯片母版"按钮，进入幻灯片母版视图。

STEP 2　在幻灯片母版视图左侧的"幻灯片版式选择"窗格中选择第2张幻灯片版式，即标题幻灯片母版，选择"单击此处编辑母版标题样式"占位符，然后在"开始"选项卡的"字体"和"段落"组中设置占位符的文本格式和段落格式。

STEP 3　继续选择"单击此处编辑母版副标题样式"占位符设置副标题样式，如图 6-44 所示。

STEP 4　在幻灯片母版视图左侧"幻灯片版式选择"窗格中，单击选择版式为"标题和内容"的幻灯片，然后在右侧窗格中对该幻灯片的标题和各级正文的文本格式进行设置。将文本插入点定位到下方内容占位符中，单击"项目符号"按钮≣·或"编号"按钮≣，可为当前文本添加项目符号，如图6-45所示。

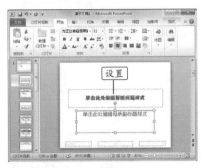

图6-44 设置文本格式

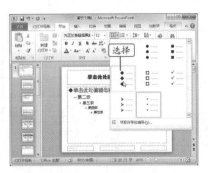

图6-45 设置项目符号

（2）设置幻灯片页面

PowerPoint 2010 中幻灯片大小默认为 4：3 模式，用户可根据需要对其进行更改。进入幻灯片母版视图，在【幻灯片母版】/【页面设置】组中单击"页面设置"按钮，打开"页面设置"对话框，在"幻灯片大小"下拉列表框中选择相应的尺寸，然后调整其宽度和高度，单击 确定 按钮保存设置，如图6-46所示。

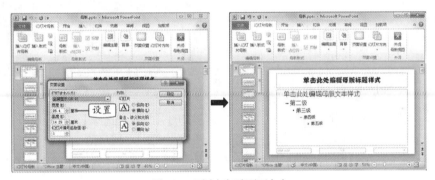

图6-46 更改幻灯片页面大小

（3）设置幻灯片背景

为了使幻灯片美观，通常需对幻灯片背景效果进行设置。在幻灯片母版中设置了背景效果后，所有应用该母版样式的幻灯片都将应用该背景效果。

【例6-3】在母版视图中设置幻灯片背景和"标题幻灯片"版式幻灯片的背景。

STEP 1 打开"母版"演示文稿，进入幻灯片母版编辑视图。在幻灯片母版视图左侧窗格中选择位于第一位标有1的幻灯片母版，然后在右侧编辑区单击鼠标右键，在弹出的快捷菜单中选择"设置背景格式"命令，或在【幻灯片母版】/【背景】组中单击"背景样式"按钮，在打开的下拉列表中选择"设置背景格式"选项，如图6-47所示，打开"设置背景格式"对话框。

扫一扫

设置幻灯片背景

STEP 2 单击选中"纯色填充"单选项，单击"颜色"按钮，在打开的下拉列表中设置填充颜色，然后调整填充颜色的透明度，如图6-48所示。

STEP 3 在【插入】/【图片】组中单击"图片"按钮，打开"插入图片"对话框，在其中选择背景图片插入幻灯片中，如图6-49所示。

STEP 4 插入图片后，对图片大小和位置进行调整，并根据需要将图片置于底层，如图6-50

所示。

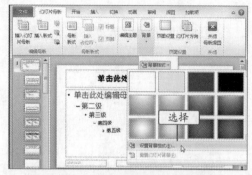

图 6-47　选择"设置背景格式"选项

图 6-48　设置背景填充颜色

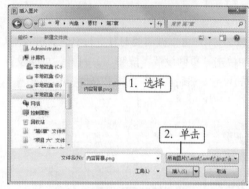

图 6-49　插入图片

图 6-50　调整图片

STEP 5　选择第 2 张幻灯片母版版式，即标题幻灯片母版，选择【幻灯片母版】/【背景】组，单击选中"隐藏背景图形"复选框，隐藏背景图片，如图 6-51 所示。

STEP 6　在标题幻灯片母版中继续插入背景图片，并将图片置于底层，效果如图 6-52 所示。

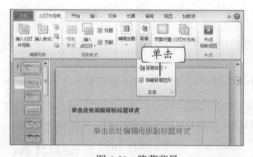

图 6-51　隐藏背景

图 6-52　设置标题幻灯片母版背景

提示

设置好母版版式后，返回幻灯片编辑视图，在【开始】/【幻灯片】组中单击"新建幻灯片"按钮下方的下拉按钮，在打开的下拉列表中即可选择已编辑好的母版版式。

（4）添加页眉和页脚

在母版编辑视图中，幻灯片的顶部和底部通常会有几个小的占位符，在其中可设置幻灯片的页眉和页脚，包括日期、时间、编号和页码等内容。

【例6-4】打开"母版"演示文稿，为幻灯片设置页眉和页脚版式。

STEP 1 打开"母版"演示文稿，进入幻灯片母版视图，在左侧窗格中选择第1张幻灯片版式，然后在【插入】/【文本】组中单击"页眉和页脚"按钮🗑，打开"页眉和页脚"对话框。

STEP 2 在"幻灯片"选项卡中单击选中相应的复选框，显示日期、幻灯片编号和页脚等内容，再输入页脚内容或设置固定的页眉，单击选中"标题幻灯片不显示"复选框，可以使标题页幻灯片不显示页眉和页脚，如图6-53所示。

STEP 3 设置后单击 应用(A) 按钮，便可在除标题幻灯片外的其他版式中添加相应内容的页眉和页脚。添加完成后，选择各个占位符，对其位置、字体格式等进行设置，如图6-54所示。

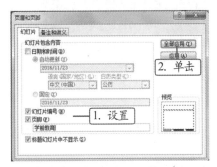

图 6-53 设置编号和页脚

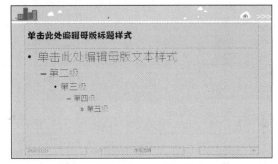

图 6-54 查看效果

提示

在某些演示文稿中，需要将公司的 Logo 图片显示在所有幻灯片中，此时可以通过插入图片的方法将 Logo 图片插入幻灯片母版中，然后调整图片的大小和位置即可。

6.3 PowerPoint 2010 幻灯片动态效果的设置

6.3.1 添加动画效果

动画效果是演示文稿中非常独特的一种元素，动画效果直接关系着演示文稿的放映效果。在演示文稿的制作过程中，可以为幻灯片中的文本、图片等对象设置动画效果，还可以设置幻灯片之间的切换动画效果，使幻灯片在放映时显得十分生动。

在演示文稿中可以为每张幻灯片中的不同对象添加动画效果。PowerPoint 2010 动画效果的类型主要包括进入动画、退出动画、强调动画和路径动画4种。

- 进入动画：反映文本或其他对象在幻灯片放映时进入放映界面的动画效果。
- 退出动画：反映文本或其他对象在幻灯片放映时退出放映界面的动画效果。
- 强调动画：反映文本或其他对象在幻灯片放映过程中需要强调的动画效果。
- 路径动画：指定某个对象在幻灯片放映过程中的运动轨迹。

1. 添加单一动画

为对象添加单一动画效果指为某个对象或多个对象快速添加进入、退出、强调或路径动画。

在幻灯片编辑区中选择要设置动画的对象，然后在【动画】/【动画】组中单击"其他"按钮🔽，在打开的下拉列表框中选择某一类型动画下的动画选项即可，如图6-55所示。为幻灯片对象添加动画效果后，PowerPoint 2010 将自动在幻灯片编辑窗口中对设置了动画效果的对象进行预览放映，且该对象旁会出现数字标识，数字顺序代表播放动画的顺序。"动画"列表框中只列举了比较常用的动画效果，选择"更多进入效果""更多强调效果"等选项，可以在打开的对话框中选择更多的动画效果。

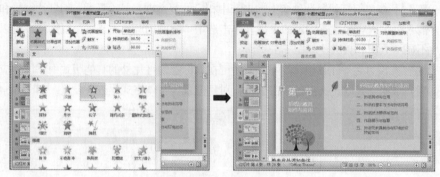

图 6-55　添加单一动画

2. 添加组合动画

添加组合动画指为同一个对象同时添加进入、退出、强调和路径动画 4 种类型中的任意动画组合，如同时添加进入和退出动画等。

选择需要添加组合动画的幻灯片对象，在【动画】/【高级动画】组中单击"添加动画"按钮，在打开的下拉列表中选择某一类型的动画后，再次单击"添加动画"按钮，继续选择其他类型的动画效果即可，添加组合动画后，该对象的左侧将同时出现多个数字标识，如图 6-56 所示。

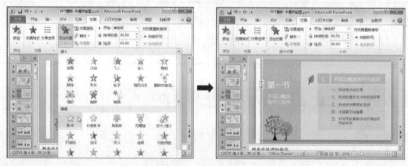

图 6-56　添加组合动画

> **提示**
>
> 　　内容比较严肃正规的演示文稿，不适合添加太多复杂的动画效果，而宣传类、娱乐类、展示类演示文稿则可以酌情设置多重动画效果。

6.3.2　设置动画效果

为对象添加动画效果后，可以对已添加的动画效果进行设置，使这些动画效果在播放时具有条理性，如设置动画播放参数、调整动画播放顺序等。

1. 设置动画播放参数

添加的动画效果默认按照添加的顺序逐一播放，并且默认的动画效果播放速度及播放时间是固定的，根据需要可以更改这些动画效果的播放速度和播放时间。动画播放参数主要通过【动画】

/【计时】组进行设置，如图 6-57 所示。

- 在"开始"下拉列表中可设置动画开始播放的方式，包括"单击时""与上一动画同时"和"上一动画之后"，"单击时"指单击鼠标开始播放动画，"与上一动画同时""上一动画之后"分别指与上一动画同时播放、上一动画播放结束后立即开始播放。

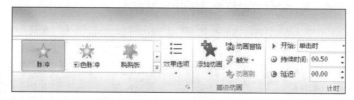

图 6-57 【计时】组

- 在"持续时间"数值框中可输入动画播放的时间长短。
- 在"延迟"数值框中可设置播放时间，即上一动画播放后经过多少时间播放该动画。

2. 调整动画播放顺序

播放幻灯片时各动画之间的衔接效果、逻辑关系和播放顺序等都会影响播放质量，因此，在为幻灯片中的对象添加完动画效果后，还应检查并调整各动画的播放顺序，其方法主要有以下两种。

- 在幻灯片编辑区中单击要调整播放顺序的动画序号，然后在【动画】/【计时】组中单击"向前移动"按钮▲或"向后移动"按钮▼，可将所选动画的播放顺序向前或向后移动一位。
- 在【动画】/【高级动画】组中单击"动画窗格"按钮 ，打开图 6-58 所示的窗格，选择需要调整播放顺序的动画，然后单击底部的 或 按钮调整动画播放顺序，或直接选择动画，拖曳鼠标调整其播放顺序，如图 6-59 所示，完成后单击 ▶ 播放 按钮预览动画效果。

图 6-58 动画窗格

图 6-59 拖曳鼠标调整动画播放顺序

6.3.3 设置幻灯片切换动画效果

设置幻灯片切换动画即设置当前幻灯片与下一张幻灯片的过渡动画效果，添加切换动画可使幻灯片之间的衔接自然、生动。

【例6-5】打开"企业资源分析"演示文稿，为幻灯片设置切换动画。

STEP 1 打开"企业资源分析"演示文稿，选择要设置切换效果的幻灯片，在【切换】/【切换到此幻灯片】组中单击"其他"按钮 ，在打开的列表中选择一种切换效果，如图 6-60 所示，此时在幻灯片编辑区中将显示切换动画效果。

STEP 2 用同样的方法为其他幻灯片设置各种切换效果。如果需要为整个演示文稿设置统一的切换效果，则在【切换】/【计时】组中单击"全部应用"按钮 即可。

扫一扫

设置幻灯片切换动画效果

STEP 3 在【切换】/【计时】组中单击"声音"下拉列表右侧的下拉按钮，在打开的下拉列表中可以设置幻灯片切换时的音效，在"持续时间"数值框中输入切换动画的持续时间。

STEP 4 在"换片方式"栏中单击选中"单击鼠标时"复选框，表示单击鼠标时播放切换动画，如图 6-61 所示。若单击选中"设置自动换片时间"复选框并设置时间，则可在放映幻灯片时根据所设置的间隔时间自动播放切换动画并切换幻灯片。

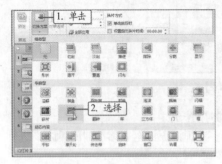

图 6-60 选择切换效果

图 6-61 设置切换动画

6.3.4 添加动作按钮

动作按钮的功能与超链接类似，在幻灯片中创建动作按钮后，可将其设置为单击或经过该动作按钮时，快速切换到上一张幻灯片、下一张幻灯片或第一张幻灯片。

【例 6-6】打开"企业资源分析 1"演示文稿，在幻灯片中创建并设置动作按钮。

STEP 1 打开"企业资源分析 1"演示文稿，选择要添加动作按钮的幻灯片，在【插入】/【插图】组中单击"形状"按钮，在打开的下拉列表中的"动作按钮"栏下选择要绘制的动作按钮，如选择动作按钮。

STEP 2 此时鼠标指针将变为 + 形状，将其移至幻灯片右下角，按住鼠标左键不放并向右下角拖曳绘制一个动作按钮，如图 6-62 所示。

STEP 3 此时将自动打开"动作设置"对话框，根据需要单击"单击鼠标"或"鼠标移过"选项卡。单击"单击鼠标"选项卡，然后在"超链接到"列表框中选择要链接到的目标位置，如图 6-63 所示。

扫一扫

添加动作按钮

提示

"单击鼠标""鼠标移过"分别指单击鼠标、鼠标经过动作按钮时，即执行动作命令，跳转到相应幻灯片中。

图 6-62 绘制动作按钮

图 6-63 编辑动作按钮

STEP 4 单击 确定 按钮关闭对话框。在放映幻灯片时，单击该动作按钮便可切换到相应的幻灯片。

6.3.5 创建超链接

除了使用动作按钮链接到指定幻灯片外，还可以为幻灯片中的文本或图片等对象创建超链接，创建超链接后，在放映幻灯片时单击该对象便可将页面跳转到超链接所指向的幻灯片进行播放。

【例6-7】打开"企业资源分析2"演示文稿，为目录中的对象创建超链接。

STEP 1 打开"企业资源分析 2"演示文稿，选择目录页幻灯片，在幻灯片编辑区中选择要添加超链接的对象，然后在【插入】/【链接】组中单击"超链接"按钮 。

扫一扫

创建超链接

STEP 2 在打开的"插入超链接"对话框左侧的"链接到"列表中选择"本文档中的位置"选项，然后在"请选择文档中的位置"列表框中选择要链接到的幻灯片位置，在右侧"幻灯片预览"窗口中将显示所选幻灯片的缩略图，如图6-64所示。

STEP 3 选择需要连接到的幻灯片，单击 确定 按钮，返回上一级对话框后再单击 确定 按钮应用设置。设置完成后，即可查看超链接效果，如图6-65所示。

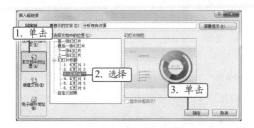

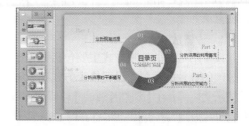

图6-64 选择要链接到的幻灯片   图6-65 查看超链接效果

6.3.6 将幻灯片组织成节的形式

遇到大的演示文稿时，不同类型的幻灯片标题和编号混杂在一起，要快速定位很困难。节可以起到组织和导航幻灯片的作用，为幻灯片分节，就像使用文件夹组织文件一样，通过划分节和对节命名将幻灯片按逻辑类别分组管理，不同的节可拥有不同的主题和切换方式等。

1．新增节

（1）在普通视图或幻灯片浏览视图中，在要新增节的两张幻灯片之间单击鼠标右键。

（2）在弹出的快捷菜单中选择"新增节"命令，在指定位置将插入一个默认的节名"无标题节"。

2. 重命名节

（1）在现有节的名称上单击鼠标右键，在弹出的快捷菜单中单击"重命名节"命令。

（2）弹出"重命名节"对话框，在"节名称"文本框中输入新的节名称，然后单击"重命名"按钮。

3. 对节的其他操作

- 选择节：单击节名称，即可选中该节中包含的所有幻灯片。可为选中的节统一应用主题、切换方式、背景等。
- 展开/折叠节：单击节名称左侧的三角图标◢或▶，可以展开或折叠节包含的幻灯片。
- 移动节：在要移动的节的节名称上单击鼠标右键，在弹出的快捷菜单中选择"向上移动节"或"向下移动节"命令。
- 删除节：在要删除的节的节名称上单击鼠标右键，在弹出的快捷菜单中选择"删除节"命令。
- 删除节中的幻灯片：单击选中节中的幻灯片，按 Delete 键即可删除该幻灯片。

6.4 PowerPoint 2010 幻灯片的放映与打印

使用 PowerPoint 2010 制作演示文稿的最终目的就是要将幻灯片效果展示给观众，即放映幻灯片。同时，幻灯片的音频效果、视频效果、动画效果都需要通过放映功能进行展示。除了可以放映幻灯片，PowerPoint 2010 还提供了打印功能，用户可对幻灯片进行打印并留档保存。

6.4.1 放映设置

在 PowerPoint 2010 中，可以设置不同的幻灯片放映方式，如演讲者控制放映、观众自行浏览或演示文稿自动循环放映，还可以隐藏不需要放映的幻灯片和录制旁白等，从而满足不同场合的放映需求。

1. 设置放映方式

设置幻灯片的放映方式主要包括设置放映类型、设置放映幻灯片的数量、设置换片方式和设置是否循环放映演示文稿等，在【幻灯片放映】/【设置】组中单击"设置幻灯片放映"按钮，将打开图 6-66 所示的"设置放映方式"对话框，其中主要项目的功能介绍如下。

图 6-66 "设置放映方式"对话框

- 设置放映类型：在"放映类型"栏中单击选中相应的单选项，即可为幻灯片设置相应的放映类型。其中演讲者放映方式是 PowerPoint 2010 默认的放映类型，放映时幻灯片全屏显示，在放映过程中，演讲者具有完全的控制权；观众自行浏览方式是一种让观众自行观看幻灯片的交互式放映类型，观众可以通过快捷菜单进行翻页、打印和浏览，但不能单击鼠标进行放映；在展台浏览方式同样全屏显示幻灯片，与演讲者放映方式不同的是，用展台浏览方式放映幻灯片时，除了保留鼠标指针用于选择屏幕对象，不能进行其他放映控制，要终止放映只能按"Esc"键。
- 设置放映选项：在"放映选项"栏中分别单击选中 3 个复选框，可分别设置循环放映、不添加旁白和不播放动画效果，还可设置绘图笔的颜色等。在"绘图笔颜色"和"激光笔颜色"下拉列表框中可以选择一种颜色，在放映幻灯片时，可使用该颜色的绘图笔在幻灯片上写字或做标记。
- 设置放映幻灯片的数量：在"放映幻灯片"栏中可设置需要进行放映的幻灯片数量，可以选择放映演示文稿中所有的幻灯片或手动输入开始和结束放映的幻灯片的页数。

- 设置换片方式：在"换片方式"栏中可设置幻灯片的切换方式，手动切换表示在演示过程中将手动切换幻灯片及演示动画效果；自动切换表示演示文稿将按照幻灯片的排练时间自动切换幻灯片和动画，但是，如果没有已保存的排练计时，即使单击选中该单选项，放映时还是以手动方式进行控制。

2. 自定义幻灯片放映

自定义幻灯片放映指选择性地放映部分幻灯片，使用该功能可以将需要放映的幻灯片另存为一个文件再进行放映，这类放映主要适用于内容较多的演示文稿。

【例6-8】打开"企业资源分析3"演示文稿，在其中新建自定义放映方案。

STEP 1 打开"企业资源分析 3"演示文稿，在【幻灯片放映】/【开始放映幻灯片】组中单击"自定义幻灯片放映"按钮，在打开的下拉列表中选择"自定义放映"选项，打开"自定义放映"对话框，单击 新建(N) 按钮。

扫一扫

自定义幻灯片放映

STEP 2 在打开的"定义自定义放映"对话框的"幻灯片放映名称"文本框中输入本次幻灯片放映名称，然后在"在演示文稿中的幻灯片"列表中按住"Shift"键不放选择要放映的幻灯片，然后单击 添加(A) >> 按钮，如图 6-67 所示。

STEP 3 添加好要放映的幻灯片后单击右侧的 ↑ 或 ↓ 按钮，可以调整幻灯片的播放顺序，单击 确定 按钮，返回"自定义放映"对话框，如图 6-68 所示，单击 放映(S) 按钮即可观看幻灯片放映效果。

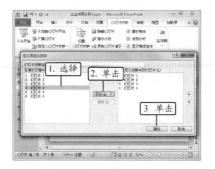

图 6-67 选择要放映的幻灯片

图 6-68 "自定义放映"对话框

3. 隐藏幻灯片

放映幻灯片时，如果只需要放映其中的几张幻灯片，除了可以通过自定义放映来选择幻灯片，还可将不需要放映的幻灯片隐藏起来，需要放映时再将其重新显示。

在"幻灯片"窗格中选择需要隐藏的幻灯片，在【幻灯片放映】/【设置】组中单击"隐藏幻灯片"按钮，再次单击该按钮便可将其重新显示。被隐藏的幻灯片上将出现标志，如图 6-69 所示。

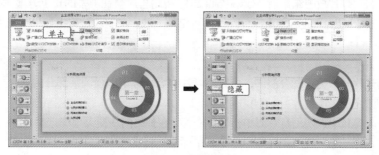

图 6-69 隐藏幻灯片

4. 录制旁白

在没有解说员和演讲者的情况下，可事先为演示文稿录制好旁白。在【幻灯片放映】/【设置】组中单击"录制幻灯片演示"按钮，打开"录制幻灯片演示"对话框，如图 6-70 所示，在其中进行设置后单击 开始录制(R) 按钮，此时幻灯片开始放映并开始计时录音。只要安装了音频输入设备就可直接录制旁白。放映结

图 6-70 "录制幻灯片演示"对话框

束的同时将完成旁白的录制，并返回幻灯片浏览视图，每张幻灯片右下角会出现一个喇叭图标，表示已添加旁白。

5. 设置排练计时

在正式放映幻灯片之前，可预先统计放映整个演示文稿和放映每张幻灯片所需的大致时间。通过排练计时可以使演示文稿自动按照设置好的时间和顺序进行播放，使放映过程不需要人工操作。

在【幻灯片放映】/【设置】组中单击"排练计时"按钮，进入放映排练状态，并在左上角自动打开"录制"工具栏，开始放映幻灯片，幻灯片在人工控制下不断进行切换，同时在"录制"工具栏中进行计时，完成后弹出提示框确认是否保留排练计时，单击 是(Y) 按钮完成排练计时操作。

6.4.2 放映幻灯片

对幻灯片进行放映设置后，即可开始放映幻灯片，在放映过程中演讲者可以进行标记和定位等控制操作。

1. 放映幻灯片

幻灯片的放映包含开始放映、切换放映和结束放映等操作，下面分别进行介绍。

（1）开始放映

开始放映幻灯片的方法有以下 3 种。

- 在【幻灯片放映】/【开始放映幻灯片】组中单击"从头开始"按钮或按"F5"键，将从第 1 张幻灯片开始放映。
- 在【幻灯片放映】/【开始放映幻灯片】组中单击"从当前幻灯片开始"按钮或按"Shift+F5"组合键，将从当前选择的幻灯片开始放映。
- 单击状态栏上的"放映幻灯片"按钮，将从当前幻灯片开始放映。

（2）切换放映

在放映需要讲解和介绍的演示文稿时，如课件类、会议类演示文稿，经常需要切换到上一张或切换到下一张幻灯片，此时就需要使用幻灯片放映的切换功能，具体操作方法如下。

- 切换到上一张幻灯片：按"Page Up"键、按"←"键或按"Backspace"键。
- 切换到下一张幻灯片：单击鼠标左键、按空格键、按"Enter"键或按"→"键。

（3）结束放映

在最后一张幻灯片放映结束后，PowerPoint 2010 应用程序会在屏幕的正上方显示提示信息"放映结束，单击鼠标退出。"此时单击鼠标左键即可结束放映。在放映过程中如果想结束放映，可以按"Esc"键。

2. 添加标记

在放映幻灯片时，为了配合演讲，可在幻灯片中添加标记以强调某部分内容，标记内容主要通过绘图笔和激光笔来实现。

在演讲放映模式下放映幻灯片时单击鼠标右键，在弹出的快捷菜单中选择"指针选项"命令，在其子菜单中选择"笔"或"荧光笔"命令，鼠标指针将变成点状，按住鼠标左键，在需要着重标记的位置进行拖曳，即可标记重点内容，如图 6-71 所示。已添加标记的演示文稿，在结束放映

时将打开提示框,提醒用户是否保留墨迹注释,单击 保留(K) 按钮将保留墨迹注释,单击 放弃(D) 按钮则不保留墨迹注释。

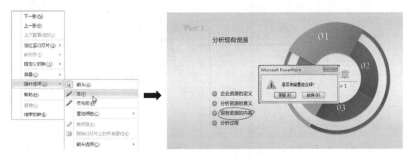

图 6-71　标记幻灯片

3. 快速定位幻灯片

在放映幻灯片时,无论当前放映的是哪一张幻灯片,都可以通过幻灯片的快速定位功能快速定位到指定的幻灯片进行放映。操作方法:单击鼠标右键,在弹出的快捷菜单中选择"定位至幻灯片"命令,在弹出的子菜单中选择目标幻灯片便可,如图 6-72 所示。

6.4.3　演示文稿打印设置

幻灯片制作完成后,用户可以根据实际需要以不同的颜色(如彩色、灰度或黑白)打印整个演示文稿中的幻灯片、大纲、备注页和讲义,但在打印之前需进行页面设置和打印预览,以使打印出来的效果符合实际需要。

图 6-72　定位幻灯片

1. 页面设置

对演示文稿进行页面设置主要包括调整幻灯片大小、设置幻灯片编号起始值以及设置打印方向等,使之适合各种类型的纸张。

在【设计】/【页面设置】组中单击"页面设置"按钮 ,打开"页面设置"对话框,在"幻灯片大小"下拉列表框中选择打印纸张大小,在"方向"栏中选择幻灯片以及备注、讲义和大纲的打印方向,在"幻灯片编号起始值"数值框中输入打印的起始编号,完成后单击 确定 按钮即可,如图 6-73 所示。

图 6-73　"页面设置"对话框

2. 预览并打印幻灯片

对演示文稿进行页面设置后,便可预览打印效果并进行幻灯片打印。选择【文件】/【打印】命令,在右侧的"打印预览"列表框中可预览打印效果,在中间列表框中可以对打印机、要打印的幻灯片编号、每页打印的幻灯片张数、颜色模式等进行设置,如图 6-74 所示,完成后单击"打印"按钮 即可开始打印幻灯片。

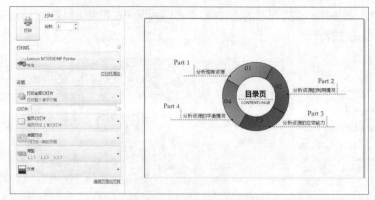

图 6-74　预览并打印幻灯片

6.5　PowerPoint 2010 应用综合案例

　　本例将结合本章所讲知识制作一个演示文稿，帮助用户进一步掌握和巩固 PowerPoint 2010 的相关内容。首先创建演示文稿，在其中添加文本、形状、表格、图表等对象，并对它们进行设置和美化，然后为幻灯片添加切换动画。

　　STEP 1　新建一个空白演示文稿，将其保存为"年度总结报告"，在【幻灯片母版】/【页面设置】组中单击"页面设置"按钮，打开"页面设置"对话框，在"幻灯片大小"下拉列表框中选择"全屏显示（16:9）"选项，单击 确定 按钮，如图 6-75 所示。

　　STEP 2　在【视图】/【母版视图】组中单击"幻灯片母版"按钮，进入幻灯片母版视图，删除不需要的幻灯片版式，选择第 2 张幻灯片，选择【插入】/【插图】组，单击"形状"按钮，在幻灯片中绘制大小不等的两个矩形形状，然后通过【绘图工具格式】/【形状样式】组中的工具将形状轮廓设置为"无轮廓"，形状颜色设置为"红色"，如图 6-76 所示。

扫一扫

PowerPoint 2010
应用综合案例

图 6-75　设置幻灯片页面

图 6-76　绘制形状

　　STEP 3　退出幻灯片母版视图，选择第 1 张幻灯片，在空白处单击鼠标右键，在弹出的快捷菜单中选择"设置背景格式"命令，打开"设置背景格式"对话框，单击选中"隐藏背景图形"复选框，再单击选中"图片或纹理填充"单选项，单击 文件(F)... 按钮，在打开的对话框中选择背景图片，将其设置为幻灯片背景，如图 6-77 所示。

　　STEP 4　选择第 1 张幻灯片，在其中输入文本，并设置文本格式，效果如图 6-78 所示。

　　STEP 5　选择第 2 张幻灯片，在【插入】/【插图】组中单击"图片"按钮，打开"插入图片"对话框，在其中选择所需图片插入幻灯片中，单击 打开(O) 按钮，如图 6-79 所示。

　　STEP 6　继续绘制三角形形状、圆形形状和直线形状，分别为它们设置填充颜色。取消三角形形状、圆形形状的形状轮廓，并调整它们的位置。然后在幻灯片中添加所需文本并设置文本格式。效果如图 6-80 所示。

图 6-77　设置背景

图 6-78　输入并编辑文本

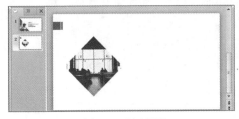

图 6-79　插入图片

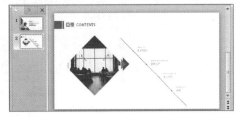

图 6-80　添加形状和文本

STEP 7 新建幻灯片，用相同的方法继续在幻灯片中绘制和编辑形状，并输入文本内容。在【插入】/【插图】组中单击"图表"按钮 ，打开"插入图表"对话框，选择"饼图"选项，创建一个饼图。打开"Microsoft PowerPoint 中的表格"工作簿，在其中输入数据，如图 6-81 所示，完成图表的创建。

STEP 8 选择【图表工具 设计】/【图表样式】组，为图表应用样式，效果如图 6-82 所示。

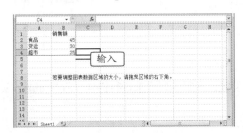

图 6-81　输入图表数据

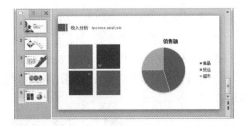

图 6-82　美化图表

STEP 9 在【插入】/【表格】组中单击"表格"按钮 ，在打开的下拉列表中拖曳鼠标创建一个 4 行 5 列的表格，选择【表格工具 设计】/【表格样式】组，为表格应用样式，效果如图 6-83 所示。

STEP 10 继续创建幻灯片，作为演示文稿的结束页，为其设置与标题页相同的背景效果，并在其中输入和编辑文本，如图 6-84 所示。

图 6-83　插入表格

图 6-84　编辑结束页

STEP 11 选择第1张幻灯片，在【切换】/【切换到此幻灯片】组中单击"其他"按钮 ▼，在打开的列表中选择"覆盖"选项，在【切换】/【计时】组中单击"全部应用"按钮 ，使所有幻灯片应用该切换效果，完成演示文稿的制作。

6.6 习题

1. 新建一个空白文档，并将其以"景区简介"为名保存，按照下列要求进行操作，效果如图6-85所示。

图6-85　景区简介

（1）在第1张幻灯片中通过大纲视图输入标题文本"黄龙景点宣传"和正文文本，标题格式为"方正细珊瑚简体、44、深红"。在第1张幻灯片中输入景区简介，设置正文文本格式为"楷体、32、茶色，背景2，深色75%"。

扫一扫

查看具体操作

（2）在第2、3、4、5、6张幻灯片中通过占位符输入介绍文本，格式为"幼圆，16、橄榄色，强调文字颜色3，深色50%"。

（3）在第2、3、4、5、6张幻灯片中插入艺术字，样式为"填充-白色，投影"，设置文本格式为"楷体、36"。

（4）在全部幻灯片中设置"视点"主题样式。

（5）插入提供的图片和PowerPoint 2010自带的剪贴画。

2. 打开"英语课件"演示文稿，对其母版进行设置，按照下列要求进行操作，效果如图6-86所示。

图6-86　英语课件

（1）进入幻灯片母版编辑状态，设置标题幻灯片版式的大标题文本格式为"方正粗倩简体、绿色"，副标题文本格式为"方正准圆简体、蓝色"。

（2）在第3张幻灯片母版中绘制形状，将形状轮廓设置为"无轮廓"，形状填充颜色设置为"绿色"。

（3）退出幻灯片母版，为第2张幻灯片的各标题设置超链接，使它们链接到对应的幻灯片。

第 7 章

常用工具软件

虽然计算机操作系统的功能非常强大，但很多时候仍需使用一些其他软件对系统功能进行扩展和补充，因此用户需对一些常用的工具软件有所了解。本章将主要介绍系统备份工具 Symantec Ghost、数据恢复工具 FinalData、文件压缩与解压工具 WinRAR、网络下载工具迅雷、屏幕捕捉工具 Snagit、邮件收发工具 Foxmail、PDF 文档编辑工具的操作方法。

 课堂学习目标

- 了解计算机工具软件
- 熟悉系统备份工具 Symantec Ghost 的操作方法
- 掌握数据恢复工具 FinalData 的操作方法
- 掌握文件压缩与解压工具 WinRAR 的操作方法
- 掌握网络下载工具迅雷的操作方法
- 熟悉屏幕捕捉工具 Snagit 的操作方法
- 熟悉邮件收发工具 Foxmail 的操作方法
- 掌握 PDF 文档编辑工具的操作方法

7.1 计算机工具软件概述

计算机工具软件是人们在日常生活和办公中经常使用的软件。在进行计算机操作的过程中，仅仅熟悉 Windows、Office 等的操作方法是远远不够的，如果想全面地使用计算机的功能，提高操作效率，就必须掌握各种不同用途、不同种类的计算机常用工具软件的操作方法。

计算机工具软件的种类十分丰富，并且持续不断地有新的工具软件被开发出来供人们使用，当需要对系统进行维护时，需要使用系统测试与系统维护软件；当需要维护系统安全时，需要使用计算机安全软件；当需要管理文件时，需要使用文件编辑与管理软件。计算机工具软件的类型非常多，不同的软件，其用途、界面、操作方法均不相同，用户应该掌握比较常用的工具软件，如系统备份工具、数据恢复工具、文件压缩与解压工具、网络下载工具、屏幕捕捉工具、邮件收发工具、PDF 文档编辑工具等。

7.2 系统备份工具 Symantec Ghost

"Ghost"是赛门铁克（Symantec）公司旗下一款出色的硬盘备份还原工具，其全称为"诺顿克隆精灵"（Norton Ghost），主要功能是以硬盘的扇区为单位进行数据的备份与还原，它可以将一个硬盘中的内容全部复制到另一个硬盘中，也可以将硬盘内容复制为一个硬盘的镜像文件，用镜像文件创建一个原始硬盘的备份。

7.2.1 通过 MaxDOS 进入 Ghost

MaxDOS 工具软件有许多不同的版本，目前最常见的是 MaxDOS 8 版本，MaxDOS 8 集成了 Ghost 11.0.2，可在安装了 Windows 2000/2003/XP/7 等操作系统的计算机中非常方便地进入纯 DOS 状态，然后在其中对系统进行备份和维护等操作。随着 MaxDOS 软件版本的升级，MaxDOS 对于 Windows 8、Windows 10 也同样支持。

安装 MaxDOS 8 后，无须做其他更改即可进入纯 DOS 状态，然后启动 Ghost 软件。

扫一扫

通过 MaxDOS 进入 Ghost

【例 7-1】安装 MaxDOS 8 后，进入纯 DOS 状态，然后启动 Ghost 软件。

STEP 1 成功安装 MaxDOS 8 后，重新启动计算机，将出现图 7-1 所示的启动菜单。通过按键盘中的方向键"↓"可以选择要启动的程序，这里选择第 2 个选项"MaxDOS 8"，然后按"Enter"键。

STEP 2 在打开的界面中默认选择第 1 个选项，这里保持默认设置，然后按"Enter"键。

STEP 3 在打开的界面中输入安装该软件时设置的进入 MaxDOS 的密码，然后按"Enter"键。

STEP 4 打开"MaxDOS 8 主菜单"界面，其中显示了 7 个可供选择的选项。这里利用键盘中的方向键"↓"选择最后一个选项，如图 7-2 所示。也可以直接按"G"键选择最后一个选项。

图 7-1 选择要启动的程序

图 7-2 选择"纯 DOS 模式"选项

STEP 5 按"Enter"键便可进入纯 DOS 状态，并显示相应的命令提示符，在命令提示符后面输入"ghost"，如图 7-3 所示，然后按"Enter"键。

STEP 6 此时将进入 Ghost 主界面，并打开图 7-4 所示的对话框，按"Enter"键后即可开始使用 Ghost。

图 7-3 输入"ghost"

图 7-4 Ghost 主程序入口界面

7.2.2 备份操作系统

在 Ghost 状态下备份数据实际上就是将整个硬盘中的数据复制到另一个硬盘上，也可以将硬盘数据复制为一个硬盘的镜像文件。如果想使用 Ghost 还原系统，则必须先对系统进行备份，且所备份系统的状态必须健康正常。

【例7-2】备份操作系统，并以"beifen.gho"为名保存到 D 盘。

STEP**1** 在 Ghost 主界面中通过键盘中的方向键"↑""↓""→"和"←"，
选择【Local】/【Partition】/【To Image】命令，如图 7-5 所示，然后按"Enter"键。

STEP**2** 此时 Ghost 要求用户选择需备份的硬盘，这里默认只安装了一
个硬盘，因此无须选择，直接按"Enter"键即可。

STEP**3** 进入图 7-6 所示的选择备份硬盘分区的界面，利用键盘上的方
向键选择第 1 个选项（即系统盘），按"Tab"键选择界面中的 OK 按钮，当其呈高亮状
态显示时按"Enter"键。

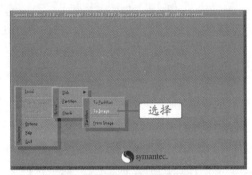

图 7-5　选择"To Image"命令

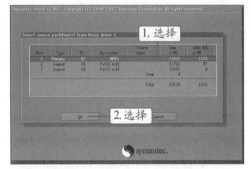

图 7-6　选择需备份的分区

STEP**4** 打开"File name to copy image to"对话框，按"Tab"键切换到文件位置下拉列
表框，然后按"Enter"键，在弹出的下拉列表中选择"D"选项。

STEP**5** 按"Tab"键切换到文件名所在的文本框，输入备份文件的名称"beifen"，完成
后按"Tab"键选择 Save 按钮，如图 7-7 所示，然后按"Enter"键执行保存操作。

STEP**6** 打开一个提示对话框，询问是否压缩镜像文件，默认为不压缩，此时直接按"Enter"
键即可。

STEP**7** 打开图 7-8 所示的对话框，询问是否继续创建分区镜像，默认为不创建。此时，
按"Tab"键选择 Yes 按钮，然后再按"Enter"键。

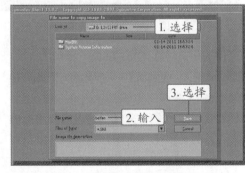

图 7-7　设置保存路径和名称

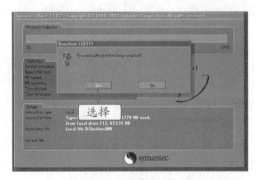

图 7-8　创建镜像文件

STEP**8** 此时，Ghost 开始备份所选分区，并在打开的界面中显示备份进度，如图 7-9 所示。

STEP**9** 完成备份后将打开图 7-10 所示的提示对话框，按"Enter"键即可返回 Ghost 主
界面。

图 7-9　显示备份进度

图 7-10　成功完成备份

7.2.3　还原操作系统

当出现硬盘数据丢失或操作系统崩溃的情况时，可利用 Ghost 恢复以前
备份的数据。

【例 7-3】还原已备份的系统，掌握还原系统的具体方法。

STEP **1** 通过 MaxDOS 8 进入 DOS，进入 Ghost 主界面，并在其中选择
【Local】/【Partition】/【From Image】命令，如图 7-11 所示，然后按 "Enter" 键。

STEP **2** 打开 "Image file name to restore from" 对话框，选择之前已

扫一扫

还原操作系统

经备份好的镜像文件所在的位置，并在中间列表框中选择要恢复的镜像文件，如图 7-12 所示，
然后按 "Enter" 键确认。

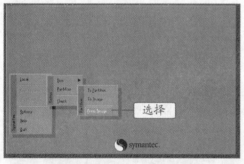

图 7-11　选择 "From Image" 命令

图 7-12　选择要还原的镜像文件

STEP **3** 在打开的对话框中将显示所选镜像文件的相关信息，按 "Enter" 键确认。

STEP **4** 在打开的对话框中提示选择要恢复的硬盘， 这里只有一个硬盘，因此直接按
"Enter" 键进入下一步操作。

STEP **5** 打开图 7-13 所示的界面，提示选择要还原到的硬盘分区，这里需要还原的是
系统盘，因此选择第 1 个选项即可。由于系统默认选择的是第 1 个选项，因此，这里只需按
"Enter" 键。

STEP **6** 此时，将打开一个提示对话框，提示会覆盖所选分区，破坏现有数据。按 "Tab"
键选择对话框中的 Yes 按钮确认还原，如图 7-14 所示，然后按 "Enter" 键。

STEP **7** 系统开始执行还原操作，并在打开的界面中显示还原进度。完成还原后，将会打
开提示对话框，保持默认设置，按 "Enter" 键即可重启计算机。

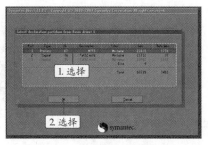

图 7-13 选择需还原的硬盘分区   图 7-14 确认还原

数据恢复工具 FinalData

　　FinalData 是一款功能比较强大的数据恢复工具，回收站中的文件被误删、硬盘分区被病毒损坏造成文件丢失、物理故障造成 FAT 表或硬盘分区不可读、硬盘格式化造成文件丢失等，都可以用 FinalData 扫描目标硬盘来抽取并恢复文件。

7.3.1 扫描文件

　　使用 FinalData 恢复数据之前，应该先对硬盘进行扫描。

　　【例 7-4】使用 FinalData 对硬盘文件进行扫描。

　　STEP 1 启动 FinalData，选择【文件】/【打开】命令，打开"选择驱动器"对话框，选择需要恢复的数据所在的驱动器，单击 确定(0) 按钮，如图 7-15 所示。

扫一扫

扫描文件

　　STEP 2 FinalData 开始扫描硬盘文件并显示扫描进度，如图 7-16 所示。

　　STEP 3 扫描结束后，打开"选择要搜索的簇范围"对话框，在其中进行相应设置，单击 确定(0) 按钮，如图 7-17 所示。

　　STEP 4 打开"簇扫描"对话框，FinalData 即开始扫描硬盘文件，如图 7-18 所示。

图 7-15 选择驱动器   图 7-16 扫描硬盘文件

图 7-17 选择搜索范围   图 7-18 开始扫描

7.3.2 恢复文件

在扫描出被删除的文件后，即可使用 FinalData 对文件数据进行恢复。

【例7-5】对已扫描出来的文件进行恢复操作。

STEP 1 扫描结束后选择【文件】/【查找】命令，打开"查找"对话框。

STEP 2 选择查找方式，在"文件名"文本框中输入文件名，单击 查找 按钮，对文件进行查找，如图7-19所示。

STEP 3 查找完成后，将显示查找结果，在需要恢复的文件上单击鼠标右键，在弹出的快捷菜单中选择"恢复"命令，打开"选择要保存的文件夹"对话框，选择恢复文件的保存路径，单击 保存 按钮完成保存操作，如图7-20所示。

图7-19 搜索文件

图7-20 设置文件恢复路径

7.3.3 文件恢复向导

用 FinalData 的文件恢复向导功能可以对各种常用文件进行恢复，如 Office 文件恢复、电子邮件恢复、高级数据恢复等。对于 Office 文件恢复，FinalData 提供了4种恢复功能：Word 文件恢复、Excel 文件恢复、PowerPoint 文件恢复和 Access 文件恢复。

【例7-6】使用 FinalData 的文件恢复向导功能对 Word 文件进行恢复。

STEP 1 在 FinalData 工作界面中选择需要恢复的 Word 文件，在 FinalData 工作界面中单击 Office文件恢复 按钮，在打开的下拉列表中选择"Micrisoft Word 文件恢复"选项。

STEP 2 打开"损坏文件恢复向导"对话框，查看文件的信息，单击 下一步(N) > 按钮，在打开的对话框中单击 检查率(R) 按钮，检查损坏率，继续单击 下一步(N) > 按钮，如图7-21所示。

STEP 3 在打开的对话框中单击 ⋯ 按钮设置文本恢复后的保存路径，然后单击 开始恢复(S) 按钮恢复文件，如图7-22所示。

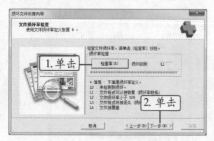

图7-21 检查损坏率

图7-22 开始恢复

7.4 文件压缩与解压工具 WinRAR

文件压缩指将大容量的文件压缩成小容量的文件，以节约计算机的硬盘空间。WinRAR 是目前非常流行的文件压缩与解压工具软件，它不但能压缩文件，便于文件在网络上传输，还能保护文件，避免文件被病毒感染。

7.4.1 快速压缩文件

快速压缩文件是 WinRAR 的基本功能之一。快速压缩文件的操作示例：如图 7-23 所示，选择要压缩的"广告"视频文件，单击鼠标右键，在弹出的快捷菜单中选择"添加到'第 5 章.rar'（T）"命令。WinRAR 开始压缩文件，并显示压缩进度。完成压缩后将在当前目录下创建名为"第 5 章"的压缩文件，如图 7-24 所示。

图 7-23　压缩文件

图 7-24　完成压缩

7.4.2 分卷压缩文件

用 WinRAR 的分卷压缩功能可以将文件化整为零，当要在网上传输特别大的文件时，即需要使用该功能。分卷传输之后再合成，既保证了传输的便捷，又保证了文件的完整性。

【例 7-7】将"项目视频"文件切分为 120MB 大小的分卷压缩文件。

STEP 1 在"项目视频"文件上单击鼠标右键，在弹出的快捷菜单中选择"添加到压缩文件"命令，进入压缩参数设置界面，如图 7-25 所示。

STEP 2 在"切分为分卷（V），大小"下拉列表中选择需要的分卷大小或输入自定义的分卷大小，这里输入"120"。

STEP 3 单击 确定 按钮，开始压缩，分卷压缩完成后，"项目视频"文件被分解为若干分卷压缩文件，如图 7-26 所示，每个文件大小为 120MB。

图 7-25　设置分卷大小

图 7-26　分卷压缩文件

7.4.3 管理压缩文件

创建压缩文件后，可使用 WinRAR 软件对新建的压缩包进行管理，包括将其他文件添加到压缩包中、对压缩包中的文件进行删除等。

【例 7-8】将"F:\个人\企鹅.jpg"文件添加到"F:\ 图片\图片.rar"压缩包中，然后再将压缩包

第 7 章　常用工具软件

169

中的"个人"文件夹删除。

STEP1 启动 WinRAR，在打开的界面中单击"添加"按钮，打开"压缩文件名和参数"对话框，在"常规"选项卡的"压缩文件名"文本框中输入"F:\ 图片\ 图片.rar"，如图 7-27 所示。

STEP2 单击"文件"选项卡，在"要添加的文件"文本框右侧单击 追加(F)... 按钮，在打开的对话框中选择"F:\个人\企鹅.jpg"文件，单击 确定 按钮，返回"文件"选项卡，单击 确定 按钮即可将所选文件添加到压缩包中，如图 7-28 所示。

图 7-27 输入压缩文件名

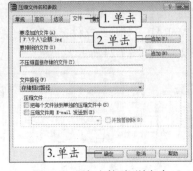

图 7-28 添加文件到压缩包中

STEP3 在 WinRAR 的文件浏览区中选择"个人"文件夹，在其上单击鼠标右键，在弹出的快捷菜单中选择"删除文件"命令，如图 7-29 所示。

STEP4 在弹出的"删除文件夹"提示框中单击 是(Y) 按钮即可将该文件夹从压缩包中删除，如图 7-30 所示。

图 7-29 删除文件

图 7-30 确认删除

7.4.4 解压文件

一般来说，扩展名为"zip"或"rar"的文件被叫作压缩文件或压缩包，这样的文件不能直接使用，需要对其进行解压，即解压文件。

1. 通过菜单命令解压文件

启动 WinRAR，在操作界面的浏览区中选择压缩文件，然后选择【命令】/【解压到指定文件夹】命令，如图 7-31 所示。打开"解压路径和选项"对话框，单击"常规"选项卡，在"目标路径"下拉列表框中选择存放解压文件的位置，再选择文件更新方式和覆盖方式，这里保持默认设置，如图 7-32 所示，完成后单击 确定 按钮即可开始解压文件。

2. 通过右键快捷菜单解压文件

先打开压缩文件所在文件夹，在压缩文件上单击鼠标右键，在弹出的快捷菜单中选择"解压

到当前文件夹"命令，如图 7-33 所示。完成解压后，即可在当前文件夹中查看生成的文件，如图
7-34 所示。

图 7-31　选择解压命令

图 7-32　设置解压路径和选项

图 7-33　利用右键快捷菜单解压文件

图 7-34　查看解压文件

7.4.5　修复损坏的压缩文件

在解压文件过程中如果提示遇到错误信息，则有可能是压缩包中的数据损坏了，此时可以尝
试使用 WinRAR 对文件进行修复。

【例 7-9】修复损坏的"图片.rar"文件。

STEP 1　启动 WinRAR，在文件浏览区中找到需要修复的压缩文件，然后单击工具栏中的
"修复"按钮，如图 7-35 所示。

STEP 2　在打开的"正在修复"对话框中，指定修复后的压缩文件的保存路径，并选择压
缩文件类型。

STEP 3　单击 确定 按钮开始修复文件，如图 7-36 所示。

图 7-35　修复压缩文件

图 7-36　设置修复选项

7.5　网络下载工具迅雷

迅雷是目前十分流行的下载软件之一，其用户数量非常庞大。迅雷本身不支持上传资源，它

只是一个提供下载和自主上传服务的工具软件。

7.5.1　搜索并下载资源

迅雷软件的操作方法非常简单，使用迅雷软件可以快速搜索并下载网络中的资源。

【例 7-10】通过迅雷软件搜索并下载综艺节目的视频文件。

STEP 1　安装迅雷后，选择【开始】/【所有程序】/【迅雷软件】/【迅雷】/【启动迅雷】命令，进入迅雷主界面。

STEP 2　在搜索框中输入需搜索的内容，这里输入"一九四二"，在"选择关联词"下拉列表中选择"迅雷下载"选项，然后单击 全网搜 按钮，如图 7-37 所示。

图 7-37　搜索文件

STEP 3　打开搜索结果窗口，在其中选择一个搜索选项，在打开的页面中将打开迅雷搜索结果面板，显示当前页面中可下载的链接，单击⊕按钮，如图 7-38 所示。

STEP 4　打开"新建磁力链接"对话框，显示所下载的文件信息，单击 按钮，在打开的"浏览文件夹"对话框中选择影片要保存的位置，设置完成后返回"新建磁力链接"对话框，单击 立即下载 按钮下载该影片，如图 7-39 所示。

图 7-38　迅雷搜索结果面板

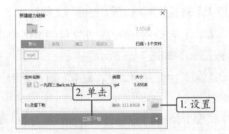

图 7-39　下载资源

7.5.2　通过右键快捷菜单建立下载任务

安装迅雷软件后，在浏览网页时，右键快捷菜单中会自动添加迅雷下载的相关命令，方便用户随时使用迅雷建立下载任务。其方法为：在百度搜索引擎上搜索资源，打开资源的下载页面，在资源上或链接地址上单击鼠标右键，在弹出的快捷菜单中选择"使用迅雷下载"命令，如图 7-40 所示。打开"新建任务"对话框，在其中设置文件保存位置，单击 立即下载 按钮。此时将打开迅雷下载页面，在中间列表中将显示文件的下载进度等信息。

图 7-40　通过右键快捷菜单建立下载任务

7.5.3 管理下载任务

如图 7-41 所示，使用迅雷成功下载所需文件后，在迅雷主界面可对下载的文件进行管理。

● 文件下载完成后，迅雷主界面左侧列表中将显示已完成的下载任务。选择一个已下载的任务，单击▢按钮，可打开下载文件所在的文件夹，查看所下载的文件。

● 选择一个已下载的任务，单击▤按钮，可打开所下载的文件。

图 7-41　管理下载文件

● 选择一个已下载的任务，单击▥按钮，可将该任务移至垃圾箱。

● 选择一个已下载的任务，单击 ··· 按钮，在打开的下拉列表中可对文件进行排序、多选、彻底删除等操作。

7.5.4 设置参数

为了更好地使用迅雷进行下载，可更改迅雷的默认设置，使当前参数符合自己的日常下载情况。操作方法：在迅雷主界面中单击 ··· 按钮，在打开的下拉列表中选择"设置小红心"选项，打开"设置中心"页面，在"基本设置"选项卡中可对启动方式、新建任务、任务管理、默认下载目录、默认下载模式等进行设置，在"高级设置"选项卡中，可对全局设置、任务设置、离线设置、外观、任务提示、下载代理等进行设置。

7.6 屏幕捕捉工具 Snagit

Snagit 是一款功能强大的截图软件，可选择整个屏幕、某个静止或活动窗口进行截图，也可随意选择捕捉内容。Snagit 除了拥有截图软件普遍具有的功能外，还具有文本抓取和影像截图两种功能，并且捕捉后的图像可以根据需要保存为 PNG、TIF、GIF 或 JPEG 等格式。

7.6.1 使用自定义捕捉模式截图

Snagit 提供了几种预设的捕捉方案，如统一捕捉、全屏和延时菜单等，用户可以根据实际需求来选择捕捉方案。

【例 7-11】启动 Snagit 软件，使用统一捕捉方案进行截图。

STEP ① 启动 Snagit，在 Snagit 操作界面右侧的"捕捉"栏中选择"统一捕捉"选项，然后单击"捕捉"按钮●或直接按"PrintScreen"键即可进行捕捉，如图 7-42 所示。

STEP ② 此时出现一个黄色边框和一个"十"字形的黄色线条，其中黄色边框用来捕捉窗口，"十"字形黄色线条用来选择区域，这里将黄色边框移至文件列表区，如图 7-43 所示。

STEP ③ 确认捕捉图像后，单击鼠标左键，将自动打开"Snagit 编辑器"预览窗口，并在"绘图"选项卡中显示已捕捉的图像，单击"剪贴板"组中的"复制"按钮▣，即可将图像复制到 Word 文档中。

图 7-42　选择捕捉方案

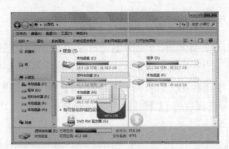

图 7-43　开始捕捉

7.6.2　添加捕捉方案

当预设的方案无法满足实际需求或截图操作比较复杂时，用户可以自己添加捕捉方案，并对方案进行设置。

【例 7-12】启动 Snagit 软件，通过向导添加一个"窗口–剪贴板"配置文件，并预览捕捉效果。

STEP 1 启动 Snagit，进入 Snagit 的操作界面。单击"方案"栏右侧的"使用向导创建方案"按钮，打开"选择捕获模式"对话框，在其中选择"图像捕获"选项，然后单击 下一步(N)> 按钮，如图 7-44 所示。

STEP 2 在打开的"选择输入"对话框中单击"范围"右侧的下拉按钮 ，在打开的下拉列表中选择捕捉内容，如选择"窗口"选项，然后单击 下一步(N)> 按钮，如图 7-45 所示。

图 7-44　选择捕获模式

图 7-45　选择输入范围

STEP 3 打开"选择输出"对话框，单击对话框中的下拉按钮 ，在打开的下拉列表中选择"剪贴板"选项，然后单击 下一步(N)> 按钮，如图 7-46 所示。

STEP 4 打开"选择选项"对话框，取消选择"开启预览窗口"选项，单击 下一步(N)> 按钮。打开"选择效果"对话框，在其中的"滤镜"下拉列表框中选择效果选项，这里选择"无效果"选项，如图 7-47 所示。

图 7-46　选择输出方式

图 7-47　选择输出效果

扫一扫

添加捕捉方案

174

STEP　5 打开"保存新方案"对话框,在"名称"文本框中输入名称,在"热键"下拉列表框中选择快捷键,如选择"F6"选项,单击 完成 按钮,如图 7-48 所示。

STEP　6 设置完成后返回 Snagit 主界面,即可查看创建的捕捉方案。选择该方案,在"方案设置"栏中的"剪贴板"下拉列表中选择"属性"选项,打开"输出属性"对话框,在"文件格式"栏中单击选中"总是使用此文件格式"单选项,并在其下的列表框中选择"PNG"选项,然后单击 确定 按钮,如图 7-49 所示。

STEP　7 在 Snagit 操作界面中单击"保存"按钮 ,保存捕捉方案。

图 7-48　设置快捷键

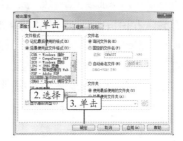

图 7-49　设置输出属性

7.6.3　编辑捕捉的屏幕图片

　　Snagit 为用户提供了图片编辑功能,新建捕捉方案时,在"选择选项"对话框中选择"开启预览窗口"选项,则捕获完成后 Snagit 将自动打开"Snagit 编辑器"预览窗口,单击"图像"选项卡,在"画布"组中可以调整图像和画布大小、更改画布颜色、旋转图像和修剪图像等,在其中单击所需按钮后,即可进行相应的操作。在"修改"组中可设置图像模糊度、灰度、颜色效果等,图 7-50 所示为将图像的模糊百分比设置为 10%的效果。

图 7-50　调整截图效果

7.7　邮件收发工具 Foxmail

　　在工作和日常生活中,收发电子邮件是一种比较常见的沟通方式。选择一款专业的邮件收发软件,不仅能方便地管理邮件内容,还能保证邮件的安全。

7.7.1　创建并设置邮箱账号

　　在使用 Foxmail 收发电子邮件之前,需要先创建相应的邮箱账户,并对邮箱进行相应的设置。

【例 7-13】登录 Foxmail 邮件客户端,并对邮箱账号进行设置。

STEP　1 安装 Foxmail 7.2.0 邮件客户端后,双击桌面上的快捷图标 ,启动该程序,此时软件会自动检测计算机中已有的邮箱数据,如果未创建任何邮箱,则会打开"新建账号"对话框。

STEP　2 在"E-mail 地址"文本框中输入要打开的邮箱账号,在"密码"文本框中输入密码,单击 创建 按钮创建账户,如图 7-51 所示。

STEP　3 完成账户创建与设置后,单击 完成 按钮,即可使用 Foxmail 邮件客户端登录设置好的邮箱。单击主界面右上角的 按钮,在打开的下拉列表中选择"账号管理"选项,如图 7-52 所示。

扫一扫

创建并设置邮箱账号

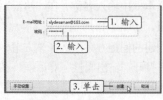

图 7-51　创建账户

图 7-52　Foxmail 邮件客户端

STEP 4　打开"系统设置"对话框，单击 新建 按钮，打开"新建账号"对话框，按照相同的方法进行设置，添加多个邮箱账号，这些邮箱账户依次显示在主界面的左侧。

STEP 5　在窗口中选择要设置的邮箱账号，然后在右侧单击 设置 选项卡，在其中可以设置 E-mail 地址、密码、显示名称、发信名称等，如图 7-53 所示。

STEP 6　选择列表中的任一邮箱账号，如图 7-54 所示，单击 删除 按钮，打开"信息"提示对话框，依次单击 是(Y) 按钮，即可删除该邮箱账号的所有信息。

图 7-53　设置邮箱账号

图 7-54　删除邮箱账号

7.7.2　查看和回复邮件

使用 Foxmail 邮件客户端来查看和回复邮件是基本且常用的操作，下面将通过具体的例子来介绍如何用 Foxmail 邮件客户端查看已接收邮件的具体内容并回复邮件。

【例 7-14】在 Foxmail 邮件客户端中查看"OldSmoker 邀请函"邮件，并回复该邮件。

STEP 1　在打开的 Foxmail 邮件客户端主界面左侧的邮箱列表框中选择"xlydesaman@163.com"邮箱账号，然后选择账号下的"收件箱"选项，此时右侧列表框中将显示该邮箱中的所有邮件，其中 ● 图标表示邮件未阅读，■ 图标表示邮件已阅读。单击"OldSmoker 邀请函"邮件，在右侧的列表框中将显示该邮件的内容，如图 7-55 所示。

STEP 2　在中间的邮件列表框中双击"OldSmoker 邀请函"邮件，打开图 7-56 所示的窗口，显示该邮件的详细内容。

图 7-55　阅读邮件

图 7-56　查看邮件的详细内容

STEP 3 完成阅读后，单击工具栏中的 回复 按钮进行答复，在打开的窗口中，程序已经自动填写了"收件人"和"主题"，并在编辑窗口中显示原邮件的内容。根据需要输入回复内容后，单击工具栏中的 发送 按钮，即可完成回复邮件的操作，如图 7-57 所示。

STEP 4 如果要将接收到的电子邮件转发给其他人，可以单击工具栏中的 转发 按钮，在打开的窗口中填写收件人地址后，再单击工具栏中的 发送 按钮即可，如图 7-58 所示。

图 7-57　回复邮件

图 7-58　转发邮件

7.7.3　管理邮件

在 Foxmail 邮件客户端中可以对邮件进行复制、移动、删除、保存等操作，以使邮件的存放满足自己的实际需求。

【例 7-15】在 Foxmail 邮件客户端中对邮件进行复制、移动和删除操作。

STEP 1 在 Foxmail 邮件客户端主界面的邮件列表框中选择需复制的邮件，这里选择"OldSmoker 邀请函"邮件，然后单击鼠标右键，在弹出的快捷菜单中选择【移动到】/【复制到其他文件夹】命令，如图 7-59 所示。

STEP 2 打开"选择文件夹"对话框，在"请选择一个文件夹"列表框中选择目标文件夹，这里选择 126 账号下的"收件箱"选项，单击 确定(O) 按钮，如图 7-60 所示，即可将该邮件复制到所选文件夹中。

扫一扫

管理邮件

STEP 3 在邮件列表框中选择需移动的邮件，这里选择第 2 个"网易邮件中心"邮件，按住鼠标左键不放并拖曳鼠标，当鼠标指针变 形状时，将其移至目标文件夹后释放鼠标，这里移至左侧的"垃圾邮件"文件夹，如图 7-61 所示。

图 7-59　选择【复制到其他文件夹】命令

图 7-60　选择目标文件夹

STEP 4 移动完成后，原来的邮件不再显示，如图 7-62 所示。

图 7-61　移动邮件

图 7-62　原邮件不再显示

STEP **5** 在邮件列表框中选择要删除的邮件，这里选择"康泰在线"邮件，然后按键盘上的"Delete"键或在该邮件上单击鼠标右键，在弹出的快捷菜单中选择"删除"命令，如图 7-63 所示，即可将该邮件移至左侧邮箱列表框中的"已删除邮件"文件夹。

STEP **6** 在"已删除邮件"文件夹上单击鼠标右键，在弹出的快捷菜单中选择"清空'已删除邮件'"命令，如图 7-64 所示，即可将邮件彻底删除。

图 7-63　删除邮件

图 7-64　清空"已删除邮件"

7.7.4　使用地址簿发送邮件

Foxmail 邮件客户端提供了地址簿功能，通过它能够方便地管理邮箱地址和个人信息。地址簿以名片的方式存放信息，一张名片对应一个联系人的信息，包括联系人姓名、邮箱、电话号码等内容。

【例 7-16】在 Foxmail 邮件客户端中新建联系人，再新建一个组，并将"春花""吴迪""微薇"添加到该组中，然后群发邮件。

STEP **1** 在 Foxmail 邮件客户端主界面左侧邮箱列表框底部单击"地址簿"按钮，打开"地址簿"界面，在左侧邮箱列表框中选择"本地文件夹"选项，单击界面左上角的 新建联系人 按钮，如图 7-65 所示。

STEP **2** 打开"联系人"对话框，其中包含"姓""名""邮箱""电话""附注"5 项，这里输入前 3 项后，单击 保存 按钮，如图 7-66 所示。

扫一扫

使用地址簿发送邮件

图 7-65　新建联系人

图 7-66　编辑联系人信息

提示

如果需要填写更详细的联系人信息，可以单击"编辑更多资料"超链接，打开对话框并在剩余的选项卡中输入信息。

STEP **3** 单击 新建联系人 按钮右侧的 新建组 按钮，打开"联系人"对话框，在"组名"文本框中输入设置的名称，这里输入"同事"，然后单击 添加成员 按钮，如图 7-67 所示。

STEP 4 打开"选择地址"对话框，在"地址簿"列表中显示了"本地文件夹"的所有联系人信息，选择需添加到"同事"组中的联系人，单击 → 按钮或在联系人上双击鼠标，此时，右侧的"参与人列表"列表框中就会自动显示添加的联系人，单击 确定 按钮确认，如图 7-68 所示。

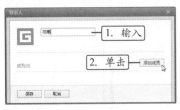

图 7-67　创建"同事"组

图 7-68　添加成员

STEP 5 返回"联系人"对话框，在"成员"列表框中将显示所添加的联系人，最后单击 保存 按钮完成组的创建操作。

提示

若要移除已添加的成员，只需在"参与人列表"列表框中选择需移除的联系人，再单击对话框中间的 ← 按钮即可。

STEP 6 成功创建联系人组后，选择"同事"组，单击 写邮件 按钮，如图 7-69 所示，打开"写邮件"窗口，程序将自动添加收件人地址，编辑内容后单击 发送 按钮，即可群发邮件。

图 7-69　群发邮件

7.8　PDF 文档编辑工具

PDF 是 Adobe 公司开发的便携式跨平台文档格式。PDF 可以把文本、格式、字体、颜色、分辨率、链接以及图形图像、声音、动态影像等所有的信息封装在一个特殊的整合文件中，并具有超强的跨平台功能，不依赖任何的系统语言、字体和显示模式，且拥有超文本链接功能，可导航阅读，可印刷排版，支持电子出版的各种要求，并得到大量第三方软件的支持，拥有多种浏览操作方式，比其他传统的文档格式体积更小，更方便在 Internet 上传输。PDF 因在技术上起点高，功能全，优于现有的各种流行文本格式，加之 Adobe 公司的极力推广，现在已经成为新一代电子文本格式的行业标准。

掌握一定的 PDF 文档编辑工具软件的使用方法对于社会科学工作者及办公室工作人员来说具有很强的实用性。PDF 文档编辑工具软件提供了强大的编辑功能，很多功能与 Word 的编辑功能类似，为简单起见，在此仅介绍其中常见的与 Word 2010 不同的功能，涉及的工具软件有福昕（Foxit）阅读器、福昕 PDF 转 Word 转换器、福昕 PDF 在线转换平台和福昕 PDF 编辑器。

7.8.1　PDF 文档转换为 Word 文档

PDF 文档一般不易直接编辑修改，但我们可将其转换成 Word 文档后再进行编辑，通常可采用以下方法进行转换。

1. 采用福昕阅读器

打开福昕阅读器，在导航栏菜单中，选择"特色功能"选项卡，单击"PDF 转 Word"或"另存为 Word"即可，如图 7-70 所示。

图 7-70　采用福昕阅读器将 PDF 文档转换为 Word 文档

2. 采用福昕 PDF 转 Word 转换器

福昕 PDF 转 Word 转换器的转换正确度高达 99%，转换文档无须二次编辑和排版，支持 PDF文档批量转换，操作方法非常简单。

首先，打开福昕 PDF 转 Word 转换器，添加需要转换的 PDF 文件，如图 7-71 所示。文件添加完毕后单击"开始转换"即可，如图 7-72 所示。

图 7-71　添加需要转换的 PDF 文件

图 7-72　开始转换

3. 利用福昕 PDF 在线转换平台

联网进入福昕 PDF 在线转换平台后，先上传需要转换的 PDF 文档，上传完 PDF 文档后选择立即转换即可，如图 7-73 所示。

图 7-73　PDF 在线转换

7.8.2 PDF 文档的文本与图片编辑

1. 添加文本和图片

打开福昕 PDF 编辑器，选择"编辑"选项卡，单击"添加文本"或"添加图片"，即可在空白处或图片中进行添加，如图 7-74 所示。

图 7-74　在 PDF 文档中添加文本或图片

2. 修改文本与图片

在"编辑"选项卡上单击"编辑文本"或"编辑对象"，即可对 PDF 文档中的文本与图片进行修改，如图 7-75 所示。

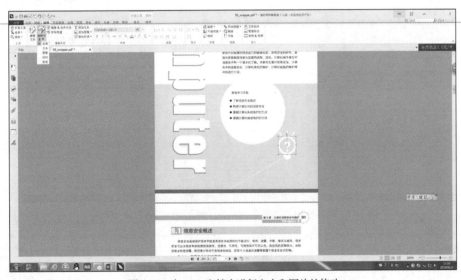

图 7-75　在 PDF 文档中进行文本和图片的修改

7.8.3 PDF 文档的页面提取、合并与水印编辑

1. PDF 文档的页面提取

打开福昕 PDF 编辑器，在"主页"选项卡中的"页面管理"菜单组中单击"提取"，即可对 PDF 文档中的指定页进行导出和组合提取，还可以通过在页面面板中拖曳或在导航缩略图上单击鼠标右键的方式来组织页面，进而导出新的 PDF 文档，如图 7-76 所示。

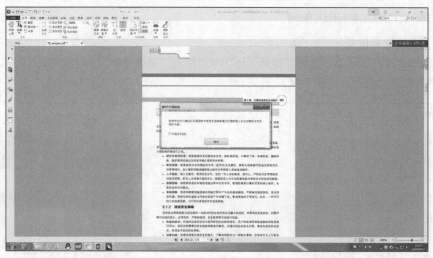

图 7-76 PDF 文档的页面提取

2．PDF 文档的合并

PDF 文档的合并有两种方式：一是在"主页"选项卡的"页面管理"菜单组中单击"插入"，将其他 PDF 文档的相关页面合并到当前 PDF 文档中，如图 7-77 所示；二是在"转换"选项卡中选择"文件转换"→"将多文件转换成 PDF"，并在"批量转换文件"对话框中添加需要合并的文件，选择"将多个文件合并成一个 PDF 文件"，再单击"转换"即可，如图 7-78 和图 7-79 所示。

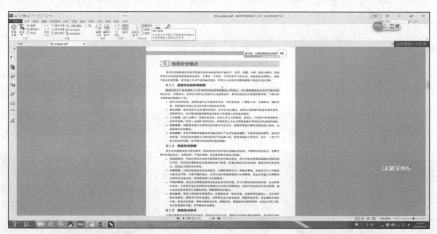

图 7-77 将其他 PDF 文档中的相关页面合并到当前 PDF 文档中

图 7-78 多文件转换为 PDF

图 7-79 将多个文件合并成一个 PDF 文件

3. PDF 文档的水印编辑

在办公文件中经常需要添加页面水印，以显示单位标志和文件版权。PDF 文档的水印编辑包括添加水印和删除水印两种操作，均可在"页面管理"选项卡的"水印"菜单中完成。如图 7-80 和图 7-81 所示。

图 7-80　PDF 文档水印编辑

图 7-81　PDF 文档水印设置及效果

7.9　习题

1. 选择题

（1）在使用 Symantec Ghost 还原系统之前，需先（　　　）。

　　A. 备份系统　　　　　B. 复制系统　　　　　C. 整理硬盘　　　　　D. 更新系统

（2）当需压缩的文件太大时，可以使用 WinRAR 对文件进行（　　　）。

　　A. 分卷压缩　　　　　B. 分割压缩　　　　　C. 快速压缩　　　　　D. 修复

（3）下列文件中，用 FinalData 不能修复的是（　　　）。

　　A. Office 文件　　　　B. 电子邮件　　　　　C. 数据库文件　　　　D. 图形图像文件

（4）在使用 Snagit 捕捉图像时，如果需要对捕捉的图像效果进行编辑，可以在（　　　）选项卡 中进行设置。

　　A. 图像　　　　　　　B. 查看　　　　　　　C. 标签　　　　　　　D. 拖拉

2. 操作题

（1）使用系统备份工具 Symantec Ghost 对系统进行备份。

（2）使用数据恢复工具 FinalData 对系统盘文件进行扫描，并恢复误删除的文件。

（3）在计算机中安装 WinRAR，对大型文件进行分卷压缩备份。

（4）通过搜索引擎查找搜狗拼音输入法的安装程序，并使用迅雷进行下载。

（5）使用 Snagit 中的统一捕捉方案捕捉滚动窗口。

（6）新建一个名为"窗口-剪贴板"的捕捉方案，将其热键设置为"F2"，完成图像捕捉后在"Snagit 编辑器"窗口中进行预览和编辑。

（7）登录 Foxmail 邮件客户端后，选择"收件箱"选项，接收并查看邮件内容，然后新建一个"朋友"组，向"朋友"组中的成员群发邮件。

第8章

计算机网络及其应用

　　随着信息化技术的不断深入，计算机网络已成为重要的计算机应用领域之一。将计算机连入网络，用户就可以共享网络中的资源并进行信息传输。现在最常用的网络是互联网（Internet），它是一个全球性的网络，将全世界的计算机联系在一起，通过这个网络，用户可以实现多种网络功能。本章将介绍计算机网络的基础知识、局域网和互联网的基础知识及应用等。

 课堂学习目标
- 了解计算机网络
- 熟悉计算机网络的软件和硬件
- 认识局域网
- 掌握局域网的应用
- 认识互联网
- 掌握互联网的应用

8.1　计算机网络概述

　　网络化是计算机技术发展的必然趋势，下面将介绍计算机网络的定义、发展、功能体系结构、分类等基础知识。

8.1.1　计算机网络的定义

　　在计算机网络发展的不同阶段，由于人们对计算机网络的理解和侧重点不同而提出了不同的定义。就目前计算机网络现状来看，计算机网络指将地理位置不同的具有独立功能的多台计算机及其外部设备，通过通信线路连接起来，在网络操作系统、网络管理软件及网络通信协议的管理和协调下，实现资源共享和信息传递的计算机系统。

8.1.2　计算机网络的发展

　　计算机网络出现的时间不长，但发展迅速，经历了从简单到复杂、从地方到全球的发展过程，从形成初期到现在，计算机网络的发展大致可以分为4个阶段。

1. 第1代计算机网络阶段

　　这一阶段可以追溯到20世纪50年代。人们将多台终端通过通信线路连接到一台中央计算机上构成"主机-终端"系统。第1代计算机网络又称为面向终端的计算机网络。这一阶段的终端不具备自主处理数据的能力，仅仅能完成简单的输入输出功能，所有数据处理和通信处理任务均由主机完成。用今天对计算机网络的定义来看，"主机-终端"系统只能称得上是计算机网络的雏形，还算不上是真正的计算机网络，但这一阶段进行的计算机技术与通信技术相结合的研究是计算机网络发展的基础。

2．第2代计算机网络阶段

20世纪60年代，计算机的应用日趋普及，许多部门，如工业、商业机构都开始配置大、中型计算机系统。这些地理位置上分散的计算机之间自然需要进行信息交换。这种信息交换的结果是将多个计算机系统连接，形成一个计算机通信网络，称之为第2代计算机网络。第二代计算机网络的重要特征是通信在"计算机-计算机"之间进行，计算机各自具有独立处理数据的能力，并且不存在主从关系。第二代计算机网络主要用于传输和交换信息，但资源共享程度不高。美国的阿帕网（ARPANET）就是第2代计算机网络的典型代表。ARPANET为Internet的产生和发展奠定了基础。

3．第3代计算机网络阶段

从20世纪70年代中期开始，许多计算机生产商纷纷开发自己的计算机网络系统并形成各不相同的网络体系结构。这些网络体系结构有很大的差异，无法实现不同网络之间的互联，因此网络体系结构与网络协议的国际标准化成了迫切需要解决的问题。1977年，国际标准化组织（International Standards Organization，ISO）提出了著名的开放系统互连参考模型（Open System Interconnect/Reference Model，OSI/RM），形成了一个计算机网络体系结构的国际标准。尽管互联网上使用的是TCP/IP，但OSI/RM对网络技术的发展产生了极其重要的影响。第3代计算机网络的特征是全网中所有的计算机遵守同一种协议，强调以实现资源（硬件、软件和数据）共享为目的。

4．第4代计算机网络阶段

从20世纪90年代开始，互联网实现了全球范围的电子邮件、信息查询、文件传输和图像通信等数据服务的普及，但电话和电视仍各自使用独立的网络系统进行信息传输。人们希望利用同一网络来传输语音、数据和视频，因此提出了宽带综合业务数字网（Broadband Integrated Services Digital Network，B-ISDN）的概念。"宽带"指网络具有极高的数据传输速率，可以承载大数据量的传输；"综合"指信息媒体，包括语音、数据和图像，可以在网络中综合采集、存储、处理和传输。由此可见，第4代计算机网络的特点是综合化和高速化。支持第四代计算机网络的技术有异步传输模式（Asynchronous Transfer Mode，ATM）、光纤传输介质、分布式网络、智能网络、高速网络、互联网技术等。人们对这些新的技术给予极大的热情和关注，并且在不断深入地研究和应用。

计算机网络技术的飞速发展以及在企业、学校、政府、科研部门和普通家庭的广泛应用，使人们对计算机网络提出了越来越高的要求。未来的计算机网络应能提供目前电话网、电视网和计算机网络的综合服务；能支持多媒体信息通信，以提供多种形式的视频服务；具有高度安全的管理机制，以保证信息安全传输；具有开放统一的应用环境，智能的系统自适应性和高可靠性，网络的使用、管理和维护非常方便。总之，计算机网络将进一步朝着"开放、综合、智能"的方向发展，必将对未来世界的经济、军事、科技、教育与文化的发展产生重大的影响。

8.1.3 计算机网络的功能

计算机网络为用户构造分布式的网络计算环境提供了基础，其功能主要体现在以下5个方面。

1．数据通信

通信功能是计算机网络的基本功能，是计算机网络其他功能的基础，因此，它是计算机网络最重要的功能。利用计算机网络的通信功能，可实现计算机与终端、计算机与计算机之间各种信息的快速传送，包括文字信件、新闻消息、咨询信息、图片资料和报纸版面等，根据这一特点，可将分散在各个地区的单位或部门用计算机网络联系起来，进行统一的调配、控制和管理。

2．资源共享

资源指网络中所有的软件、硬件和数据资源，共享指网络中的用户能够部分或全部地享用这些资源。例如，某些地区或单位的数据库可供全网使用；某种软件可供需要的用户有偿调用或办理一定手续后调用；一些外部设备，如打印机，可面向用户，使不具有这些设备的用户也能使用这些设备。如果不能实现资源共享，则各地区都需要有一套完整的软、硬件及数据资源，这将大大增加全系统的投资费用。

提示

资源共享提高了资源的利用率，打破了资源在地理位置上的约束，使得用户在使用千里之外的资源时如同使用本地资源一样方便。

3. 提高系统的可靠性

在一个系统中，当某台计算机、某个部件或某个程序出现故障时，必须通过替换资源的办法来维持系统的继续运行，以避免系统瘫痪。而在计算机网络中，各台计算机可彼此互为后备机，每一种资源都可以在两台或多台计算机上进行备份，当某台计算机、某个部件或某个程序出现故障时，其任务就可以由其他计算机或其他备份的资源代替完成，避免了系统瘫痪，提高了系统的可靠性。

4. 分布处理

网络分布式处理指把同一任务分配到网络中不同地理位置分布的节点机上协同完成。通常，对于复杂的、综合性的大型任务，可以采用合适的算法，将任务分散到网络中不同的计算机上去执行。另外，当网络中某台计算机、某个部件或某个程序负担过重时，通过网络操作系统的合理调度，可将其一部分任务转交给其他较为空闲的计算机或资源完成。

5. 分散数据的综合处理

网络系统还可以有效地将分散在网络各计算机中的数据资料信息收集起来，从而达到对分散的数据资料进行综合分析处理，并把正确的分析结果反馈给各相关用户的目的。

8.1.4 计算机网络的体系结构

计算机与计算机之间的通信可看作人与人沟通的过程。网络协议对计算机网络而言是必不可少的，对于结构复杂的网络协议来说，最好的组织方式就是采用层次结构。网络体系结构定义了计算机网络的功能，而这些功能的实现是通过硬件与软件完成的。

1. 网络体系结构的定义

从网络协议的层次结构模型来看，网络体系结构可以定义为计算机网络的所有功能层次、各层次的通信协议以及相邻层次间接口的集合。

网络体系结构中的 3 要素分别是分层、协议和接口，可以表示如下。

网络体系结构＝｛分层、协议、接口｝

网络体系结构是抽象的，仅给出一般性指导标准和概念性框架，不包括实现的方法，其目的是在统一的原则下设计、建造和发展计算机网络。

2. 网络体系结构的分层原则

目前，层次结构被各种网络协议所采用，如 OSI、TCP/IP 等。不同的网络协议，其网络体系结构分层的方法也不相同。通常情况下，网络体系结构分层有如下原则。

- 各层功能明确：在网络体系结构中，需要各层既保持系统功能的完整，又能避免系统功能的重叠，让各层结构相对稳定。
- 接口清晰简洁：在网络体系结构中，下层通过接口对上层提供服务。对接口的要求有两点，一是接口需要定义向上层提供的操作和服务；二是通过接口的信息量最小。
- 层次数量适中：为了让网络体系结构便于实现，要考虑层次的数量，既不能过多，又不能太少。如果层次过多，则会引起系统烦冗和协议复杂化；如果层次过少，则会导致一层中拥有多种功能。

- 协议标准化：在网络体系结构中，各个层次的功能划分和设计应强调协议的标准化。

提示

网络体系层次结构具有各层次间相互独立、灵活性高、易于实现和维护、有利于促进标准化的优点。

8.1.5 计算机网络的分类

到目前为止，计算机网络还没有一种被普遍认同的分类方法，因此，可使用不同的分类方法对计算机网络进行分类，如按网络覆盖的地理范围分类、按服务方式分类、按网络的拓扑结构分类、按网络传输介质分类、按网络的使用性质分类等。

1. 按网络覆盖的地理范围分类

根据网络覆盖的地理范围，可以将计算机网络分为局域网、城域网、广域网和国际互联网 4 种类型。

- 局域网：局域网是将较小地理区域内的计算机或数据终端设备连接在一起形成的通信网络，局域网覆盖的地理范围比较小，一般在几十米到几千米之间，主要用于实现短距离的资源共享。局域网可以由一个建筑物内或相邻建筑物内的几百台至上千台计算机组成，甚至可以小到由一个房间内的几台计算机、打印机和其他设备组成。如图 8-1 所示为一个简单的企业内部局域网。局域网与其他网络的区别主要体现在网络所覆盖的物理范围、网络所使用的传输技术和网络的拓扑结构 3 个方面。从功能的角度来看，局域网的服务用户数有限，但是局域网的配置容易实现，传输速率高，一般可达 4Mbit/s～2Gbit/s，使用费用也较低。

- 城域网：城域网是一种大型的通信网络，它的覆盖范围介于局域网和广域网之间，一般为几千米至几万米。城域网的覆盖范围在一个城市内，它将位于一个城市之内不同地点的多个计算机局域网连接起来实现资源共享。城域网所使用的通信设备和网络设备的功能要求比局域网高，以便有效地覆盖整个城市的地理范围。一般在一个大型城市中，城域网可以将多个学校、企事业单位、公司和医院的局域网连接起来实现资源共享。如图 8-2 所示是某城区教育系统的城域网。

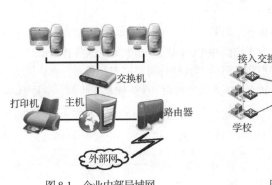

图 8-1　企业内部局域网

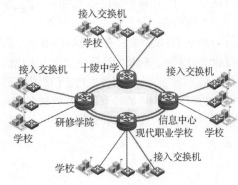

图 8-2　某城区教育系统城域网

- 广域网：广域网在地域上可以覆盖跨越国界、洲界甚至是全球的范围。目前，Internet 是世界上最大的广域计算机网络，它是一个覆盖全球、供公共商用的广域网。除此之外，许多大型企业以及跨国公司和组织建立了内部使用的广域网。我国的电话交换网、公用数字数据网、公用分组交换数据网等都是广域网。广域网的物理结构如图 8-3 所示。

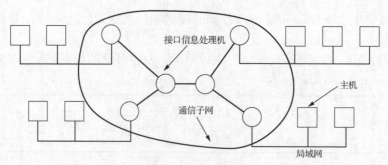

图 8-3　广域网的物理结构

- 国际互联网：目前世界上有许多网络，不同网络的物理结构、协议和所采用的标准各不相同。如果连接到不同网络的用户需要进行相互通信，则需要将这些不兼容的网络通过网关连接起来，并由网关完成相应的转换功能。多个网络相互连接构成的集合称为互联网，其最常见形式是多个局域网通过广域网连接起来。判断一个网络是广域网还是通信子网的依据网络中是否含有主机，如果网络中既包含 IMP，又包含用户可以运行作业的主机，则该网络是一个广域网；反之，如果网络中只含有中间转接站点，则该网络是一个通信子网。

> **提示**
>
> 　　互联网是广域网的一种，但它不是一种具有独立性的网络，它将同类或不同类的网络（局域网、广域网与城域网）互联，通过高层协议实现不同类网络间的通信。

2. 按服务方式分类

服务方式指计算机网络中各台计算机之间的关系，按照服务方式可将计算机网络分为对等网络和客户机/服务器网络两种类型。对等网络是点对点，客户机/服务器网络是一点对多点。

- 对等网络：在对等网络中，计算机的数量通常不超过 20 台，因此对等网络相对比较简单。在对等网络中，各台计算机有相同的功能，无主从之分，网络上任意节点的计算机既可以作为服务器为其他计算机提供资源，又可以作为工作站分享其他服务器的资源；任意一台计算机均可同时兼作服务器和工作站，也可只作为其中之一。同时，对等网络除了共享文件，还可以共享打印机，对等网络上的打印机可被网络上的任一节点使用，如同使用本地打印机一样方便。如图 8-4 所示为一个对等网络。

- 客户机/服务器网络：在计算机网络中，如果只有一台或几台计算机作为服务器为网络上的用户提供共享资源，而其他计算机仅作为客户机并可访问服务器中提供的各种资源，这样的网络就是客户机/服务器网络。服务器指专门提供服务的高性能计算机或专用设备，客户机指用户计算机。客户机/服务器网络的特点是安全性较高，计算机的权限、优先级易于控制，监控容易实现，网络管理能够规范化。服务器的性能和客户机的数量决定了客户机/服务器网络的性能。如图 8-5 所示为客户机/服务器网络。

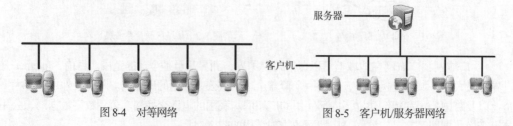

图 8-4　对等网络　　　　　　　　　　图 8-5　客户机/服务器网络

3．按网络的拓扑结构分类

计算机网络的拓扑结构指网络中的计算机或设备与传输介质形成的节点与线的物理构成模式。网络的节点有两类：一类是转换和交换信息的转接节点，包括节点交换机、集线器和终端控制器等；另外一类是访问节点，包括计算机主机和终端等。线则代表各种传输介质，包括有形的线和无形的线。拓扑结构的选择与具体的网络要求相关，网络的拓扑结构主要影响网络设备的类型、设备的能力、网络的扩张潜力、网络的管理模式等。网络拓扑结构主要包括星形结构、环形结构、总线结构、分布式结构、树形结构、网状结构等。

4．按网络传输介质分类

网络传输介质指在网络中传输信息的载体，常用的传输介质可分为有线传输介质和无线传输介质两大类，相应地，计算机网络可分为有限网和无线网两大类。

- 有线网：有线传输介质指在两个通信设备之间实现的物理连接部分，能将信号从一方传输到另一方，主要有双绞线、同轴电缆和光纤，有线网则是使用这些有线传输介质连接的网络。采用同轴电缆联网的特点是经济实惠，但传输速率和抗干扰能力一般，传输距离较短；采用双绞线联网的特点是价格便宜、安装方便，但易受干扰，传输速率较慢，传输距离比同轴电缆短；采用光纤联网的特点是传输距离长、传输速率快、抗干扰性强。双绞线和同轴电缆传输电信号，光纤传输光信号。

- 无线网：无线传输介质指周围的自由空间，利用无线电波在自由空间的传播可以实现多种无线通信，在自由空间传输的电磁波根据频谱可将其分为无线电波、微波、红外线和激光等，信息被加载在电磁波上进行传输，无线网即指采用空气中的电磁波作为载体来传输数据的网络。无线网的特点为联网费用较高、数据传输速率快、安装方便、传输距离长、抗干扰性不强等。无线网包括无线电话网、无线电视网、微波通信网和卫星通信网等。

5．按网络的使用性质分类

网络的使用性质主要指网络服务的对象和组建的原因，按网络的使用性质，可将计算机网络分为公用网、专用网和利用公用网组建的专用网 3 种类型。

- 公用网：公用网指由电信部门或其他提供通信服务的经营部门组建、管理和控制，网络内的传输和转接装置可供任何部门和个人使用的网络。

- 专用网：专用网是由用户部门独立组建经营的网络，不容许其他用户和部门使用。专用网常为局域网或通过租借电信部门的线路而组建的广域网。

- 利用公用网组建的专用网：许多部门直接租用电信部门的通信网络，并配置一台或多台主机，向社会各界提供网络服务，这些部门组建的应用网络称为增值网络（或增值网），即在通信网络的基础上提供了增值服务。这种类型的网络其实就是利用公用网组建的专用网，如中国教育科研网、全国各大银行的网络等。

8.2 计算机网络中的硬件和软件

要形成计算机网络，除了分布在各地的计算机，还需要一些硬件和软件的支持。

8.2.1 计算机网络中的硬件

不同类型的网络，使用的硬件设备可能有所差别，但总体说来，网络中的硬件设备大概有传输介质、网卡、集线器、路由器和交换机。

1．传输介质

传输介质是连接网络中各节点的物理通路。目前，常用的网络传输介质有双绞线、同轴电缆、光纤与无线传输介质，分别介绍如下。

- 同轴电缆：同轴电缆是计算机网络中常见的传输介质之一，它是一种宽带、误码率低、性价比较高的传输介质，在早期的局域网中应用广泛。顾名思义，同轴电缆是由一组共轴心的电缆构成的。其具体的结构由内到外包括中心铜线、绝缘层、网状屏蔽层和塑料封套4个部分。应用于计算机网络的同轴电缆主要有两种，即"粗缆"和"细缆"。用同轴电缆同样可以组成宽带系统，主要有双缆系统和单缆系统两种类型。同轴电缆网络一般可分为主干网、次主干网和线缆3类。

- 双绞线：双绞线是由两根相互绝缘的导线互相缠绕（一般按顺时针缠绕）在一起而制成的一种通用配线，属于信息通信网络传输介质。双绞线不仅可以用来传输模拟信号，还可以用来传输数字信号。与其他传输介质相比，双绞线在传输距离、信道宽度和数据传输速率等方面均受到一定限制，但其价格较低。双绞线一般由两根22～26号绝缘铜导线相互缠绕而成，实际使用时，双绞线是由多对双绞线一起包在一个绝缘电缆套管里的。典型的双绞线一般有4对，此外也有更多对双绞线放在一个电缆套管里。这些我们称之为双绞线电缆。

- 光纤：光纤是一种性能非常好的网络传输介质。目前，光纤是网络传输介质中发展最为迅速的一种，也是未来网络传输介质的发展方向。光纤主要是在传输距离较长、布线条件特殊的情况下用于主干网的连接。根据需要还可以将多根光纤合并在一根光缆里面，光缆由纤芯、包层和护套组成。光纤是一种新型的网络传输介质，与双绞线、同轴电缆相比，它具有频带宽、损耗低、质量轻、抗干扰能力强、保真度高、工作性能可靠、成本不断下降的优点。按光在光纤中的传输模式，可将光纤分为单模光纤和多模光纤。光纤主要有3种连接方式：将光纤接入连接头并插入光纤插座、用机械方法将其接合、将两根光纤融合在一起。

- 无线传输介质：无线传输是利用可以在空气中传播的微波、红外线等无线介质进行传输，无线局域网就是由无线传输介质组成的局域网。利用无线通信技术，可以有效扩展通信空间，摆脱有线介质的束缚。无线传输所使用的频段很广，人们现在已经利用了好几个波段进行通信。常用的无线通信方法有无线电波、蓝牙和红外线，紫外线和更高的波段目前还不能用于通信。其中，无线电波指在自由空间（包括空气和真空）传播的射频频段的电磁波；蓝牙是一种支持设备短距离通信（一般10 m内）的无线电技术，能在移动电话、PDA、无线耳机、笔记本电脑、相关外设等众多设备之间进行无线信息的交换；红外线传输速率可达100Mbit/s，最大有效传输距离达到了1 000 m。红外线具有较强的方向性，它采用低于可见光的部分频谱作为传输介质。红外线作为传输介质时，可以分为直接红外线传输和间接红外线传输两种。

提示

选择网络传输介质时要考虑的因素很多，但首先应该确定主要因素，主要因素包括吞吐量和带宽、网络的成本、安装的灵活性和方便性、连接器的通用性、抗干扰性能、计算机系统间距、地理位置、未来发展。

---

2. 网卡

网卡又称网络适配器、网络卡或网络接口卡，是以太网的必备设备。网卡通常工作在 OSI 模型的物理层和数据链路层，在功能上相当于广域网的通信控制处理机，通过它将工作站或服务器连接到网络，实现网络资源共享和相互通信。

网络有许多不同的类型，如以太网、令牌环和无线网络等，不同的网络必须采用与之相适应的网卡。网卡的种类很多，根据不同的标准，有不同的分类方法，但常用的网卡分类方法是将网卡分为有线和无线两种。有线网卡指必须将网络连接线连接到网卡中才能访问网络的网卡，主要包括 PCI 网卡、集成网卡和 USB 网卡 3 种类型。无线网卡是无线局域网的无线网络信号覆盖下通过无线连接网络进行上网使用的无线终端设备。目前，无线网卡主要包括 PCI 网卡、USB 网卡、

PCMCIA 网卡和 MINI-PCI 网卡 4 种类型。

3. 集线器

集线器又称集中器。集线器的主要功能是对接收到的信号进行再生整形放大，以扩大网络的传输距离，同时把所有站点集中在以它为中心的节点上。集线器在局域网中充当电子总线的作用，在使用集线器的局域网中，在某一台机器发送数据时，其他机器不能发送数据。当某一台机器出现故障时，集线器可以进行隔离，而不像使用同轴电缆总线那样影响整个网络。集线器属于网络底层设备，当它要向某节点发送数据时，不是直接把数据发送到目的节点，而是把数据包发送到与集线器相连的所有节点。

4. 路由器

路由器是一种连接多个网络或网段的网络设备，它能对不同网络或网段之间的数据信息进行"翻译"，使不同网段和网络之间能够相互"读懂"对方的数据，从而构成一个更大的网络。路由器的主要工作是为经过路由器的每个数据帧寻找一条最佳传输路径，并将该数据有效地传送到目的站点。路由器是网络与外界的通信出口，也是联系内部子网的桥梁。在网络组建的过程中，路由器的选择极为重要，选择路由器时需要考虑的因素有安全性能、处理器、控制软件、容量、网络扩展能力、支持的网络协议、带线拔插等。

5. 交换机

交换机是一种用于电信号转发的网络设备，它可以为接入交换机的任意两个网络节点提供独享的电信号通路。最常见的交换机是以太网交换机，其他常见的交换机有电话语音交换机、光纤交换机等。交换机的雏形出现在电话交换机系统中，经过发展和不断创新，才形成了如今的交换机技术。交换机的主要功能包括物理编址、网络拓扑结构、错误校验、帧序列以及流量控制。目前一些高档交换机还具备了一些新的功能，如对虚拟局域网的支持、对链路汇聚的支持，有的还具有路由器和防火墙的功能。

8.2.2 计算机网络中的软件

网络软件是计算机网络中不可或缺的组成部分。网络的正常工作需要网络软件的控制，如同计算机在软件的控制下工作一样。一方面，网络软件授权用户对网络资源进行访问，帮助用户方便、快速地访问网络；另一方面，网络软件能够管理和调度网络资源，提供网络通信和用户所需要的各种网络服务。网络软件包括通信支撑平台软件、网络服务支撑平台软件、网络应用支撑平台软件、网络应用系统、网络管理系统以及用于特殊网络站点的软件等。从网络体系结构模型不难看出，通信软件和各层网络协议软件是网络软件的主体。

通常情况下，网络软件分为通信软件、网络协议软件和网络操作系统 3 个部分。

- 通信软件：用以监督和控制通信工作，除了作为计算机网络软件的基础组成部分外，还可作为计算机与自带终端或附属计算机之间实现通信的软件，通常由线路缓冲区管理程序、线路控制程序及报文管理程序组成。

- 网络协议软件：网络软件的重要组成部分，按网络所采用的协议层次模型（如 ISO 建议的开放系统互连基本参考模型）组织而成。除物理层外，其余各层协议大都由软件实现，每层的协议软件通常由一个或多个进程组成，其主要任务是完成相应层协议所规定的功能，以及与上、下层的接口功能。

- 网络操作系统：网络操作系统指能够控制和管理网络资源的软件。网络操作系统的功能体现在两个级别上：在服务器机器上为在服务器上的任务提供资源管理；在每个工作站机器上，向用户和应用软件提供一个网络环境的"窗口"，从而向网络操作系统的用户和管理人员提供一个整体的系统控制能力。网络服务器操作系统要完成目录管理、文件管理、安全性、网络打印、存储管理和通信管理等主要服务；工作站的操作系统软件主要完成工作站任务的识别和与网络的连接，即首先判断应用程序提出的服务请求是使用本地资源还是使用网络资源，若使用网络资源则需完成与网络的连接。常用的网络操作系统有 Netware 系统、Windows NT 系统、UNIX 系统和 Linux 系统等。

8.3 认识局域网

局域网是目前应用十分广泛的一种计算机网络，对于网络信息资源的共享具有重要作用，并且是当前计算机网络技术中非常活跃的一个分支。从本质上讲，城域网、广域网可以看成由许多局域网通过特定的网络设备互连而成。

8.3.1 局域网概述

随着局域网的发展，国际机构 IEEE 制定了一系列局域网技术规范，统称为 IEEE 802 标准：① IEEE 802.3 标准定义了以太网的技术规范；② IEEE 802.5 标准定义了令牌环网的技术规范；③ IEEE 802.11 标准定义了无线局域网的技术规范。

局域网不同于其他网络，其主要特点如下。

- 局域网覆盖的地理范围较小，例如一个教室、一栋办公楼等。
- 局域网属于数据通信网络的一种，只能够提供物理层、数据链路层和网络层的通信功能。
- 可以联入局域网的数据通信设备非常多，如计算机、终端、电话机及传真机等。
- 局域网的数据传输速率高，能够达到 10～10 000Mbit/s，并且其误码率较低。
- 局域网易于安装、维护及管理，且可靠性高。

8.3.2 以太网

遵循 IEEE 802.3 技术规范建设的局域网就是以太网。以太网通常有两类：共享式以太网和交换式以太网。

共享式以太网就是共享传输介质的以太网。共享式以太网通常有两种结构：总线型结构和星形结构。总线型结构的以太网是以同轴电缆作为传输介质，利用丁形头、终结器等组件构成的局域网。星形结构的以太网是使用双绞线电缆作为传输介质，利用集线器为中心通信设备构成的以太网。这两种结构的以太网，由于共享传输介质，当网络中的两台计算机同时发送数据时，将产生冲突。为了解决冲突问题，人们制定了载波侦听多路访问/冲突检测（Carrier Sense Multiple Access with Collision Detect，CSMA/CD）协议。CSMA/CD 是 IEEE 802.3 标准的核心协议，为以太网提供了多台计算机以竞争方式抢占共享传输介质的方法。CSMA/CD 协议的具体内容有以下 4 项。

- 计算机在发送数据之前，首先监听传输信道，检测信道中是否有数据在传输。若信道忙则继续监听，直到发现信道空闲为止。
- 如果信道空闲，发送方将立即发送数据。
- 若两台计算机检测到信道空闲同时发送数据，将发生冲突。
- 冲突发生后，发送数据的计算机会发送"阻塞"信号，放弃原来的发送，各自退避一个随机时间段后，再尝试发送数据。

用交换机取代集线器作为以太网的中心通信设备，这种类型的以太网，称为交换式以太网。集线器只是简单地连接每个端口的连线，就像把它们焊接在一起。集线器的所有端口共享传输介质，在同一时刻只能有两个端口传输数据，一个端口发送数据，一个端口接收数据。而在交换机中，含有一块连接所有端口的高速背板及内部交换矩阵。交换机在收到发送方的数据后可以通过查找 MAC 地址表，利用高速背板及内部交换矩阵将数据直接发送到接收方所连接的端口上。交换机的任意两个端口都可以并发地传输数据，从而突破了集线器中只能有一对端口通信的限制。

8.3.3 令牌环网

遵循 IEEE802.5 技术规范建设的局域网就是令牌环网。令牌环网的工作原理如下。

* 令牌环网中的数据沿一个方向传播，其中有一个被称为令牌的帧在环上不断传递。
* 网络中的任意一台计算机要发送信息时，必须等待令牌的到来。
* 当令牌经过时，发送方将抓取令牌，并修改令牌的标识位，然后将数据帧紧跟在令牌后，按顺序发送。
* 所发送的数据将依次通过网络中的各台计算机直至接收方，接收方收取数据。
* 数据接收完毕后，恢复令牌的标识位，并再次发出令牌，以供其他计算机抓取令牌发送数据。

8.3.4 无线局域网

随着技术的发展，无线局域网已逐渐代替有线局域网，成为现在家庭、小型公司主流的局域网组建方式。无线局域网（Wireless Local Area Networks，WLAN）是利用射频技术，使用电磁波，取代双绞线所构成的局域网络。

WLAN 的实现协议有很多，其中应用最为广泛的是无线保真技术（Wi-Fi），它提供了一种能够将各种终端都使用无线进行互联的技术，为用户屏蔽了各种终端之间的差异性。要实现无线局域网功能，目前一般需要一台无线路由器、多台有无线网卡的计算机和手机等可以上网的智能移动设备。

无线路由器可以看作转发器，它将宽带网络信号通过天线转发给附近的无线网络设备，同时它还具有其他的网络管理功能，如动态主机设置协议（Dynamic Host Configuration Protocol，DHCP）服务、网络地址转换（Network Address Translation，NAT）防火墙、MAC 地址过滤、动态域名等。

8.4 局域网的应用

组建好一个局域网后，通过局域网可以实现文件、外部设备和应用程序的共享，还可在网上与其他用户进行交流等。

8.4.1 网络软硬件的安装

无论是什么网络，不仅要安装相应硬件，还须安装与配置相应的驱动程序。若在安装 Windows 7 之前已完成了网络硬件的物理连接，Windows 7 安装程序一般可以帮助用户完成所有必要的网络配置，但仍有需对网络进行自主配置的情况。

1. 网卡的安装与配置

打开机箱，将网卡插入计算机主板相应的扩展槽中，便可完成网卡的安装。若安装专为 Windows 7 设计的"即插即用"型网卡，Windows 7 将会在启动时自动检测并进行配置。Windows 7 在配置过程中，若未找到对应的驱动程序，则会提示插入包含网卡驱动程序的盘片。如果在使用计算机的过程中发现网卡的驱动程序不正确，可以对其进行更新，如图 8-6 所示。

图 8-6　安装及更新驱动程序

2．IP 地址的配置

【例 8-1】自定义设置 IP 为 "192.168.0.105"。

STEP 1　单击 Windows 7 桌面左下角的 "开始" 按钮，在打开的 "开始" 菜单中选择 "控制面板" 选项，打开 "控制面板" 窗口，单击 "网络和 Internet" 超链接，在打开的界面中单击 "网络和共享中心" 超链接。

STEP 2　打开 "网络和共享中心" 窗口，单击窗口左侧的 "更改适配器设置" 超链接，在打开的窗口中双击 "本地连接" 选项。

STEP 3　打开 "本地连接属性" 对话框，选择 "Internet 协议版本 4（TCP/IPv4）" 选项，单击 属性(R) 按钮。

STEP 4　打开 "Internet 协议版本 4（TCP/IPv4）属性" 对话框，单击选中 "使用下面的 IP 地址" 单选项，在 "IP 地址" 栏中输入 "192.168.0.105"，在 "子网掩码" 栏中输入 "255.255.255.0"，在 "默认网关" 和 "首选 DNS 服务器" 栏中分别输入 "192.168.0.1"，单击 确定 按钮完成属性设置，如图 8-7 所示。

图 8-7　IP 地址的配置

8.4.2　选择网络位置

首次连接网络时，需要设置网络位置，为所选择的网络类型自动设置合适的防火墙与安全选项，在打开的 "网络和共享中心" 窗口中单击 "公用网络" 超链接，打开 "设置网络位置" 对话框，可根据实际情况选择家庭网络、工作网络或公用网络，如图 8-8 所示。

8.4.3　资源共享

计算机中的资源共享包括存储资源共享、硬件资源共享和程序资源共享。

图 8-8　"设置网络位置" 对话框

● 存储资源共享：共享计算机中的软盘、光盘与硬盘等存储介质，可提高存储效率，方便数据的提取与分析。

- 硬件资源共享：对打印机、扫描仪等外部设备的共享，可提高外部设备的使用效率。
- 程序资源共享：共享网络中的各种程序资源。

8.4.4 在网络中查找计算机

网络中的计算机较多，单个查找自己所需访问的计算机十分麻烦，Windows 7 提供了快速查找计算机的方法。打开任意窗口，单击窗口左下方的"网络"选项，即可完成网络中计算机的搜索，在右侧双击所需访问的计算机即可。

8.5 认识互联网

计算机网络和互联网并不能打等号，目前互联网是世界上最大的一种网络，在该网络上可以实现很多独特的功能。

8.5.1 互联网与万维网

互联网和万维网是两种不同类型的网络，它们的功能各不相同。

1. 互联网

互联网是全球最大、连接能力最强、由遍布全世界的众多大大小小的网络相互连接而成的计算机网络。互联网主要采用 TCP/IP。通过互联网，网络上的各个计算机可以相互交换各种信息。目前，互联网通过全球的信息资源和覆盖 5 大洲的 160 多个国家的数百万个网点，在网上可以提供数据、电话、广播、出版、软件分发、商业交易、视频会议以及视频节目点播等服务。互联网为全球范围内的用户提供了极为丰富的信息资源。一旦连接到 Web 节点，就意味着你的计算机已经进入互联网。

互联网将全球范围内的网站连接在一起，形成了一个资源十分丰富的信息库。在人们的工作、生活和社会活动中，互联网起着越来越重要的作用。

2. 万维网

万维网（World Wide Web，WWW）又称环球信息网、环球网、全球浏览系统等。WWW 起源于位于瑞士日内瓦的欧洲粒子物理实验室。WWW 是一种基于超文本的、方便用户在互联网上搜索和浏览信息的信息服务系统，它通过超级链接把世界各地不同互联网节点上的相关信息有机地组织在一起，用户只需发出检索要求，它就能自动地进行定位并找到相应的检索信息。用户可用 WWW 在互联网上浏览、传递、编辑超文本格式的文件。WWW 是互联网上最受欢迎、最为流行的信息检索工具，它能把各种类型的信息（文本、图像、声音和影像等）集成起来供用户查询。WWW 为全世界的人们提供了查找和共享知识的手段。

WWW 的应用和发展已经远远超出网络技术的范畴，影响着新闻、广告、娱乐、电子商务和信息服务等诸多领域。可以说，WWW 的出现是互联网应用的一个革命性里程碑。

8.5.2 互联网的基本术语

下面讲解互联网中的一些基本术语。

1. TCP/IP

TCP 是传输层的传输控制协议，TCP 提供端到端的、可靠的、面向连接的服务。随着 TCP 在各个行业中的成功应用，它已成为事实上的网络标准，广泛应用于各种网络主机间的通信。TCP/IP 即传输控制协议/网际协议。TCP/IP 使用范围极广，是目前异种网络通信使用的唯一协议体系，TCP/IP 已成为目前事实上的国际标准和工业标准。

2. IP 地址

IP 地址即网络协议地址。连接在互联网上的每台主机都有一个在全世界范围内唯一的 IP 地址。

一个 IP 地址由 4 字节（32 bit）组成，通常用小圆点分隔，其中每个字节可用一个十进制数来表示。例如，192.168.1.51 就是一个 IP 地址。IP 地址通常可分成两部分，第一部分是网络号，第二部分是主机号。互联网的 IP 地址可以分为 A、B、C、D、E 5 类。

> **提示**
>
> 随着网络的迅速发展，已有协议（IPv4）规定的 IP 地址已不能满足用户的需要，IPv6 采用 128 位地址长度，几乎可以不受限制地提供地址。IPv6 除解决了地址短缺问题外，还解决了在 IPv4 中存在的其他问题，如端到端 IP 连接、服务质量、安全性、多播、移动性、即插即用等。IPv6 已成为新一代的网络协议标准。

3. 域名系统

数字形式的 IP 地址难以记忆，因此在实际使用时常采用字符形式来表示 IP 地址，这种字符形式即为域名系统（Domain Name System，DNS）。域名系统由若干子域名构成，子域名之间用小数点来分隔。

域名的层次结构如下。

…… 三级子域名. 二级子域名. 顶级子域名

每一级的子域名都由英文字母和数字组成（不超过 63 个字符，并且不区分大小写字母），级别最低的子域名写在最左边，级别最高的顶级域名写在最右边。一个完整的域名不超过 255 个字符，其子域级数一般不予限制。

4. 统一资源定位

在互联网上，每一个信息资源都有唯一的地址，该地址叫统一资源定位（Uniform Resource Locator，URL）。URL 由资源类型、主机域名、资源文件路径、资源文件名 4 部分组成，其格式是"资源类型：// 主机域名/ 资源文件路径/ 资源文件名"。

5. 网页

网页也叫 Web 页，就是 Web 站点上的文档。网页是构成网站的基本元素，是承载各种网站应用的平台。每个网页都有唯一的 URL 地址，通过该地址可以找到相应的网页。网页是用超文本标记语言（Hyper Text Markup Language，HTML）书写的文件。

6. E-mail 地址

与普通邮件的投递一样，E-mail 的传送也需要地址，这个地址叫 E-mail 地址。电子邮件存放在网络的某台计算机上，所以电子邮件的地址一般由用户名和主机域名组成，其格式为用户名@主机域名。

8.5.3 互联网的接入

用户的计算机连入互联网的方法有多种，一般都是通过联系互联网服务提供商（Internet Service Provider，ISP），对方派专人根据当前的情况实际查看、连接后，进行 IP 地址分配、网关及 DNS 设置等，从而实现上网。

总体说来，目前用户计算机连入互联网的方法主要有非对称数字用户线路（Asymmetric Digital Subscriber Line，ADSL）拨号上网和光纤宽带上网两种。

● ADSL：ADSL 可直接利用现有的电话线路，通过 ADSL Modem 进行数字信息传输，ADSL 连接理论速率可达到 1～8Mbit/s。ADSL 具有速率稳定、带宽独享、语音数据不干扰等优点，适用于家庭、个人等用户的大多数网络应用需求。ADSL 可以与普通电话线共存于一条电话线上，接听、拨打电话的同时能进行 ADSL 传输，而又互不影响。

● 光纤：光纤是目前宽带网络传输介质中最理想的一种，具有传输容量大、传输质量好、损耗小、中继距离长等优点。现在光纤连入互联网一般有两种形式，一种是通过光纤接入到小区节点或楼道，再由网线连接到各个共享点上；另外一种是光纤到户，将光缆一直扩展到每一台计算机终端上。

8.6 互联网的应用

互联网的实际应用和其提供的服务息息相关，只有互联网提供了相关服务，才能在其中根据服务进行实际应用。

8.6.1 搜索引擎

搜索信息是互联网的用处之一，而搜索引擎是专门用来查询信息的网站，这些网站可以提供全面的信息查询。搜索引擎具有包括信息搜集、信息处理和信息查询等功能。目前，常用的搜索引擎有百度、搜狗、Google、Yahoo、搜狐等。

扫一扫

搜索引擎

【例8-2】在百度搜索引擎中搜索有关计算机等级考试的相关信息。

STEP 1 在地址栏输入百度网址，按"Enter"键打开"百度"网站首页。

STEP 2 在文本框中输入搜索的关键字"计算机等级考试"，单击 百度一下 按钮，如图8-9所示。

STEP 3 在打开的网页中列出搜索结果，如图8-10所示，单击任意一个超链接即可在打开的网页中查看具体内容。

图 8-9　输入关键字

图 8-10　搜索结果

8.6.2 文件传输

文件传输指通过网络将文件从一台计算机复制到另一台计算机的过程。在互联网中是通过文件传输协议（File Transfer Protocol，FTP）实现文件传输的，通过 FTP 可以将一个文件从一台计算机传送到另一台计算机，而不管这两台计算机使用的操作系统是否相同以及相隔的距离有多远。

在 FTP 的使用过程中，用户经常会遇到两个概念："下载"（Download）和"上传"（Upload）。"下载"文件就是从远程主机复制文件至自己的计算机上；"上传"文件就是将文件从自己的计算机中复制至远程主机上。用互联网语言来说，用户可通过客户机程序向（从）远程主机上传（下载）文件。

8.6.3 电子邮件

最早的网络应用是接发电子邮件。通过电子邮件，用户可快速地与世界上的任何一个网络用户进行联系。电子邮件可以是文字、图像或声音文件，因为其使用简单、费用低、易于保存而被广泛应用。图 8-11 所示为 QQ 邮箱中写邮件的网页界面。

图 8-11　QQ 邮箱写邮件界面

在写电子邮件的过程中，经常会使用一些专用名词，如收件人、主题、抄送、暗送、附件和正文等，它们的含义分别如下。

- 收件人：指邮件的接收者，用于输入收信人的邮箱地址。
- 主题：指信件的主题，即这封信的名称。
- 抄送：指用于输入同时接收该邮件的其他人的地址。在抄送方式下，收件人能够看到发件人将该邮件抄送给的其他对象。
- 暗送：指用户给收件人发出邮件的同时又将该邮件暗中发送给其他人，与抄送不同的是，在暗送方式下，收件人不知道发件人还将该邮件发送给了哪些对象。
- 附件：指随同邮件一起发送的附加文件，附件可以是各种形式的单个文件。
- 正文：指电子邮件的主体部分，即邮件的详细内容。

8.6.4 远程登录

远程登录是互联网的基本服务之一，目的在于访问远程系统资源。用户将计算机连接到远程计算机的操作叫作"登录"。远程登录是用户通过使用远程登录有关软件使自己的计算机暂时成为远程计算机的终端的过程。一旦用户成功地实现了远程登录，用户使用的计算机就好像一台与对方计算机直接连接的本地计算机终端那样进行工作，可以使用权限允许的远程信息资源，享受远程计算机与本地终端同样的权力。

用户在进行远程登录时，首先应该输入要登录的服务器的域名或 IP 地址，然后根据服务器系统的询问，正确地输入用户名和口令后（有些服务器不需要用户拥有账号和密码，甚至无须用户登录），远程登录成功。

8.7 习题

1. 选择题

（1）以下选项中，不属于网络传输介质的是（   ）。

    A. 电话线   B. 光纤   C. 网桥   D. 双绞线

（2）不属于 TCP/IP 层次的是（   ）。

    A. 网络互联层   B. 交换层   C. 传输层   D. 应用层

（3）若家中有两台计算机，如果条件允许，可以使用（   ）来建立简单的对等网络，以实现资源共享和共享上网连接。

    A. 网卡   B. 集线器   C. ADSL Modem   D. 网线

（4）常见局域网的标准不包括（   ）。

    A. IEEE 802.3   B. IEEE 802.5   C. IEEE 801.3   D. IEEE 802.11

（5）遵循 IEEE 802.3 技术规范的局域网是（   ）。

    A. 以太网   B. 令牌环网   C. 互联网   D. 无线局域网

（6）共享式以太网包括总线型结构和（   ）。

    A. 星形结构   B. 圆形结构   C. 令牌环网   D. 交换式

2. 操作题

（1）在百度网页中搜索"流媒体"的相关信息，将流媒体的信息复制到记事本中，然后保存到桌面上。

（2）在百度网页中搜索"FlashFXP"的相关信息，然后将该软件下载到计算机桌面上。

（3）使用 Outlook 给 hello@163.com（主送）、welcome@sina.com（抄送）发送一封电子邮件，邮件内容为"计算机一级考试的时间为 5 月 12 日"，然后插入一个附件"计算机考试.doc"。

第9章

计算机信息安全与维护

信息技术的发展为社会发展带来了契机，改变了人们的生活方式、工作方式和思想观念，并且成了衡量一个国家现代化程度和综合国力的重要标志。信息安全技术，直接关系着信息化发展的进程，因此，计算机用户应对信息安全和维护技术有基本的了解。本章将主要对信息安全、计算机中的信息安全、计算机操作系统及应用软件维护、计算机硬盘维护等内容进行介绍。

 课堂学习目标

- 了解信息安全的基础知识
- 熟悉计算机中的信息安全
- 掌握计算机操作系统及应用软件维护的方法
- 掌握计算机硬盘维护的方法

9.1 信息安全概述

信息安全指保护信息和系统在未经授权时不被访问、使用、泄露、中断、修改与破坏，信息安全可以为信息和系统提供保密性、完整性、可用性、可控性和不可否认性。

9.1.1 信息安全的影响因素

信息技术的飞速发展使人们在享受网络信息带来的巨大利益时，同时面临着信息安全的严峻考验，政治安全、军事安全、经济安全等均以信息安全为前提条件。影响信息安全的因素很多，下面进行简单介绍。

- 硬件及物理因素：指系统硬件及环境的安全性，如机房设施、计算机主体、存储系统、辅助设备、数据通信设施及信息存储介质的安全性等。
- 软件因素：指系统软件及环境的安全性，软件的非法删改、复制与窃取都可能造成系统损失、泄密等情况，如计算机网络病毒就是以软件为手段侵入系统造成破坏。
- 人为因素：指人为操作、管理的安全性，包括工作人员的素质、责任心，严密的行政管理制度、法律法规等。防范人为因素方面的安全，即是防范人为主动因素直接对系统安全所造成的威胁。
- 数据因素：指数据信息在存储和传递过程中的安全性，数据因素是计算机犯罪的核心途径，也是信息安全的重点。
- 其他因素：信息和数据传输通道在传输过程中产生的电磁波辐射，可能被检测或接收，造成信息泄露，同时空间电磁波也可能对系统产生电磁干扰，影响系统的正常运行。此外，一些不可抗力的自然因素，也可能对系统的安全造成威胁。

9.1.2 信息安全策略

信息安全策略指为保证提供一定级别的安全保护所必须遵守的规则，而要保证信息安全，则需不断对先进的技术、法律约束、严格的管理、安全教育等方面进行完善。

- 先进的技术：先进的信息安全技术是网络安全的根本保证，用户对自身所面临威胁的风险性进行评估，然后对所需要的安全服务种类进行确定，并通过相应的安全机制，集成先进的安全技术，形成全方位的安全系统。
- 法律约束：法律法规是信息安全的基石，计算机网络作为一种新生事物，在很多行为上可能会出现无法可依、无章可循的情况，从而无法对网络犯罪进行合理管制，因此必须建立与网络安全相关的法律法规，对网络犯罪行为实施管束。
- 严格的管理：信息安全管理是提高信息安全的有效手段，对于使用计算机网络的机构、企业和单位而言，必须建立相应的网络安全管理办法和安全管理系统，加强对内部信息安全的管理，建立合适的安全审计和跟踪体系，提高网络安全意识。
- 安全教育：要建立网络安全管理系统，在提高技术、制定法律、加强管理的基础上，还应该开展安全教育，提高用户的安全意识，使用户对网络攻击与攻击检测、网络安全防范、安全漏洞与安全对策、信息安全保密、系统内部安全防范、病毒防范、数据备份与恢复等有一定的认识和了解，及时发现潜在问题，尽早解决安全隐患。

9.1.3 信息安全技术

由于计算机网络具有联结形式多样性、终端分布不均匀性、网络开放性等特性，导致不论在局域网还是广域网中，都不可避免地存在一些自然或人为因素的威胁。为了保证网络信息的保密性、完整性和可用性，必须对影响计算机网络安全的因素进行研究，通过各种信息安全技术保障计算机网络信息的安全。下面对4种关键的信息安全技术进行介绍。

1. 加密技术

信息网络安全领域是一个综合和交叉的领域，涉及数学、计算机科学、电子与通信、密码等多个学科，其中，密码学作为一门古老的学科，不仅在军事、政治、外交等领域应用广泛，在日常工作中也备受不同用户的青睐。密码技术是信息加密中十分常见且有效的保护手段，促进了计算机科学的发展，特别是计算机与网络安全所使用的认证、访问控制、电子证书等都可以通过密码技术实现。

密码技术包括加密和解密两个部分的内容。加密即研究和编写密码系统，将数据信息通过某种方式转换为不可识别的密文；解密即对加密系统的加密途径进行研究，对数据信息进行恢复。加密系统中未加密的信息被称为明文，经过加密后即称为密文。在较为成熟的密码体系中，一般算法是公开的，但密钥是保密的。密钥被修改后，加密过程和加密结果都会发生更改。密钥越长，加密系统越难破译。

密码技术通过对传输数据进行加密来保障数据的安全性，是一种主动的安全防御策略，是信息安全的核心技术，也是计算机系统安全的基本技术。

一个密码系统所采用的基本工作方式称为密码体制，在原理上进行区分，可将密码体制分为对称密钥密码体制和非对称密钥密码体制。

（1）对称密钥密码体制

对称密钥密码体制又称为单密钥密码体制或常规密钥密码体制，是一种传统密码体制。对称密钥密码体制的加密密钥和解密密钥一般相同，若不相同，也能由其中的任意一个推导出另一个，拥有加密能力就意味着拥有解密能力。对称密钥密码体制的特点主要有两点，一是加密密钥和解密密钥相同，或本质相同；二是对称密钥密码体制的加密速度快，但开放性差，密钥必须严格保密。这就意味着通信双方在对信息完成加密后，可在一个不安全的信道上传输，但通信双方在传递密钥时必须提供安全可靠的信道。

（2）非对称密钥密码体制

计算机网络技术的发展以及密钥空间的增大，使大量密钥通过安全信道进行分发的问题成为对称密钥密码体制亟待解决的问题，1976年提出的新密钥交换协议，可以在不安全的媒体上通过通信双方交换信息，安全传送密钥，基于此，密码学家研究出了公开密钥密码体制。

公开密钥密码体制又称非对称密钥密码体制或双密钥密码体制，是现代密码学上重要的发明和进展。公开密钥密码体制的加密和解密操作分别使用两个不同的密钥，由加密密钥不能推导出解密密钥。公开密钥密码体制的特点主要体现在两个方面，一是加密密钥和解密密钥不同，且难以互推；二是公钥公开，私钥保密，虽然密钥量增大，但却很好地解决了密钥的分发和管理问题。

2. 认证技术

认证指对证据进行辨认、核实和鉴别，从而建立某种信任关系。通信认证主要包括两个阶段，其一是提供证据或标识，其二是对证据或标识的有效性进行辨认、核实和鉴别。

（1）数字签名

数字签名又称公钥数字签名或电子签章，是信息系统中的一种安全认证技术。数字签名与普通的纸上签名类似，但使用了公钥加密领域的技术，是对非对称密钥加密技术与数字摘要技术的应用。数字签名可以根据某种协议产生一个反映被签署文件的特征和签署人特征的数字串，从而保证文件的真实性和有效性。数字签名不仅是对信息发送者发送信息真实性的一个有效证明，而且可核实接受者是否存在伪造和篡改行为。一套数字签名通常会定义两个互补的运算，一个用于签名，另一个用于验证。

（2）身份验证

身份验证是身份识别和身份认证的统称，指用户向系统提供身份证据，完成对用户身份确认的过程。身份验证的方法有很多，如基于共享密钥的身份验证、基于生物学特征的身份验证、基于公开密钥加密算法的身份验证等。在信息系统中，身份认证决定着用户对请求资源的存储和使用权。

3. 访问控制技术

访问控制技术是按用户身份和所归属的某项定义组来限制用户对某些信息项的访问权或对某些控制功能的使用权的一种技术。访问控制主要是对信息系统资源的访问范围和方式进行限制，通过对不同访问者的访问方式和访问权限进行控制，达到防止合法用户非法操作的目的，从而保障网络信息安全。

访问控制通常用于系统管理员控制用户对服务器、目录、文件等网络资源的访问，涉及的技术比较广，包括入网访问控制、网络权限控制、目录级安全控制、属性安全控制和服务器安全控制等多种手段。

（1）入网访问控制

入网访问控制主要包括控制哪些用户能够登录服务器并获取网络资源、控制准许用户入网的时间和准许在哪台工作站入网，入网访问控制为网络访问提供了第一层访问控制。一般来说，用户的入网访问控制包括用户名的识别与验证、用户口令的识别与验证、用户账号的缺省限制检查3个步骤。这3个步骤中，如果有任何一个步骤未通过，用户就不能进入网络。对用户名和口令进行验证是防止非法访问的第一道防线，口令不能显示在显示屏上，口令长度应不少于6个字符，且最好由数字、字母和其他字符混合组成，用户口令必须经过加密。用户还可采用一次性用户口令，或使用便携式验证器（如智能卡）来验证身份。用户每次访问网络都应该提交用户口令，用户可以修改自己的口令，但系统管理员应该对最小口令长度、强制修改口令的时间间隔、口令的唯一性、口令过期失效后允许入网的宽限次数进行限制和控制。在用户名和口令验证有效后，再履行用户账号的缺省限制检查。网络应该控制用户登录入网的站点、限制用户入网的时间、限制用户入网的工作站数量。如果用户的网络访问"资费"不足，网络还应能对用户账号进入网络访问网络资源进行限制。网络应该对所有用户的访问进行审计，如果出现多次输入口令不正确的情况，则判断为非法用户的入侵，给出报警信息。

（2）网络权限控制

网络权限控制主要包括控制用户与用户组可以访问哪些目录、子目录、文件和其他资源以及用户与用户组对这些文件、目录等能够执行哪些操作。网络权限控制是针对网络非法操作所提出的一种安全保护措施。受托者指派控制用户和用户组如何使用网络服务器的目录、文件和设备，继承权限屏蔽限制子目录从父目录继承哪些权限。

根据访问权限，可以将用户分为特殊用户、一般用户和审计用户3类。特殊用户指系统管理员，一般用户由系统管理员根据他们的实际需要为其分配操作权限，审计用户负责网络的安全控制与资源使用情况的审计。

（3）目录级安全控制

网络应该允许控制用户对目录、文件、设备进行访问，用户在目录一级指定的权限对所有文件和子目录有效，且可进一步指定目录下的子目录和文件的权限。网络管理员应为用户指定适当的访问权限，控制用户对服务器的访问。对目录和文件的访问权限一般可以分为系统管理员权限、读权限、写权限、创建权限、删除权限、修改权限、文件查找权限和访问控制权限8种类型，通过对这8种权限进行有效组合，可以控制用户对服务器资源的访问，加强网络和服务器的安全性。

（4）属性安全控制

属性安全可以在权限安全的基础上提供进一步的安全性，网络系统管理员应给文件、目录等指定访问属性，为网络上的资源预先标出一组安全属性，制作用户对网络资源访问权限的控制表，用以描述用户对网络资源的访问能力。属性控制的权限一般包括向某个文件写数据、复制一个文件、删除目录或文件、查看目录和文件、执行文件、隐含文件、共享文件等内容，属性设置可以覆盖已指定的任何受托者指派和有效权限。

（5）服务器安全控制

用户使用控制台可以进行装载和卸载模块、安装和删除软件等操作。网络服务器的安全控制可以设置口令锁定服务器控制台，从而防止非法用户修改、删除和破坏重要信息或数据，也可以设定服务器登录时间限制、非法访问者检测和关闭的时间间隔。

4. 防火墙技术

防火墙是一种位于内部网络与外部网络之间的网络安全防护系统，有助于实施一个比较广泛的安全性政策。防火墙可以依照特定的规则允许或限制传输的数据通过，网络中的"防火墙"主要用于对内部网和公众访问网进行隔离，使一个网络不受另一个网络的攻击。

防火墙的主要用途是控制对受保护网络的往返访问，是网络通信的一种尺度，只允许符合特定规则的数据通过，最大限度地防止黑客访问，阻止他们对网络进行非法操作。防火墙不仅可以有效地监控内部网络和外部网络之间的活动，保证内部网络的安全，还可以将局域网的安全管理集中起来，屏蔽非法请求，防止跨权限访问。下面对防火墙的主要功能进行介绍。

（1）网络安全的屏障

防火墙是由一系列软件和硬件设备组合而成的，是保护网络通信时执行的访问控制尺度，可以极大地提高内部网络的安全性，过滤不安全的服务，只有符合规则的应用协议才能通过防火墙，如禁止不安全的NFS协议进出受保护网络，防止攻击者利用脆弱的协议来攻击内部网络。同时，防火墙可以防止未经允许的访问进入外部网络，它的屏障作用具有双向性，可进行内、外网络之间的隔离，如地址数据包过滤、代理和地址转换。

（2）强化网络安全策略

通过以防火墙为中心的安全方案配置，可以将所有安全软件（如口令、加密、身份认证、审计等）配置在防火墙上，使得防火墙的集中安全管理高效、经济。

（3）对网络存取和访问进行监控审计

如果所有的访问都经过防火墙，防火墙可以记录这些访问并做出日志记录，同时提供网络使用情况的统计数据，利于网络需求分析和威胁分析。日志数据量一般比较大，可将日志挂接在内网的一台专门存放日志的日志服务器上，也可将日志直接存放在防火墙本身的存储器上。前者配置较麻烦，然而存放量很大，后者无须做额外配置，但防火墙容量有限，存放量较小。

通过审计可以监控通信行为和完善安全策略，检查安全漏洞和错误配置，对入侵者起到一定的威慑作用。当出现可疑动作时，报警机制可以声音、邮件、电话、手机短信等多种方式及时报告管理人员。防火墙的审计和报警机制在防火墙体系中十分重要，可以快速向管理员反映受攻击情况。

（4）防止内部信息泄露

通过防火墙对内部网络进行划分，可实现对内部网络重点网段的隔离，限制局部重点或敏感网络安全问题对全局网络造成的影响。此外，隐私是内部网络中非常重要的问题，内部网络中一个任意的小细节都可能包含有关安全的线索，引起外部攻击者的攻击，甚至暴露内部网络的安全漏洞，而通过防火墙则可以隐藏这些透露内部细节的服务。

（5）远程管理

远程管理一般完成对防火墙的配置、管理和监控，防火墙的界面设计直接关系防火墙的易用性和安全性，目前防火墙界面主要有 Web 界面和图形用户界面（Graphical User Interface，GUI）两种，硬件防火墙一般还有串口配置模块和控制台控制界面。

（6）流量控制、统计分析和流量计费

流量控制可以分为基于 IP 地址的控制和基于用户的控制，前者指对通过防火墙各个网络接口的流量进行控制，后者指通过用户登录控制每个用户的流量。防火墙通过对基于 IP、服务、时间、协议等的数据进行统计，与管理界面实现挂接，并输出统计结果。流量控制可以有效地防止某些引用或用户占用过多资源，保证重要用户和重要接口的连续。

除此之外，防火墙还可以限制同时上网人数、限制使用时间、限制特定使用者发送邮件、限制 FTP 只能下载而不能上传文件、阻塞 Java 和 ActiveX 控件、绑定 MAC 地址与 IP 地址等，以满足不同用户的不同需求。

9.2 计算机中的信息安全

随着计算机信息技术的飞速发展，计算机信息已经成为不同领域、不同职业的重要信息交换媒介，其在经济、政治、军事等领域也有举足轻重的地位。全球信息化的逐步实现，使计算机信息安全问题渗透社会生活的各个方面，计算机用户必须了解计算机信息安全的脆弱性和潜在威胁的严重性，采取强有力的安全策略，对计算机信息安全问题进行防范。

9.2.1 计算机病毒及其防范

计算机病毒指能通过自身复制传播而产生破坏的计算机程序，它能寄生在系统的启动区、设备的驱动程序、操作系统的可执行文件甚至任何应用程序上，并能够利用系统资源进行自我繁殖，从而达到破坏计算机系统的目的。

1. 计算机病毒的特点

计算机病毒的特点主要有传染性、危害性、隐蔽性、潜伏性、诱惑性。

- 传染性：计算机病毒具有极强的传染性，计算机病毒一旦侵入计算机，就会不断地自我复制，占据硬盘空间，寻找适合其传染的介质，向与该计算机联网的其他计算机传播，达到破坏数据的目的。

- 危害性：计算机病毒的危害性是显而易见的，计算机一旦感染病毒，将会影响系统的正常运行，使运行速度减慢，存储数据被破坏，甚至系统瘫痪等。

- 隐蔽性：计算机病毒具有很强的隐蔽性，它通常是一个没有文件名的程序，计算机被感染病毒一般是无法事先知道的，因此，只有定期对计算机进行病毒扫描和查杀才能最大限度地减少病毒入侵。

- 潜伏性：在计算机系统或数据感染病毒后，有些病毒并不立即发作，而是等待达到引发病毒条件（如到达发作的时间等）时才开始破坏系统。

- 诱惑性：计算机病毒会充分利用人们的好奇心理，通过网络浏览或邮件等多种方式进行传播，一些看似免费或内容刺激的超链接不可贸然打开。

2. 计算机病毒的类型

计算机病毒的种类较多，常见的主要包括以下 6 类。

- 文件型病毒：文件型病毒通常指寄生在可执行文件（文件扩展名为 "exe" "com" 等）中的病毒。当运行这些文件时，病毒程序也被激活。

- "蠕虫" 病毒：这类病毒通过计算机网络传播，不改变文件和资料信息，利用网络从一台计算机的内存传播到其他计算机的内存，一般除了内存不占用其他资源。

- 开机型病毒：开机型病毒藏匿在硬盘的第一个扇区等位置。由于 DOS 的架构设计，使得病毒可以在每次开机时，在操作系统还没有被加载之前就被加载到内存中，这个特性使得病毒可以完全控制 DOS 的各种中断操作，并且拥有较大的能力进行传染与破坏。

- 复合型病毒：复合型病毒兼具开机型病毒及文件型病毒的特性，可以传染可执行文件，也可以传染硬盘的开机系统区，破坏程度非常可怕。

- 宏病毒：宏病毒主要是利用软件本身所提供的宏来设计的病毒，凡是具有编写宏能力的软件都有感染宏病毒的可能，如 Word、Excel 等。

- 复制型病毒：复制型病毒会以不同的病毒码传染到别的地方去。每一个中毒的文件所包含的病毒码都不一样，对于扫描固定病毒码的杀毒软件来说，这类病毒很难清除。

3. 计算机感染病毒的表现

计算机感染病毒后，根据感染的病毒不同，其症状差异也较大，当计算机出现如下情况时，可以考虑对计算机病毒进行扫描。

- 计算机系统引导速度或运行速度减慢，经常无故发生死机。
- Windows 操作系统无故频繁出现错误，计算机屏幕上出现异常显示。
- Windows 系统异常，无故重新启动。
- 计算机存储的容量异常减少，执行命令出现错误。
- 在一些非要求输入密码的时候，要求用户输入密码。
- 不应驻留内存的程序一直驻留在内存中。
- 硬盘卷标发生变化，或不能识别硬盘。
- 文件丢失或文件损坏，文件的长度发生变化。
- 文件的日期、时间、属性等发生变化，文件无法正确读取、复制或打开。

4．计算机病毒的防治防范

计算机病毒的危害性很大，用户可以采取一些方法来防范病毒的感染。在使用计算机的过程中注意一些方法技巧可减少计算机感染病毒的概率。

- 切断病毒的传播途径：最好不要使用和打开来历不明的光盘与可移动存储设备，使用前最好先进行查毒操作以确认这些介质中无病毒。
- 良好的使用习惯：网络是计算机病毒最主要的传播途径，用户在上网时不要随意浏览不良网站，不要打开来历不明的电子邮件，不要下载和安装未经过安全认证的软件。
- 提高安全意识：在使用计算机的过程中，应该有较强的安全防护意识，如及时更新操作系统、备份硬盘的主引导区和分区表、定时对计算机进行体检、定时扫描计算机中的文件并清除威胁等。

5．杀毒软件

杀毒软件是一种反病毒软件，主要用于对计算机中的病毒进行扫描和杀除。杀毒软件通常集成了监控识别、病毒扫描清除和自动升级等多项功能，可以防止病毒和木马入侵计算机、查杀病毒和木马、清理计算机垃圾和冗余注册表、防止进入钓鱼网站等，有的杀毒软件还具备数据恢复、防范黑客入侵、网络流量控制、保护网购、保护用户账号、安全沙箱等功能，是计算机防御系统中一个重要的组成部分。现在市面上提供杀毒功能的软件非常多，如金山毒霸、瑞星杀毒软件、诺顿杀毒软件等。

9.2.2　网络黑客及其防范

"黑客"一词源于英语动词 hack，起初是对一群智力超群、奉公守法的计算机迷的统称，而现在的"黑客"一般泛指擅长 IT 技术的人群和计算机科学家，在信息安全领域，"黑客"指运用软件技术攻击计算机安全系统的人员。

黑客伴随计算机和网络的发展而成长，一般都精通各种编程语言和各类操作系统，拥有熟练的计算机技术。事实上根据黑客的行为，行业内也对黑客的类型进行了细致的划分。在未经许可的情况下，载入对方系统的黑客一般被称为黑帽黑客，黑帽黑客对计算机安全和账户安全都具有很大的威胁性，如非法获取支付结算、证券交易、期货交易等网络金融服务的账号、口令、密码等信息。调试和分析计算机安全系统的黑客被称为白帽黑客，白帽黑客有能力破坏计算机安全但没有恶意目的，他们一般有明确的道德规范，其行为也以发现和改善计算机安全弱点为主。

1．网络黑客的攻击方式

根据黑客攻击手段的不同，可将黑客攻击分为非破坏性攻击和破坏性攻击两种类型。非破坏性攻击一般指只扰乱系统运行，不盗窃系统资料的攻击，而破坏性攻击则可能会侵入他人计算机系统盗窃系统保密信息，破坏目标系统的数据。下面对黑客主要的攻击方式进行简单介绍。

（1）获取口令

获取口令主要有 3 种方式：通过网络监听非法得到用户口令、知道用户的账号后利用一些专门软件强行破解用户口令、获得一个服务器上的用户口令文件后使用暴力破解程序破解用户口令。

通过网络监听非法得到用户口令具有一定的局限性，但对局域网安全威胁巨大，监听者通常能够获得其所在网段的所有用户账号和口令。在知道用户的账号后利用一些专门软件强行破解用户口令的方法不受网段限制，比较耗时。在获得一个服务器上的用户口令文件后用暴力破解程序破解用户口令的方法危害非常大，这种方法不需要频繁尝试登录服务器，只要黑客获得口令的影子系统（Shadow）文件，在本地将加密后的口令与 Shadow 文件中的口令相比较就能非常轻松地破获用户密码，特别是针对账号安全系数低的用户，破获速度非常快。

（2）放置特洛伊木马

特洛伊木马程序常被伪装成工具程序、游戏等，通常表现为在计算机系统中隐藏的可以跟随

Windows 启动而悄悄执行的程序，当用户连接到互联网时，该程序会马上通知黑客，报告用户的 IP 地址以及预先设定的端口，黑客利用潜伏在其中的程序，可以任意修改用户的计算机参数设定、复制文件、窥视硬盘内容等，达到控制计算机的目的。

（3）WWW 的欺骗技术

用户在工作和日常生活中进行网络活动时，通常会浏览很多网页，而在这众多网页中，暗藏着一些已经被黑客篡改过的网页，这些网页上的信息是虚假的，且布满陷阱，如黑客将用户要浏览的网页 URL 改写为指向自己的服务器，当用户浏览目标网页时，就会向黑客服务器发出请求，使黑客的非法目的达成。

（4）电子邮件攻击

电子邮件攻击主要表现为电子邮件轰炸、电子邮件诈骗两种形式。电子邮件轰炸指用伪造的 IP 地址和电子邮件地址向同一信箱发送数量众多、内容相同的垃圾邮件，致使受害人邮箱被"炸"，甚至可能使电子邮件服务器操作系统瘫痪。在电子邮件诈骗这类攻击中，攻击者一般伪称自己为系统管理员，且邮件地址和系统管理员完全相同，给用户发送邮件要求用户修改口令，或在看似正常的附件中加载病毒或木马程序等。

（5）通过一个节点攻击其他节点

黑客在突破一台主机后，通常会将该主机作为根据地，攻击其他主机，达到隐蔽入侵路径的目的。特别是黑客在使用网络监听的方法攻破同一网络内的主机后，即可攻击其他主机，也可通过 IP 欺骗和主机信任关系，攻击其他主机。

（6）网络监听

网络监听是主机的一种工作模式，在网络监听模式下，主机可以接收本网段同一条物理通道上传输的所有信息，如果两台主机进行通信的信息没有加密，此时只要使用某些网络监听工具，就可以轻而易举地截取包括口令和账号在内的信息资料。

（7）寻找系统漏洞

许多系统都存在一定程度的安全漏洞，有些漏洞是操作系统或应用软件本身具有的，这些漏洞在补丁未被开发出来之前一般很难防御黑客的入侵。有些漏洞是由于系统管理员配置错误引起的，如在网络文件系统中，将目录和文件以可写的方式调出，将未加 Shadow 的用户密码文件以明码方式存放在某一目录下等。

（8）利用账号进行攻击

有的黑客会利用操作系统提供的缺省账户和密码进行攻击，例如，许多 UNIX 主机都有 FTP 和访客（Guest）等缺省账户，有的甚至没有口令。黑客利用 UNIX 操作系统提供的命令收集信息，提高攻击能力。因此，系统管理员需要提高警惕，将系统提供的缺省账户关闭或提醒无口令用户增加口令。

（9）偷取特权

偷取特权指利用特洛伊木马程序、后门程序和黑客自己编写的导致缓冲区溢出的程序等进行攻击，前者可使黑客非法获得对用户计算机的控制权，后者可使黑客获得超级用户权限，从而拥有对整个网络的绝对控制权。这种攻击手段一旦奏效，危害极大。

2. 网络黑客的防范

黑客攻击会造成不同程度的损失，为了将损失降到最低限度，计算机用户一定要对网络安全观念和防范措施进行了解。下面对防范网络黑客攻击的策略进行介绍。

• 数据加密：数据加密是为了保护系统内的数据、文件、口令和控制信息等，提高网上传输数据的可靠性。经过数据加密，即使黑客截获了网上传输的信息包，一般也无法获得正确信息。

• 身份认证：身份认证指通过密码或特征信息等确认用户身份的真实性，并给予通过确认的用户相应的访问权限。

- 建立完善的访问控制策略：设置入网访问权限、网络共享资源的访问权限、目录安全等级控制、网络端口和节点安全控制、防火墙安全控制等，通过各种安全控制机制的相互配合，最大限度地保护系统。
- 审计：审计指对系统中和安全有关的事件进行记录，并保存在相应的日志文件中，如网络上用户的注册信息、用户访问的网络资源等，记录数据可以用于调查黑客的来源，并作为证据来追踪黑客，通过对这些数据进行分析还可以了解黑客攻击的手段，从而找出应对的策略。
- 关闭不必要的服务：系统中安装的软件越多，所提供的服务就越多，而存在的系统漏洞也就越多，因此对于不需要的服务，可以适当进行关闭。
- 安装补丁程序：为了更好地完善系统，防御黑客利用漏洞进行攻击，可定时对系统漏洞进行检测，安装好相应的补丁程序。
- 关闭无用端口：计算机要进行网络连接必须通过端口，黑客控制用户计算机也必须通过端口，如果是暂时无用的端口，可将其关闭，减少黑客的攻击路径。
- 管理账号：删除或限制 Guest 账号、测试账号、共享账号，可以在一定程度上减少黑客攻击计算机的路径。
- 及时备份重要数据：黑客攻击计算机时，可能会造成数据损坏和丢失，因此，对于重要数据，需及时进行备份，避免损失。
- 良好的上网习惯：不随便从互联网上下载软件、不运行来历不明的软件、不随便打开陌生邮件中的附件、使用反黑客软件检测、拦截和查找黑客攻击、经常检查用户的系统注册表和系统启动文件的运行情况等可以提高防止黑客攻击的能力。

9.2.3 信息安全标准体系

目前，信息化程度已经成为衡量一个国家综合技术能力的主要标志，而互联网这一最大的网络信息库对各国的社会、经济、文化和科技都带来了巨大的推动力和冲击力。由于互联网强调开放性和共享性，其采用的 TCP/IP、简单网络管理协议（Simple Network Management Protocol，SNMP）等技术的安全性很弱，本身并不为用户提供高度的安全保护，所以需要相应的信息安全标准来规范和约束当今的信息社会。在信息安全的标准化中，众多标准化组织在安全需求服务分析指导、安全技术机制开发和安全评估技术等方面制定了许多标准。

与信息安全标准有关的国际性的标准化组织主要有国际标准化组织（ISO）、国际电器技术委员会（International Electrotechnical Commission，IEC）及国际电信联盟（International Telecommunication Union，ITU）所属的电信标准化组（International Telecommunication Union-Telecommunication Standardization Section，ITU-TS）。这些国际组织先后制定了相关的信息安全标准，各主要国家和地区组织也制定了具体的信息安全标准。

1. 国际信息安全标准

2000 年 12 月，国际标准化组织参照英国国家标准 BS7799 正式发布了有关信息安全的国际标准 ISO17799，这个标准包括信息系统安全管理和安全认证两大部分，信息安全内容的所有准则，由 10 个独立的部分组成，每一部分都覆盖了不同的主题和区域，后来发展为 ISO/IEC27001:2005，目前我国已经将其等同转化为中国国家标准 GB/T 22080-2008/ISO/IEC 27001:2005。

ISO/IEC 27000 族是国际标准化组织（ISO）专门为信息安全管理体系（Information Security Management System，ISMS）预留下来的一系列相关标准的总称，其包含的具体标准如下。

ISO/IEC 27000 ISMS 概述和术语

ISO/IEC 27001 信息安全管理体系要求

ISO/IEC 27002 信息安全管理体系实用规则

ISO/IEC 27003 信息安全管理体系实施指南

ISO/IEC 27004 信息安全管理度量

ISO/IEC 27005 信息安全风险管理

ISO/IEC 27006 ISMS 认证机构的认可要求

ISO/IEC 27007 信息安全管理体系审核指南

ISO/IEC 27008 ISMS 控制措施审核员指南

ISO/IEC 27010 部门间通信的信息安全管理

ISO/IEC 27011 电信业信息安全管理指南

2. 其他国家和地区标准

（1）美国的《可信计算机系统评估准则》

1984 年美国国防部制定了《可信计算机系统评估准则》（Trusted Computer System Evaluation Criteria，TCSEC），该标准是世界上最早的信息安全标准。它分为 4 个方面：安全政策、可说明性、安全保障和相关文档。TCSEC 从以上 4 个方面将信息安全分为 7 个级别，从低到高依次是 D、C1、C2、B1、B2、B3 和 A 级。

（2）欧洲的《信息技术安全评估准则》

20 世纪 90 年代西欧 4 国（英国、法国、荷兰、德国）在各自的安全评估准则基础上联合提出《信息技术安全评估准则》（Information Technology Security Evaluation Criteria，ITSEC），该标准将完整性、可用性和保密性作为同等重要的因素。ITSEC 定义了从 E0 级到 E6 级的 7 个安全等级，对于每个系统，安全功能可分别定义。

（3）加拿大的《加拿大可信计算机产品评估标准》

《加拿大可信计算机评估标准》（Canadian Trusted Computer Product Evaluation Criteria，CTCPEC）将安全功能分为 4 个层次，即机密性、完整性、可靠性和可说明性，每个层次的功能又由一些特定系统威胁的安全要求组成。按照评估标准中规定的规格等级，从低到高可分为 T0 到 T7 共 8 级。

3. 我国的信息安全标准

截至 2008 年，我国已经颁布了信息安全相关部门规章 150 多项，2016 年通过了最新的《网络安全法》，对于关键信息基础设施的运营、维护和网络信息安全的预警、应急处置等进行了详细的规定。在信息安全技术规范方面，由国家信息技术标准化技术委员会信息安全技术分委员会主持，会同公安部、国家安全部、国家保密局和国家密码管理委员会等相继制定、颁布了一大批信息安全行业标准，包括物理安全、密码及安全算法、安全技术及安全机制、开放系统互联、边界保护、信息安全评估等相关国家标准，涉及 GB/T16000、GB/T17000、GB/T18000、GB/T19000 和 GB/T20000 等国家标准系列。

9.3 计算机操作系统及应用软件维护

计算机操作系统作为计算机底层运作的软件，应用软件作为计算机完成实际工作的工具，它们都是计算机正常工作不可或缺的部分。为了让操作系统和应用软件能较好地发挥效应，可对它们进行相关的维护工作。

9.3.1 计算机操作系统及应用软件维护常识

计算机操作系统及应用软件在使用过程中，应注意对它们进行维护，以保证它们正常稳定地工作。计算机操作系统及应用软件维护主要包括以下几个方面的内容。

- 系统盘问题：系统安装时系统盘分区不要太小，否则会造成系统盘经常需要清理，除了必要的程序以外，其他的软件尽量不要安装在系统盘，系统盘的文件格式尽可能选择文件系统（New Technology File System，NTFS）格式。
- 注意杀毒软件和播放器：很多计算机出现故障都是因为软件冲突，需要特别注意的是杀毒软件和播放器，一个系统装两个以上的杀毒软件则可能造成系统运行缓慢甚至死机、蓝屏等，大部分播放器装好后会在后台形成加速进程，两个或两个以上播放器会造成互抢宽带、网速超慢等问题，配置不好时还有可能造成死机等。
- 设置好自动更新：自动更新可以为计算机的许多漏洞打上补丁，也可以避免一些利用系统漏洞攻击计算机的病毒，因此，应该设置好系统的自动更新。
- 安装防病毒软件：安装杀毒软件可有效预防病毒的入侵。
- 不安装无用的插件：网络中有很多共享软件，这些软件带给我们便利的同时，也带来了麻烦，很多共享软件都捆绑了一些插件，安装时尽量不要选择安装插件。
- 保存好所有的驱动程序安装光盘：原装的虽然不是最好的，但一般是最适用的。最新的驱动不一定能更多地发挥老硬件的性能，不要过分追求最新的驱动。
- 不将重要文件放在桌面或系统盘中：很多人（特别是初学者）习惯将文件保存在桌面或"我的文档"里，这里建议将"我的文档"的存放路径转移到非系统盘。操作方法：在桌面"我的文档"图标上单击鼠标右键，在弹出的快捷菜单中选择【属性】命令，在打开的"属性"对话框中单击 移动(M)... 按钮，在打开的对话框中选择一个位置，更改"我的文档"的存放路径，如图 9-1 所示，这样做最大的好处是非正常重装系统时不会丢失"我的文档"中存放的文件。

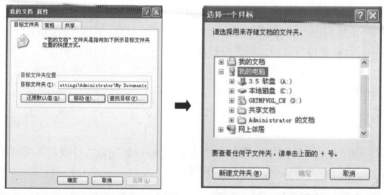

图 9-1　更改"我的文档"位置

- 清理回收站中的垃圾文件：定期清空回收站，或直接按【Shift+Del】组合键完全删除。
- 注意清理系统桌面：桌面上不要放太多东西，以避免影响计算机的运行和启动速度。

提示

　　除了软件之外，用户还应注意维护计算机硬件系统，对于普通用户而言，至少要注意计算机的放置位置平稳，定期清除计算机机箱中的灰尘，同时保证计算机电源供电的稳定性。

9.3.2　启用 Windows 防火墙

　　防火墙是协助确保信息安全的硬件或软件，使用防火墙可以过滤掉不安全的网络访问服务，提高上网安全性。Windows 7 操作系统提供了防火墙功能，用户应将其开启。

【例9-1】启用 Windows 7 的防火墙。

STEP 1 选择【开始】/【控制面板】命令，打开"所有控制面板项"窗口，单击"Windows 防火墙"超链接。

STEP 2 打开"Windows 防火墙"窗口，单击左侧的"打开或关闭 Windows 防火墙"超链接，如图9-2所示。

STEP 3 打开"自定义设置"窗口，在"专用网络设置"和"公用网络设置"栏中单击选中"启用 Windows 防火墙"单选项，单击 确定 按钮，如图9-3所示。

图9-2　单击超链接　　　　　　　　　　图9-3　开启 Windows 防火墙

9.3.3　使用第三方软件保护系统

对于普通用户而言，防范计算机病毒、保护计算机最有效、最直接的措施是使用第三方软件。一般使用两类软件即可满足需求，一是安全管理软件，如 QQ 电脑管家、360 安全卫士等；二是杀毒软件，如 360 杀毒、金山新毒霸、百度杀毒和卡巴斯基等。

【例9-2】使用 360 杀毒软件快速扫描计算机中的文件，然后清理有威胁的文件；接着在 360 安全卫士软件中对计算机进行体检，修复后扫描计算机中是否存在木马病毒。

STEP 1 安装 360 杀毒软件后，启动计算机的同时默认自动启动该软件，其图标在状态栏右侧的通知栏中显示，单击状态栏中的"360 杀毒"图标 。

STEP 2 打开 360 杀毒工作界面，选择扫描方式，这里选择"快速扫描"选项，如图9-4所示。

STEP 3 程序开始对指定位置的文件进行扫描，将疑似病毒文件或对系统有威胁的文件都扫描出来，并显示在打开的窗口中，如图9-5所示。

图9-4　选择扫描位置　　　　　　　　　　图9-5　扫描文件

STEP 4 扫描完成后，单击选中要清理的文件前的复选框，单击 立即处理 按钮，清理完成后，将自动打开对话框提示本次扫描和清理文件的结果，并提示需要重新启动计算机，单击 重启 按钮。

STEP**05** 单击状态栏中的"360安全卫士"图标 ，启动360安全卫士并打开其工作界面，单击中间的 按钮，软件自动运行并扫描计算机中的各个位置，如图9-6所示。

STEP**06** 360安全卫士将检测到的不安全的选项列在窗口中，单击 按钮，对其进行清理，如图9-7所示。

图9-6 扫描计算机

图9-7 一键修复

STEP**07** 返回360工作界面，单击左下角的"查杀修复"按钮，在打开的界面中单击"快速扫描"按钮，将开始扫描计算机中的文件，查看其中是否存在木马文件，如存在木马文件，则根据提示单击相应的按钮进行清除。

9.4 计算机硬盘维护

硬盘是计算机中使用频率非常高的硬件设备，在日常的使用中应注意对其进行维护，以保证其稳定高效地工作。

9.4.1 分区管理

用户可对硬盘进行分区管理，可在程序向导的帮助下进行创建简单卷、删除简单卷、扩展硬盘分区、压缩硬盘分区、更改驱动器号和路径等操作。

1. 创建简单卷

【例9-3】在"磁盘管理"窗口中新增加一个硬盘。

STEP**01** 在桌面上的"计算机"图标 上单击鼠标右键，或在"开始"菜单的"计算机"选项上单击鼠标右键，在弹出的快捷菜单中选择"管理"命令即可打开"计算机管理"窗口，如图9-8所示，再选择"磁盘管理"选项即可打开"磁盘管理"窗口。或在"开始"菜单中选择"控制面板"选项，

扫一扫

创建简单卷

打开"控制面板"窗口，在其中单击"系统和安全"超链接，打开"系统和安全"窗口，单击"管理工具"下的"创建并格式化磁盘分区"超链接，打开"磁盘管理"窗口，如图9-9所示。

图9-8 "计算机管理"窗口

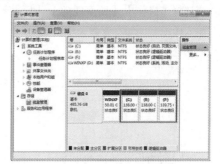

图9-9 "磁盘管理"窗口

STEP**02** 单击要创建简单卷的动态硬盘上的未分配空间，选择【操作】/【所有任务】/【新

建简单卷】命令，或在要创建简单卷的动态硬盘的未分配空间上单击鼠标右键，在弹出的快捷菜单中选择"新建简单卷"命令，也可打开"新建简单卷向导"对话框，在该对话框中指定卷的大小，并单击 下一步(N) > 按钮，如图 9-10 所示。

STEP 3 分配驱动器号和路径后，继续单击 下一步(N) > 按钮，如图 9-11 所示。

STEP 4 设置所需参数，格式化新建分区后，继续单击 下一步(N) > 按钮，如图 9-12 所示。

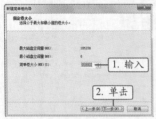  

图 9-10 指定新建卷的大小　　　　图 9-11 分配驱动器号和路径　　　　图 9-12 格式化分区

STEP 5 显示设定的参数，单击 完成(F) 按钮，完成创建简单卷的操作。

2．删除简单卷

打开"磁盘管理"窗口，在需要删除的简单卷上单击鼠标右键，在弹出的快捷菜单中选择"删除卷"命令，或选择【操作】/【所有任务】/【删除卷】命令，系统将打开提示对话框，单击 是(Y) 按钮完成卷的删除，删除后原区域显示为可用空间，如图 9-13 所示。

图 9-13 删除简单卷

3．扩展硬盘分区

打开"磁盘管理"窗口，在要扩展的卷上单击鼠标右键，在弹出的快捷菜单中选择"扩展卷"命令，或选择【操作】/【所有任务】/【扩展卷】命令，打开"扩展卷向导"对话框，单击 下一步(N) > 按钮，指定所选硬盘的"空间量"参数，如图 9-14 所示。单击 下一步(N) > 按钮，然后单击 完成(F) 按钮，退出扩展卷向导。此时，硬盘的容量将把"可用空间"扩展进来。

4．压缩硬盘分区

打开"磁盘管理"窗口，在要压缩的卷上单击鼠标右键，在弹出的快捷菜单中选择"压缩卷"命令，或选择【操作】/【所有任务】/【压缩卷】命令，打开"压缩"对话框。在压缩卷对话框中指定"输入压缩空间量"参数，单击 压缩(S) 按钮完成压缩，如图 9-15 所示。压缩后的硬盘分区将变成"可用空间"。

 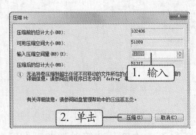

图 9-14 选择硬盘和确定待扩展空间　　　　图 9-15 "压缩"对话框

5. 更改驱动器号和路径

【例9-4】将"H"盘符更改为"D"盘符。

STEP  打开"磁盘管理"窗口，在要更改驱动器号的卷上单击鼠标右键，在弹出的快捷菜单中选择"更改驱动器号和路径"命令，或选择【操作】/【所有任务】/【更改驱动器号和路径】命令，打开更改驱动器号和路径对话框，然后单击 更改(C)... 按钮，如图9-16所示。

扫一扫

更改驱动器号和路径

STEP 2 打开"更改驱动器号和路径"对话框，从右侧的下拉列表中选择新分配的驱动器号，如图9-17所示。

STEP 3 在上述对话框中单击 确定 按钮，打开"磁盘管理"提示对话框，如图9-18所示，依次单击 是(Y) 按钮，完成驱动器号的更改。

图9-16 "更改驱动器号和路径"向导

图9-17 分配其他驱动器号

图9-18 "磁盘管理"提示对话框

9.4.2 格式化硬盘

格式化硬盘可通过以下两种方法实现。

- 通过"资源管理器"：在"资源管理器"窗口中选择需要格式化的硬盘，单击鼠标右键，在弹出的快捷菜单中选择"格式化"命令，或选择【文件】/【格式化】命令，打开格式化对话框，进行格式化设置后单击 开始(S) 按钮即可。

- 通过"磁盘管理"工具：打开"磁盘管理"窗口，在要格式化的硬盘上单击鼠标右键，在弹出的快捷菜单中选择"格式化"命令，

图9-19 "格式化"对话框

或选择【操作】/【所有任务】/【格式化】命令，打开"格式化"对话框，如图9-19所示。在对话框中设置格式化限制和参数，然后单击 确定 按钮，完成格式化操作。

9.4.3 清理硬盘

用户在使用计算机进行读写与安装操作时，会留下大量的临时文件和没用的文件，不仅占用硬盘空间，还会降低系统的处理速度，因此需要定期进行硬盘清理，以释放硬盘空间。可通过以下两种方法清理硬盘。

【例9-5】清理C盘中已下载的程序文件和Internet临时文件。

STEP 1 选择【开始】/【所有程序】/【附件】/【系统工具】/【磁盘管理】命令，打开"磁盘清理：驱动器选择"对话框。

STEP 2 在对话框中选择需要进行清理的C盘，单击 确定 按钮，系统计算出可以释放的空间后将打开"磁盘清理"对话框，在对话框的"要删除的文件"栏中单击选中"已下载的程序文件"和"Internet临时文件"复选框，然后单击 确定 按钮，如图9-20所示。

STEP 3 打开确认对话框，单击 删除文件 按钮，系统将执行硬盘清理操作，以释放硬盘空间。

图9-20 "磁盘清理"对话框

在"计算机"窗口的某个硬盘上单击鼠标右键，在弹出的快捷菜单中选择"属性"命令，在打开的对话框中单击"常规"选项卡，然后单击 磁盘清理(D) 按钮，在打开的对话框中选择要清理的内容，然后单击 确定 按钮，也可清理硬盘。

9.4.4 硬盘碎片整理

对硬盘碎片进行整理指系统将碎片文件与文件夹的不同部分移到卷上的相邻位置，使它们在一个独立的连续空间中。对硬盘进行碎片整理需要在"磁盘碎片整理程序"窗口中进行。

图 9-21　分析所选硬盘

【例 9-6】整理 C 盘中的碎片。

STEP 1 选择【开始】/【所有程序】/【附件】/【系统工具】/【磁盘碎片整理程序】命令，或在硬盘属性对话框的"工具"选项卡下单击 立即进行碎片整理(D)... 按钮，打开"磁盘碎片整理程序"对话框。

STEP 2 选择要整理的 C 盘，单击 分析磁盘(A) 按钮，开始对所选的硬盘进行分析，如图 9-21 所示。分析结束后，弹出已完成分析的对话框。

单击 配置计划(S)... 按钮，打开"修改计划"对话框，在其中可设置和修改碎片整理计划。

STEP 3 单击 磁盘碎片整理(D) 按钮，开始对所选的硬盘进行碎片整理。

9.5 习题

1. 选择题

（1）下列不属于信息安全影响因素的是（　　　）。

　　A. 硬件因素　　　　B. 软件因素　　　　C. 人为因素　　　　D. 常规操作

（2）下列不属于信息安全技术的是（　　　）。

　　A. 加密技术　　　　　　　　　　　B. 访问控制技术

　　C. 防火墙技术　　　　　　　　　　D. 系统安装与备份技术

（3）下列不属于计算机病毒的特点的是（　　　）。

　　A. 传染性　　　　B. 危害性　　　　C. 暴露性　　　　D. 潜伏性

（4）错误的操作系统及应用软件维护方法是（　　　）。

　　A. 不将软件安装在系统盘　　　　　B. 定期查杀病毒

　　C. 不经常使用计算机　　　　　　　D. 定期清理桌面内容

2. 操作题

（1）使用 360 杀毒软件和 360 安全卫生进行计算机的全盘扫描和维护，如发现有问题的内容，查看其内容详情，然后选择性地进行修复。

（2）根据当前计算机的情况，调整各硬盘分区的容量，使硬盘高效发挥其作用。

（3）对系统盘进行硬盘清理工作，对经常使用的硬盘进行硬盘碎片整理工作。

第 10 章

计算机新技术及其应用

随着计算机网络的发展，计算机技术也在发生巨大的变化和创新，这些技术不仅会给 IT 界带来重大影响，还会对社会的发展起到积极的促进作用。本章将主要介绍云计算、大数据、区块链以及时下流行的与计算机相关的一些新技术和新概念，如互联网+、AI、3D 打印、VR 和 AR 等内容。

课堂学习目标

- 了解云计算的相关知识
- 了解大数据的相关知识
- 了解区块链的相关知识
- 了解互联网+、AI、3D 打印、VR、AR 的相关知识

10.1 云计算

云计算是国家战略性新兴产业，2012 年的《政府工作报告》中将云计算定义为基于互联网的服务的增加、使用和交付模式，通常涉及通过互联网来提供动态易扩展且经常是虚拟化的资源，是传统计算机和网络技术发展融合的产物。

云计算技术是硬件技术和网络技术发展到一定阶段而出现的新的技术模型，是对实现云计算模式所需要的所有技术的总称，分布式计算技术、虚拟化技术、网络技术、服务器技术、数据中心技术、云计算平台技术、分布式存储技术等都属于云计算技术的范畴，同时也包括新出现的Hadoop、Storm、Spark 等技术。一般来说，为了达到资源整合输出目的的技术都可以称之为云计算技术，云计算技术意味着计算能力也可作为一种商品通过互联网进行流通。

云计算技术中主要包括 3 种角色，分别为资源的整合运营者、资源的使用者和终端客户。资源的整合运营者负责资源的整合输出，资源的使用者负责将资源转变为满足客户需求的应用，终端客户则是资源的最终消费者。

云计算技术作为一项应用范围广、对产业影响深刻的技术，正逐步向信息产业以及其他各种产业渗透，产业的结构模式、技术模式和产品销售模式等都会随着云计算技术的发展发生深刻的改变，进而影响人们的工作和生活。

10.1.1 云计算技术的特点

云计算模式如同单台发电模式向集中供电模式的转变，它将计算任务分布在由大量计算机构成的资源池上，使用户能够按需获取计算力、存储空间和信息服务。与传统的资源提供方向相比，云计算主要具有以下特点。

- 高可扩展性：云计算是一种资源低效的分散使用到资源高效的集约化使用。分散在不同计算机上的资源，其利用率非常低，通常会造成资源的极大浪费，而将资源集中起来后，资源的

利用效率会大大提高。而资源的集中化和资源需求的不断提高，对资源池的可扩张性也提出了要求，云计算系统必须具备优秀的资源扩张能力才能方便新资源的加入，有效地应对不断增长的资源需求。

- 按需服务：对于用户而言，使用云计算系统最大的好处是可以适应自身对资源不断变化的需求，云计算系统按需向用户提供资源，用户只需为自己实际消费的资源量进行付费，而不必自己购买和维护大量固定的硬件资源。这不仅为用户节约了成本，还可促使应用软件的开发者创造更多有趣和实用的应用。同时，按需服务让用户在服务选择上具有较大的空间，用户可通过交纳不同的费用来获取不同层次的服务。

- 虚拟化：云计算技术是利用软件来实现硬件资源的虚拟化管理、调度及应用，支持用户在任意位置、使用各种终端获取应用服务。通过"云"这个庞大的资源池，用户可以方便地使用网络资源、计算资源、数据库资源、硬件资源、存储资源等，提高了资源的利用率。

- 高可靠性和安全性：在云计算技术中，用户数据存储在服务器端，应用程序在服务器端运行，计算由服务器端处理，数据被复制到多个服务器节点上，当某一个节点任务失败时，即可在该节点进行终止，再启动另一个程序或节点，保证应用和计算的正常进行。

- 网络化的资源接入：基于云计算系统的应用需要网络的支撑，才能为最终用户提供服务，网络技术的发展是推动云计算技术出现的首要动力。

10.1.2 云计算的应用

随着云计算技术产品、解决方案的不断成熟，云计算技术的应用领域不断扩展，衍生出了云制造、教育云、环保云、物流云、云安全、云游戏、移动云计算等各种功能，对医药医疗领域、制造领域、金融与能源领域、电子政务领域、教育科研领域的影响巨大，在电子邮箱、数据存储、虚拟办公等方面也给用户带来了非常大的便利。

1. 物联网

2012年的《政府工作报告》将物联网定义为通过信息传感设备［射频识别（Radio Frequency Identification，RFID）装置、红外感应器、全球定位系统、激光扫描器等］，按照约定的协议，把任何物品与互联网连接起来，进行信息交换和通信，以实现智能化识别、定位、跟踪、监控和管理的一种网络。它是在互联网基础上延伸和扩展的网络，其用户端延伸和扩展到了任何物品与物品之间的信息交换和通信。

在物联网应用中，主要涉及传感器技术、RFID标签和嵌入式系统技术3项关键技术。传感器技术是计算机应用中的关键技术，通过传感器可以把模拟信号转换成数字信号供计算机处理；RFID标签也是一种传感器技术，它同时融合了无线射频技术和嵌入式技术，在自动识别、物品物流管理方面的应用前景十分广阔；嵌入式系统技术是综合了计算机软硬件、传感器技术、集成电路技术、电子应用技术为一体的复杂技术，它不断推动工业生产和国防工业的发展，如MP3、航天航空的卫星系统等都是以嵌入式系统为特征的智能终端。在物联网应用的3项关键技术中，传感器类似于"感应器官"，通过网络传递所感应的信息，再通过嵌入式系统对接收的信息进行分类处理。

物联网的出现和发展离不开网络的飞速发展，大量传感器数据的收集需要良好的网络环境，如高质量的网络性能等。同时，物联网技术中传感器的大量使用也使数据生产自动化得以实现。

物联网与云计算技术类似于平台与应用的关系，物联网系统需要大量的存储资源来保存数据，同时需要计算资源来处理和分析数据。物联网的智能处理需要依靠先进的信息处理技术，如云计算、模式识别等，而云计算是实现物联网的核心，促进了物联网和互联网的智能融合。将云计算与物联网相结合，将给物联网带来深刻的变革，云计算可以解决物联网服务器节点的不可靠性，最大限度地降低服务器的出错率，可以以低成本的投入换来高收益，可以让物联网从局域网走向城域网甚至是广域网，对信息进行多区域定位、分析、存储和更新，在更大的范围内实现信息资源共享，可以增强物联网的数据处理能力等。随着物联网和云计算技术的日趋成熟，云计算技术在物联网中的广泛应用指日可待。

2. 云安全

云安全是云计算技术的重要分支，在反病毒领域获得了广泛应用。云安全技术可以通过网状的大量客户端对网络中软件的异常行为进行监测，获取互联网中木马和恶意程序的最新信息，自动分析和处理信息，并将解决方案发送到每一个客户端。

云安全融合了并行处理、网格计算、未知病毒行为判断等新兴技术和概念，理论上可以把病毒的传播范围控制在一定区域内，且整个云安全网络对病毒的上报和查杀速度非常快，在反病毒领域中意义重大，但所涉及的安全问题也非常广泛，从最终用户的角度而言，云安全技术在用户身份安全、共享业务安全和用户数据安全等方面的问题需要格外关注。

- 用户身份安全：用户登录云端使用应用与服务，系统在确保使用者身份合法之后才为其提供服务，如果非法用户取得了用户身份，则会对合法用户的数据和业务产生危害。
- 共享业务安全：云计算通过虚拟化技术实现资源共享调用，可以提高资源的利用率，但是共享也会带来新的安全问题，不仅需要保证用户资源间的隔离，还要针对虚拟机、虚拟交换机、虚拟存储等虚拟对象提供安全保护策略。
- 用户数据安全问题：数据安全问题包括数据丢失、泄露、篡改等，必须对数据采取拷贝、存储加密等有效的保护措施，确保数据的安全。此外，账户、服务和通信劫持，不安全的应用程序接口，操作错误等问题也会对云安全造成隐患。

"云安全"系统的建立并非轻而易举，要想保证系统的正常运行，不仅需要海量的客户端、专业的反病毒技术和经验、大量的资金和技术投入，还必须提供开放的系统，让大量合作伙伴加入。

3. 云存储

云存储是一种新兴的网络存储技术，可将储存资源放到云上供用户存取。云存储通过集群应用、网络技术或分布式文件系统等功能将网络中大量不同类型的存储设备集合起来协同工作，共同对外提供数据存储和业务访问功能。通过云存储，用户可以在任何时间、任何地方，以任何可联网的装置连接到云上存取数据。

在使用云存储功能时，用户只需要为实际使用的存储容量付费，不用额外安装物理存储设备，减少了 IT 和托管成本。同时，存储维护工作转移至服务提供商，在人力、物力上也降低了成本。云存储也反映了一些可能的问题，如果用户在云存储中保存重要数据，则数据安全可能存在潜在隐患，其可靠性和可用性取决于广域网的可用性和服务提供商的预防措施等级，而对于一些具有特定记录保留需求的用户，在采用云存储的过程中还需对云存储进行进一步的了解和掌握。

4. 云游戏

云游戏是一种以云计算技术为基础的在线游戏技术，云游戏模式中的所有游戏都在服务器端运行，并通过网络将渲染后的游戏画面压缩传送给用户。

云游戏技术主要包括在云端完成游戏运行与画面渲染的云计算技术，以及玩家终端与云端间的流媒体传输技术。对于游戏运营商而言，只需花费服务器升级的成本，而不需要不断投入巨额的新主机研发费用；对于游戏用户而言，无须用户的游戏终端拥有强大的图形运算与数据处理能力以及高端处理器和显卡等，只需具备基本的视频解压能力即可。

10.2 大数据

数据指存储在某种介质上包含信息的物理符号，进入电子时代后，人们生产数据的能力和数量得到飞速提升，而这些数据的增加促使了大数据的产生。大数据指无法在一定时间范围内用常规软件工具（IT 技术和软硬件工具）进行捕捉、管理、处理的数据集合，对大数据进行分析不仅需要采用集群的方法获取强大的数据分析能力，还需研究面向大数据的新数据分析算法。

针对大数据进行分析的大数据技术，指为了传送、存储、分析和应用大数据而采用的软件和硬件技术，也可将其看作面向数据的高性能计算系统。从技术层面来看，大数据与云计算的关系密不可分，大数据必须采用分布式架构对海量数据进行分布式数据挖掘，这使它必须依托云计算的分布式处理、分布式数据库、云存储和虚拟化技术。

10.2.1 数据的计量单位

在研究和应用大数据时经常会接触数据存储的计量单位，而随着大数据的产生，数据的计量单位也逐步在发生变化，MB、GB 等常用单位已无法有效地描述大数据，典型的大数据一般会用PB、EB 和 ZB 这 3 种单位。下面对常用的数据单位进行介绍，如表 10-1 所示。

表 10-1　常用的数据单位对应列表

数值换算	单位名称
102 4B=1 KB	千字节（KiloByte）
102 4KB=1 MB	兆字节（MegaByte）
102 4MB=1 GB	吉字节（GigaByte）
102 4GB=1 TB	太字节（TeraByte）
102 4TB=1 PB	拍字节（PetaByte）
102 4PB=1 EB	艾字节（ExaByte）
102 4EB=1 ZB	皆字节（ZettaByte）
102 4ZB=1 YB	佑字节（YottaByte）
102 4YB=1 NB	诺字节（NonaByte）
102 4NB=1 DB	刀字节（DoggaByte）

10.2.2 大数据处理的基本流程

大数据处理的数据源类型多种多样，在不同的场合通常需要使用不同的处理方法。在处理大数据的程中，通常需要经过采集、导入、预处理、统计分析、数据挖掘和数据展现等步骤。在适当的工具的辅助下，对广泛异构的数据源进行抽取和集成，按照一定的标准统一存储数据，并通过合适的数据分析技术对其进行分析，最后提取信息，选择合适的方式将结果展示给终端用户。

- 数据抽取与集成：数据的抽取和集成是大数据处理的第一步，从抽取数据中提取出关系和实体，经过关联和聚合等操作，按照统一定义的格式对数据进行存储。如基于物化或数据仓库技术方法的引擎、基于联邦数据库或中间件方法的引擎和基于数据流方法的引擎均是现有主流的数据抽取和集成方式。

- 数据分析：数据分析是大数据处理的核心步骤，在决策支持、商业智能、推荐系统、预测系统中应用广泛，从异构的数据源中获取原始数据后，将数据导入一个集中的大型分布式数据库或分布式存储集群，进行一些基本的预处理工作，然后根据自己的需求对原始数据进行分析，如数据挖掘、机器学习、数据统计等。

- 数据解释和展现：在完成数据的分析后，应该使用合适的、便于理解的展示方式将正确的数据处理结果展示给终端用户，可视化和人机交互是数据解释的主要技术。

10.2.3　大数据的典型应用案例

在以云计算为代表的技术创新背景下，收集和处理数据变得十分简便，国务院在印发的《促进大数据发展行动纲要》中系统地部署了大数据发展工作，通过各行各业的不断创新，大数据将创造越来越多的价值，下面对大数据的典型应用案例进行介绍。

- 高能物理：高能物理是一个与大数据联系十分紧密的学科，高能物理科学家往往需要从大量的数据中去发现一些小概率的粒子事件，如比较典型的离线处理方式，由探测器组负责在实验时获取数据，而最新的大型强子对撞机（Large Hadron Collider，LHC）实验每年采集的数据高达 15PB。高能物理中的数据量不仅非常大，且没有关联性，要从海量数据中提取有用的事件，可以使用并行计算技术对各个数据文件进行较为独立的分析处理。

- 推荐系统：推荐系统可以通过电子商务网站向用户提供商品信息和建议，如商品推荐、新闻推荐、视频推荐等，而实现推荐过程则需要依赖大数据，用户在访问网站时，网站会记录和分析用户的行为并建立模型，将该模型与数据库中的产品进行匹配后，才能完成推荐过程。为了实现这个推荐过程，需要存储海量的客户的访问信息，并基于大量数据的分析，推荐与用户行为符合的内容。

- 搜索引擎系统：搜索引擎是非常常见的大数据系统，能有效地完成互联网上数量巨大的信息的收集、分类和处理工作。搜索引擎系统大多基于集群架构，其发展为大数据研究积累了宝贵的经验。

10.3　区块链

区块链的概念是中本聪（比特币的开发者兼创始者）在 2008 年提出的，到 2016 年，区块链在经济领域获得的较高使用率，达到了早期开发阶段，已开始形成电子商业商会前身。近年来，区块链技术得到了快速发展和应用。

10.3.1　区块链概述

区块链是分布式数据存储、点对点传输、共识机制、加密算法等计算机技术的新型应用模式。共识机制是区块链系统中实现不同节点之间建立信任、获取权益的数学算法的核心部分。区块链的本质就是一个去中心化的数据库，它是一串使用密码学方法相关联产生的数据块，每一个数据块中包含了一次交换的信息，并用于验证信息的有效性和生成下一个区块。

简单来说，区块链是一个公开透明的可信赖的账务系统，能安全地存储交易数据，并且无须任何中心化机构的审核，因为这个过程完全是由整个网络来完成的。这从根本上降低了价值交换过程中的不确定性。如某个产品，从原材料产生、获取、制作到产品加工、成品出库、五路运输、销往市场这一系列过程都会被网络中不同环节的节点记录，并传递到下一环节节点，这其中，消费者可以查询产品所有环节的相关情况，且这些情况不会被某一环节人为更改，整个过程都公开透明。

10.3.2　区块链的特征

区块链作为新环境下经济发展产生的数字货币技术，具有去中心化、开放性、自治性、信息不可篡改和匿名性 5 种特征。

- 去中心化。区块链使用分布式核算和存储，系统中的数据块由整个系统中具有维护功能的节点来共同维护，而任意节点的权利和义务同等，没有中心化的硬件或管理机构。

- 开放性。整个系统信息高度透明，除了交易方各自的私有信息被加密外，数据对所有人公开，且每个人都可通过公开的接口查询区块链数据和开发相关的应用。

- 自治性。区块链采用基于协商一致的规范和协议，使得整个系统中的所有节点能够在信任的环境中自由安全的交换数据，从对"人"的信任变为对机器的信任，而人为干预不会起任何作用。

- 信息不可篡改。区块链的数据稳定性和可靠性非常高，所有添加到区块链中的信息，一经验证就会永久存储，除非能够同时控制系统中大多数的节点，否则对单个节点上的数据库进行修改是无效的。
- 匿名性。区块链节点间的交换遵循了固定的算法，在其中进行数据交互无须信任，交易对手也无须通过公开身份的方式让对方信任。

10.3.3 区块链的分类

区块链目前按使用情况可分为 3 类，即公有区块链、行业区块链和私有区块链，具体介绍如下。

- 公有区块链。公有区块链指世界上的任何个体或团体都可以发起交易，且交易能够获得该区块链的有效确认，任何人都可以参与其共识过程。
- 行业区块链。行业区块链主要由某个群体或行业内部指定多个预选的节点为记账人，每个块的生成由所有的预选节点共同决定，即预选节点参与共识过程，而其他接入节点可以进行交易，但不涉及记账过程，任何人都可以通过该区块链开放的应用程序接口（Application Program Interface，API）进行限定查询。
- 私有区块链。私有区块链只使用区块链的总账技术进行记账，对象可以是企业，也可以是个人，他们独享该区块链的写入权限，该私有区块链与其他的分布式存储方案没有太大区别。

提示

区块链系统由数据层、网络层、共识层、激励层、合约层和应用层组成。数据层封装基础数据和基本算法；网络层主要包括分布式组网机制、数据传播机制和数据验证机制；共识层封装网络节点的各类共识算法；激励层集成经济因素到区块链技术体系中，如经济激励的发行机制和分配机制等；合约层封装各类脚本、算法和智能合约，是区块链可编程特性的基础；应用层封装各种应用场景和案例。

10.4 其他计算机新概念及技术

计算机在发展的过程中，其应用范围越来越广，以前计算机被看作智能化的代表，现在计算机可能只是参与智能化中的一部分工作，或将计算机嵌入其中，形成一个更加智能的产品。下面介绍一些时下流行的计算机相关概念及技术。

10.4.1 互联网+

互联网+是"互联网+各个传统行业"的简称，利用信息通信技术和互联网平台，让互联网与传统行业进行深度融合，创造新的发展生态。互联网+是一种新的经济发展形态，充分发挥互联网在社会资源配置中的优化和集成作用，将互联网的创新成果深度融合于经济、社会的各领域中，提升全社会的创新力和生产力，形成广泛的以互联网为基础设施和实现工具的新经济发展形态。

互联网+将互联网作为当前信息化发展的核心特征提取出来，并与工业、商业和金融业等服务行业进行全面融合。由于要实现这一融合，关键在于创新，只有创新才能让其具有真正价值和意义，因此，互联网+是创新 2.0 下的互联网发展新业态，是知识社会创新 2.0 推动下的经济社会发展新形态的演进。

1. 互联网+的主要特征

互联网+主要有以下特征。

- 跨界融合：利用互联网与传统行业进行变革、开放和重塑融合，使创新的基础更坚实，实现群体智能，缩短研发到产业化的路程。

- 创新驱动：创新驱动发展是互联网的特质，适合我国目前经济发展方式，而用互联网思维来变革求发展，更能发挥创新的力量。

- 重塑结构：新时代的互联网行业，打破了原有的各种结构，权力、议事规则、话语权不断在发生变化，互联网+社会治理、虚拟社会治理与传统的社会结构有很大的不同。

- 尊重人性：对人性最大限度的尊重、对人性的敬畏和对人创造性发挥的重视是互联网经济的根本所在。

- 开放生态：生态的本身是开放的，而互联网+就是要把孤岛式创新连接起来，让研发由人性决定的市场驱动，让创业并努力者有机会实现价值。

- 连接一切：连接是有层次的，可连接性也可能有差异，导致连接的价值相差很大，但连接一切是互联网+的目标。

- 法制经济：互联网+是建立在以市场经济为基础的法制经济，它注重对创新的法律保护，增加了对知识产权的保护范围，使全世界对于虚拟经济的法律保护趋向于共通。

2. 互联网+对消费模式的影响

互联网与传统行业的融合，对消费者主要有以下影响。

- 满足了消费需求，使消费具有互动性。在互联网+消费模式中，互联网为消费者和商家搭建了快捷且实用的互动平台，供给方直接与需求方互动，省去中间环节，直接形成消费流通环节。同时，消费者还可通过互联网直接将自身的个性化需求提供给供给方，亲自参与商品和服务的生产中，生产者则根据消费者对产品外形、性能等的要求提供个性化商品。

- 优化了消费结构，使消费更具合理性。互联网提供的快捷选择、快捷支付的舒适性，让消费者的消费习惯进入享受型和发展型消费的新阶段。同时，互联网信息技术有利于实现空间分散、时间错位的供求匹配，从而可以更好地提高供求双方的福利水平，优化升级基本需求。

- 扩展了消费范围，使消费具有无边界性。首先，消费者在商品服务的选择上没有了范围限制，互联网有无限的商品来满足消费者的需求；其次，互联网消费突破了空间的限制；再次，消费者的购买效率得到了充分的提高；最后，互联网提供信息是无边界的。

- 改变了消费行为，使消费具有分享性。互联网的时效性、综合性、互动性和使用便利性使消费者对商品的价格、性能、使用感受能方便地进行分享，这种信息体验对消费模式转型产生越来越重要的影响。

- 丰富了消费信息，使消费具有自主性。互联网把产品、信息、应用和服务连接起来，使消费者可以方便地找到同类产品的信息，并根据其他消费者的消费心得、消费评价做出是否购买的决定。强化了消费者自由选择、自主消费的权益。

3. 互联网+的典型应用案例

互联网+促进了更多的互联网创业项目的诞生，从而无须再耗费人力、物力和财力去研究与实施行业转型。

- 互联网+通信：互联网与通信行业的融合产生了即时通信工具，如 QQ、微信等，互联网的出现并不会彻底颠覆通信行业，反而会促进运营商进行相关业务的变革升级。

- 互联网+购物：互联网与购物进行融合产生了一系列的电商购物平台，如淘宝、京东等。互联网的出现让消费者足不出户便能买到自己需要的物品。

- 互联网+餐饮：互联网与餐饮行业的融合产生了各种美食 App，如美团、大众点评等。

- 互联网+出行：互联网与交通行业的融合产生了低碳交通工具，如共享单车等，通过把互联网和传统的交通出行相结合，改善了人们的出行方式，增加了车辆的使用率，推动了互联网共享经济的发展。
- 互联网+交易：互联网与金融交易行业融合，产生了快捷支付工具，如支付宝、微信钱包等。
- 互联网+政府：互联网将交通、医疗、社保等一系列政府服务融合在一起，让原来需要通过繁杂手续办理的业务用互联网完成，既节省了时间，又提高了效率。如阿里巴巴和腾讯等互联网公司通过自有的云计算服务逐渐为地方政府搭建政务数据后台，形成了统一的数据池，实现对政务数据的统一管理。

10.4.2　AI

AI是计算机科学的一个分支，是研究、开发用于模拟、延伸和扩展人的智能的理论、方法、技术及应用系统的一门新兴技术科学。具体来说，AI技术的应用就是研究智能的实质，并生产一种新的能模拟人类智能做出反应的智能机器，如机器人、语言识别、图像识别、自然语言处理和专家系统等。AI涉及计算机科学、心理学、哲学和语言学等学科，其范围已远超计算机科学的范畴。AI与思维科学的关系是实践和理论的关系，AI是处于思维科学的技术应用层次，是一个应用分支。AI可以对人的意识、思考信息的过程进行模拟，它不是人的智能，但能像人一样思考，也可能超过人的智能。

AI在现代社会中的应用主要表现在机器视觉、指纹识别、人脸识别、视网膜识别、虹膜识别、掌纹识别、专家系统、自动规划、智能搜索、定理证明、博弈、自动程序设计、智能控制、机器人学、语言和图像理解、遗传编程等方面。

AI在计算机上的实现主要有以下两种不同的方式。

- 工程学方法：即采用传统的编程技术，使系统呈现智能效果，不考虑所用方法是否与人或生物相同，如文字识别、计算机下棋等。
- 模拟法：该方法不仅注重效果，还要求实现方法与人或生物机体所用的方法相同或相似。如遗传算法和人工神经网络，遗传算法模拟人类或生物的遗传—进化机制，人工神经网络则模拟人类或生物大脑中神经细胞的活动方式。

采用工程学方法时，需要人工详细编辑程序逻辑，如果内容复杂，角色数量和活动空间增加，相应的逻辑就会很复杂（按指数式增长），人工编程就非常烦琐，容易出错。采用模拟法时，编程者为每一角色设计一个智能系统进行控制，这个智能系统刚开始能完成的操作非常简单，但能渐渐地适应环境，应付各种复杂情况。利用模拟法实现AI，要求编程者具有生物学的思考方法，入门难度大，但应用范围广，且无须对角色的活动规律做详细规定，应用于复杂问题，通常会比工程学方法更省力。

10.4.3　3D打印

3D打印是一种快速成型技术，以数字模型文件为基础，运用特殊蜡材、粉末状金属或塑料等材料，通过逐层打印的方式来构造三维物体。

3D打印需借助3D打印来实现，3D打印机的工作原理是把数据和原料放进3D打印机中，机器按照程序把产品一层一层地打印出来。可用于3D打印的材料种类非常多，如塑料、金属、陶瓷、橡胶类物质等，还能结合不同材料，打印出不同质感和硬度的物品。

3D打印技术作为一种新兴的技术，在模具制造、工业设计等领域应用广泛，可在产品制造的过程中直接使用3D打印技术打印零部件。同时，3D打印技术在珠宝、鞋类、工业设计、建筑、工程施工、汽车、航空航天、医疗、教育、地理信息系统、土木工程等领域都有所应用。

10.4.4 VR 和 AR

VR 技术是一种结合了仿真技术、计算机图形学、人机接口技术、图像处理与模式识别、多传感技术、语音处理与音响技术、高性能计算机系统等多项技术的交叉技术，VR 的研究和开发萌生于 20 世纪 60 年代，进一步完善和应用于 20 世纪 90 年代到 21 世纪初，并逐步向增强现实、混合现实、影像现实等方向发展。

1. VR

VR 是一种可以创建和体验虚拟世界的计算机仿真系统。VR 技术可以使用计算机生成一种模拟环境，通过多源信息融合的交互式三维动态视景和实体行为的系统仿真，带给用户身临其境的体验。

VR 技术包括模拟环境、感知、自然技能和传感设备等方面，其中，模拟环境指由计算机生成的实时动态的三维立体图像；感知指一切人所具有的感知，包括视觉、听觉、触觉、力觉、运动感知，甚至嗅觉和味觉等；自然技能指计算机对人体行为动作数据进行处理，并对用户输入做出实时响应；传感设备指三维交互设备。

VR 技术将人类带入了三维信息视角，通过 VR 技术，人们可以全角度观看电影、比赛、风景等，VR 游戏技术甚至可以追踪用户的行为，对用户的移动、步态等进行追踪和交互。

2. AR

AR 是一种实时计算摄影机影像位置及角度，并赋予其相应图像、视频、3D 模型的技术。AR 技术的目标是在屏幕上把虚拟世界套入现实世界，然后与之进行互动。VR 技术是百分之百的虚拟世界，AR 技术则以现实世界的实体为主体，借助数字技术让用户可以探索现实世界并与之交互。VR 中的场景、人物都是虚拟的，AR 中的场景、人物则半真半假，现实场景和虚拟场景的结合需借助摄像头进行拍摄，在拍摄画面的基础上结合虚拟画面进行展示和互动。

AR 技术包含了多媒体、三维建模、实时视频显示及控制、多传感器融合、实时跟踪及注册、场景融合等多项新技术，AR 技术与 VR 技术的应用领域类似，如尖端武器、飞行器的研制与开发、数据模型的可视化、虚拟训练、娱乐与艺术等，但由于 AR 技术对真实环境进行增强显示输出的特性，使其在医疗、军事、古迹复原、工业维修、网络视频通信、电视转播、娱乐游戏、旅游展览、建设规划等领域的表现更加出色。

10.5 习题

（1）下列不属于云计算的特点的是（　　）。

    A. 高可扩展性　　　　B. 按需服务　　　　C. 高可靠性　　　　D. 非网络化

（2）下列不属于典型大数据常用单位的是（　　）。

    A. MB　　　　　　　B. ZB　　　　　　　C. PB　　　　　　　D. EB

（3）AR 技术是（　　）。

    A. 虚拟现实技术　　　B. 增强现实技术　　　C. 混合现实技术　　　D. 影像现实技术

（4）人工智能涉及（　　）学科知识。

    A. 计算机科学　　　　B. 心理学　　　　　　C. 哲学　　　　　　　D. 语言学

（5）区块链是（　　）计算机技术的新型应用模式。

    A. 分布式数据存储　　B. 点对点传输　　　　C. 共识机制　　　　　D. 加密算法

（6）下列属于区块链的主要特征的是（　　）。

    A. 中心化　　　　　　B. 匿名性　　　　　　C. 不自治性　　　　　D. 信息可篡改